U0204554

环境治理PPP项目
共生网络稳定运行研究

Study on Symbiosis Network's Stable Operation of
Environment Governance PPP Project

任志涛 ◎ 著

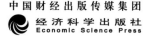

中国财经出版传媒集团

经济科学出版社
Economic Science Press

图书在版编目（CIP）数据

环境治理 PPP 项目共生网络稳定运行研究/任志涛著
. –– 北京：经济科学出版社，2022.3
ISBN 978 – 7 – 5218 – 3483 – 3

Ⅰ.①环…　Ⅱ.①任…　Ⅲ.①政府投资 – 合作 – 社会
资本 – 应用 – 生态环境建设 – 研究 – 中国　Ⅳ.
①X321.2

中国版本图书馆 CIP 数据核字（2022）第 043282 号

责任编辑：孙怡虹　李　宝
责任校对：李　建
责任印制：张佳裕

环境治理 PPP 项目共生网络稳定运行研究

任志涛　著

经济科学出版社出版、发行　新华书店经销
社址：北京市海淀区阜成路甲 28 号　邮编：100142
总编部电话：010 – 88191217　发行部电话：010 – 88191522
网址：www. esp. com. cn
电子邮箱：esp@ esp. com. cn
天猫网店：经济科学出版社旗舰店
网址：http://jjkxcbs. tmall. com
北京季蜂印刷有限公司印装
710 × 1000　16 开　19.5 印张　359000 字
2022 年 5 月第 1 版　2022 年 5 月第 1 次印刷
ISBN 978 – 7 – 5218 – 3483 – 3　定价：78.00 元
（图书出现印装问题，本社负责调换。电话：010 – 88191545）
（版权所有　侵权必究　打击盗版　举报热线：010 – 88191661
QQ：2242791300　营销中心电话：010 – 88191537
电子邮箱：dbts@ esp. com. cn）

　　改革开放以来，我国各领域产业快速发展并取得显著成果。然而，在推动社会主义经济建设迈向现代化、全球化发展的同时，环境资源方面问题愈渐突出，工业化进程发展迅速、城市化步伐加快、人口的可持续性增长，使我国成为世界上资源最为紧张、污染最为严重的国家之一。党的十九大报告指出，建设生态文明是中华民族永续发展的千年大计。必须树立和践行"绿水青山就是金山银山"的理念，坚持节约资源和保护环境的基本国策。目前，大气污染治理、垃圾围城和污水处理等环境治理相关产品普遍面临供需不平衡、不充分的矛盾，国家大力倡导构建政府主导，企业、社会组织和公众共同参与的环境治理体系。公私合作（Public Private Partnership，即PPP）模式，是政府与企业之间以合作的方式提供公共服务，与传统公共服务供给形式相比具有质量和效益更高的优势，因此，国家层面大力推动PPP模式在环境治理领域的应用。本书认为，环境治理采用PPP模式，是提高环境污染治理水平、提高公共生态服务质量以及促进生态文明建设，协调政府、企业、社会组织和公众利益的有效工具。

　　PPP 模式在环境治理领域的应用取得较好的社会与生态反响，但由于环境资源的稀缺性、非排他性，极易产生环境治理 PPP 项目实施期间的主体责任混乱和价值冲突等问题。一方面，在 PPP 模式的背景下，中央和地方政府偏好 PPP 模式的融资优势，导致环境治理 PPP 项目产生投资过度、明股实债等异化现象，在一定程度上增加了政府隐性负债风险；此外，民营企业作为我国经济市场中不可缺少的组成部分，具有技术创新和资金等方面的优势，可以有效缓解政府环境治理技术困境和财政压力，但是因为进入门槛高，只有少数民营企业能够参与到环境治理 PPP 项目中，使得民营企业参与环境治理积极性不高。另一方面，公众作为环境治理 PPP 项目的消费者，其行为偏好和生活诉求是影响环境治理 PPP 项目落地的重要因素之一，然而由于对公众群体社会功能的忽视间接导致环境治理 PPP 项目中环境污染转移、公地悲剧、邻避冲突和环境群体事件的发生。环境污染和 PPP 模式表现出来的分散化和利益冲突问题，难以从单一主体行为进行评判，需要从网络和多主体共生层面寻求关系更为紧密、利益共享的解决方案。

　　共生（symbiosis）描述的是生物界中特定情况下，不同的物种根据特定形式连接，从而展现出共同联系、相互依存和发展的一个普遍现象。共生关系内部在合作的同时也存在着竞争行为，对关系的稳定性产生轻微影响，而合作始终是影响共生关系的核心要素。将共生的理论概念与合作网络相融合，形成共生网络。共生网络在为网络中的共生单元带来额外的共生能量的同时，也为信息交互、资源流动提供了更加广阔的平台，发挥倍增器的效果。在为网络中任意一个共生单元带来额外的共生能量的同时，也给信息的交互、物质的交流等提供了关键的平台。当合作网络结构趋于稳定时，共生网络主体之间的传递效率最强。本书将共生网络与环境治理 PPP 项目相结合，探究共生网络中政府、企业和公众间的共生关系问题，架构环境治理 PPP 项目共生网络结构，在此基础上构建共生网络稳定运行机制。

　　本书以环境污染问题和公私合作多元主体行为异质性、府际关系、企业多样化共生关系和公众内部协调关系为研究起点，剖析环境治理

PPP 项目多元主体的合作与矛盾关系。通过对环境治理 PPP 项目地方政府隐性债务、企业绩效和公众参与的中介效应分析，构建环境治理 PPP 项目共生关系网络结构及共生超网络，最终以环境治理 PPP 项目中政府、企业和公众共生关系及共生网络结构为重点，分析网络结构的韧性和稳定性，并建立微观—中观—宏观层面的共生网络稳定运行机制，为解决环境治理困境和主体关系，维持项目可持续发展提供理论启示与实践借鉴。

全书共十章，全面介绍了环境治理 PPP 项目的相关概述及主体共生研究方案，包括公私合作共生网络基本原理、共生环境及共生运行流程，以共生理论为基础理论，结合委托代理理论、风险管理理论、计划行为理论、可持续发展理论和合作治理理论，进行跨学科和多理论交叉融合研究。

首先，对环境治理 PPP 项目主体共生关系进行剖析。环境治理 PPP 项目中政府、企业以及公众等主体之间存在异质、合作与矛盾关系，治理主体在行为选择异质的情况下进行合作，为了实现异质利益诉求的内在合作动机和共生组织协同发展的外在合作动机，在内外合作机制的共同作用下实现共生关系的稳定运行。通过明确中央与地方政府的管理职能、府际关系的法制化和规范化，确定地方政府作为统筹规划者、项目发起者和决策者、建设经营者、特许权授予者、产品购买者、利益协调者和项目监督者的角色与职责，分析企业参与环境治理 PPP 项目竞争与合作、协同、开放、动态与自组织的多样化共生关系，结合公众参与环境治理 PPP 项目的合作、互补和控制等内部协调的共生关系，确立环境治理 PPP 项目多元主体的合作与矛盾关系。

其次，对环境治理 PPP 项目中地方政府隐性债务形成机理进行模型假设，运用 LSDV 模型进行检测，构建贝叶斯网络模型对地方政府隐性债务进行风险识别与分析，建立地方政府隐性债务管控模型。分析企业参与环境治理 PPP 项目经济利益、生态环境、利益相关者、企业家及企业家文化驱动下的企业绩效及绩效计划，运用结构方程模型对影响民营企业绩效的网络规模、网络关系和网络环境进行验证，分析契约治理与学习治理的中介作用。基于计划行为理论，从利益相关、制度倡导和社会规范、制度承认和空间设置维度分析公众参与环境治理的可行性，探究公众参与的计划行为意愿和诱导因素，运用 DEA 数据包络分析法测度多主体共生关系下环境治理的效率，验证公众在环境治理 PPP 项目共生关系中的中介效应。

最后，构建环境治理 PPP 项目共生网络结构，通过分析环境治理 PPP 项目层级间的多层次利益关系、核心利益关系和外围利益关系，界定统一的共生关系结构，设立环境治理 PPP 项目共生网络节点、链和邻接矩阵，形成包含政府网络、企业网络和公众网络的环境治理 PPP 项目共生超网络结构。在探究共生网络稳定运行特征的基础上，对环境治理 PPP 项目共生网络结构韧性进行分析，借助 Logistic 增长模型对共生网络稳定性进行模拟仿真并建立仿真模型，最终形成微观—中观—宏观层面的共生网络稳定运行机制。梳理环境治理 PPP 项目政府隐性债务、企业绩效和公众参与的相关案例，形成基于利益相关者的共生网络稳定性模型。通过以上分析，形成地方政府隐性债务管控、企业绩效和公众参与的共生网络保障策略。

笔者自 2002 年起对 PPP 模式及其相关领域进行理论研究及工程实践，在此基础上，查阅大量学术专著及文献资料完成本书。感谢姜兆胜、靳颖、马记伟、肖立、郭亚、翟凤霞、郭美、杨浩、卿雪玲等硕士研究生为本书所做的工作和付出的辛劳，感谢为本书付出辛劳的同仁和朋友。本书的出版受天津市哲学社会科学规划资助项目"公私合作视角下环境治理多元主体内生责任及实现机制研究——以天津市为例"（TJGL17 - 010）资助"。

本书的内容涉及环境治理 PPP 项目的多个方面，由于掌握的资料不够全面，加之水平有限，书中难免存在不足之处，敬请读者批评指正。

任志涛

2021 年 9 月

CONTENTS 目 录

第 1 章 绪　论

1.1　研究背景及意义

1.1.1　研究背景

党的十九大报告提出，坚持人与自然和谐共生。建设生态文明是中华民族永续发展的千年大计。改革开放以来，我国各领域产业飞速发展并取得显著成果。在促进经济发展过程中要更加注重对资源的合理使用和对生态环境的有效保护，资源开发的目的是给国家产业创新发展与技术现代化提供基本保障，但科学技术创新不应以侵害公共利益、破坏生态环境为跳板。随着社会主义经济建设迈向现代化、全球化，我国取得工业化进程发展迅速、城市化步伐加快、人口实现可持续性增长等显著成果，但这也加剧了资源、环境等方面的问题。

我国许多地方面临大气污染治理、污水处理和垃圾围城等环境治理产品需求与供给不平衡、不充分的社会矛盾。公私合作是政府与企业通过合作方式进行服务的模式，也称 PPP 模式。因其与之前的传统形式相比具有更高的质量和效益，故而 PPP 模式逐渐进入各个国家公共项目建设中。《中华人民共和国国民经济和社会发展第十四个五年规划和 2035 年远景目标纲要》对推动绿色发展、促进人与自然和谐共生作出一系列重大战略部署。2021

年《政府工作报告》提出继续加大生态环境治理力度。未来应当增加环境整治的投入，促进环境整体治理效率的提升，最终改善国家的环境质量。国家层面大力推动基础设施PPP模式的应用，PPP项目在环境治理中不断得到促进与发展，环境治理PPP项目在提高环境污染治理水平、提高公共生态服务质量以及促进投融资体制改革等方面发挥了积极作用。PPP模式在环境治理领域的应用取得了很好的反响，但由于环境资源的稀缺性、非排他性以及环境治理PPP项目多元共治的特点，在项目实施过程中存在主体责任混乱等情况，亟须引入共生相关理论。

一些地方政府盲目追求PPP模式的融资职能，导致PPP项目异化，如过分承诺投资或担保、明股实债等，不仅严重违背了PPP项目的发展初衷，而且在一定程度上增加了隐性负债的风险。从表面上看，PPP项目减轻了政府公共服务支出的压力和负担，实际上却极大地提高了政府隐性债务规模，并且二者之间还存在正反馈效应，即政府隐性债务规模的扩大极大程度上影响了PPP项目的进程，导致政府隐性债务状况持续恶化。

各地公布的PPP项目中标案例中，民营企业单独中标的并不多见，即便参与进来，大多也都是联合体形式。显然，民营企业参与PPP模式仍存在一定障碍，而PPP模式的本意是政府利用自身优势鼓励民间企业参与，缓解政府财政压力。同时，民营企业作为我国经济中不可缺少的组成部分，自身也具有一定创新和技术优势。因此，结合现状需求，应大力调动民营企业参与PPP项目的积极性，发挥其应有的技术和创新优势。

PPP项目中的公众参与会影响项目成果，作为环境治理PPP项目的消费者，其偏好和诉求都是影响环境治理PPP项目落地的一大因素。环境治理PPP项目对于提高我国环境污染防治水平、提高社会公共生态服务质量以及推动投融资制度改革等，都起到了积极的作用，而且公众通过各种方式直接参与环境保护（简称"环保"）也是新时期中国始终坚持绿色发展和优先推进生态化发展的内在要求，环保领域的社会公众直接参与也将成为我国推进环保的一条有效途径。

社会网络治理、环境治理与共生理念等相关研究不断增加，政府、企业与公众形成的共同体愈加完整，PPP共生网络应运而生。政府、企业、公众之间相互联系，能够在整个项目期内协作，提供高质量、高效率的服务。然而，PPP 共生网络结构相对比较复杂，各种内外部因素有可能对共生网络和结构产生冲击或者带来负面影响。因此，分析共生网络稳定性有助于应对不同困难，从而达到环境可持续发展的要求。将共生理念作为切入点，通过分析环境治理 PPP 共生网络结构与稳定运行机制，可以更深层次丰富环境治理 PPP 共生网络结构与稳定运行的理论研究框架和实际研究内容。

1.1.2 研究意义

1.1.2.1 加快 PPP 模式与共生理论的融合

虽然我国近几年在环境治理 PPP 项目上的投资逐步增加，但仍然处于试点阶段，还没有建立一整套能够适合我国实际和现状的动态发展模型，在一些项目成功运行并投入使用后由于缺少对实践经验的总结，多元主体间因利益冲突、合约风险、关系矛盾等问题难以高效地完成价值创造，实现共赢。基于当前的国情，应从 PPP 项目的独有特色出发，结合共生理论，取长补短，优势互补，在共生体内建立资源的闭环流动，实现价值共创，利益共享，将 PPP 模式自身的优势充分发挥出来。

1.1.2.2 有利于丰富政府治理理论

推行 PPP 模式，既能有效解决地方政府融资难题，降低地方政府债务风险，又能充分利用企业创新和市场竞争，提高公共服务产品的供应管理效率和服务质量。PPP 模式中各种企业的积极参与，为我国市场经济的发展注入坚定的"强心剂"，实现了对政府和企业风险的适度转化。所以，研究 PPP 项目在实施中的政府风险管理，既有利于激励各级政府在加快和提高公共服务水平等方面的技术和管理创新，又有利于加强各级政府在实施中对风险的认识和管理，从而丰富政府治理理论。

1.1.2.3 能够减少我国地方政府隐性债务风险

地方政府面临风险较多，尤其是隐性债务，在新的经济常态下成为影响我国经济发展的潜在危机。我国各级政府的内部债务管理风险既包括各种规模性内部风险、结构性内部风险和各种绩效性内部风险，又包括外部政策风险和各种约束性内部风险，且具有较强的导向性和扩展性。通过深入系统地分析我国地方政府隐性债务风险形成与积累的原因，对其中的风险进行全面识别与分析，为正确认识和应对我国各级政府隐性债务风险提供重要参考依据。

1.1.2.4 提高民营企业参与环境治理 PPP 项目的积极性

由于企业以利益最大化为目标，同时又有为政府分担社会责任等特点。因此，可以通过优化绩效管理的影响路径和不足之处，提高企业绩效管理效率，确保 PPP 项目运行效率，从而减轻政府财政负担，实现环境治理 PPP 项目参与者的利益最大化，形成政府、企业及公众三方互惠共赢的局面。有效的绩效管理制度可以降低 PPP 项目运营风险和运营成本，避免管理部门任意决策，使政府与民营企业双方发挥各自优势，提高公共产品的服务效率。探讨如何解决民营企业在环境治理 PPP 项目绩效管理中存在的缺陷，是高质量发展背景下提高民营企业参与环境治理 PPP 项目积极性的重要举措，也是 PPP 模式下实现民营企业稳定发展的重要途径。

1.1.2.5 促进公众积极主动参与环境治理 PPP 项目

公众积极参与制定环境治理相关决策，表达自身利益需求，并与各级政府、排污企业之间展开行为策略选择博弈，既能协调多元治理主体之间的利益冲突，确保公共利益平衡，在一定程度上真正保证了决策制定的科学性，又不忽略在促进经济增长的过程中环境治理工作所要求的标准，达到人与自然和谐共生的"绿色经济"发展方式，加强社会各界对环境治理中公众参与问题的了解，提升公众参与能力和积极性，发挥公众监督作用，践行以人为本的治理方针，促进环境治理 PPP 的可持续发展。

1.1.2.6 深化对环境治理 PPP 项目共生网络框架的研究

通过把共生网络的研究应用到环境治理 PPP 中，找出两者存在的相同点与契合性，将环境治理 PPP 中难以直接表达的情景用共生网络模型表示出来，从一个新角度认识环境治理 PPP 项目，丰富政府与企业研究的理论基础。共生观念可以为 PPP 项目共生网络提供一种新的研究思路，促进对共生网络结构的构建。通过共生网络这一全新的视角研究环境治理 PPP，建立不同层次的共生网络结构，有助于分析其形成机制与稳定运行，在更深层次丰富和发展了环境治理 PPP 共生网络结构构建的理论研究框架和实际研究内容。

1.1.2.7 加强环境治理中政府、企业和公众的合作关系

共生思想为政府、企业和公众创造了一种更好的思维模式。企业的优势在于有弹性、易变通，共生网络更易于发挥其特点，另外，政府合理调控与公众有效参与有利于企业和社会的稳定发展。

1.1.3 研究技术路线

图 1-1 展示了本书的研究技术路线。

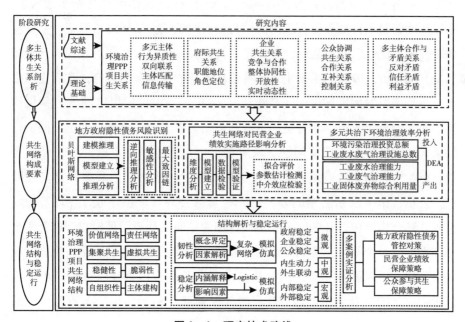

图 1-1 研究技术路线

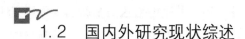

1.2 国内外研究现状综述

1.2.1 环境治理 PPP 项目研究

1.2.1.1 国外研究现状

环境治理领域广泛、工艺复杂，涉及多元主体合作共同参与完成。国外学者率先展开对环境治理公私合作等方面的研究，从其对环境治理及公私合作模式的研究现状来看，国外学者多是通过多元主体、政策层面及治理模式体系来分析公私合作环境治理模式及其机理。

国外学者很早就开始关注生态环境治理问题，并进行了大量卓有成效的研究。朱迪·弗里曼（Judy Freeman，2010）在《合作治理与新行政法》①中以环境管制和自然资源管理的实例为分析对象，在目标的指引下，依托主体理性、责任性以及正当理性的概念，构建公私结合的合作治理模式。斯图华特（Stewart，1997）指出生态环境治理问题的主体应为政府，政府应在生态环境治理中发挥主导作用。基欧汗（Keohane，1998）提出随着公共机构自上而下的政策改革，将会更加重视利益相关者之间的合作，通过共同责任的承担，解决好生态环境问题。政府在治理过程中承担正式职责，私有企业、企业协会和非政府组织都可以参与其中，与政府部门联合治理。在欧盟，公私合作"以私法完成公法任务"与新公共管理相呼应，在环境领域引入公私合作治理，开展以公私协商合作为导向的环境治理模式，广泛用于欧洲委员会各个部门，特别是运输、能源、基础设施、公共安全、废物管理和水分配，体现了西方发达国家从被动到主动适应内部环境变革。奥佳华（Ogawa，2007）认为不同地方政府的分权管理有利于实现生态资源环境的

---

① 朱迪·弗里曼. 合作治理与新行政法 [M]. 毕洪海，陈标冲，译. 北京：商务印书馆，2010.

有效配置，能够有效提升生态环境的治理效率。柳濑（Yanase，2009）、藤原（Fujiwara，2012）运用博弈论的分析方法对生态环境治理中公众参与以及地方政府的跨地区环境污染治理问题进行了研究，并提出了政府环境治理的环境规制策略。卡塔琳娜（Katarina，2004）提出了环境的多层级治理模式，认为在政府与企业以及社会公众共同合作期间，环境责任在这些部门进行转移，因此环境多层级合作治理有利于环境责任多元主体的共担，以实现生态环境治理目标。当 PPP 模式已经在环境治理领域日趋成熟时，罗伯特（Robert，2008）将系统工程的思想应用到环境治理 PPP 项目合约关系当中，利用系统工程的透明度、分层级的方法在 PPP 项目管理目标、管理内容方面进行闭环控制，多元主体应积极参与项目管理，以确保闭环控制能够顺利进行。

在采用哪种治理模式的研究上，米切尔（Mihcael，2002）对英国政府环境治理的公私合作模式进行了研究，强调该模式具备部分私有化和完全私有化的融合、融资和责任的主动方是私人与民营企业共同进行社会服务等三个方面的特征。萨瓦斯（Savase，2002）对生态环境治理的公私合作模式展开具体的分析，提出政府应该注重职能的转变，充分发挥自身的引导作用，充分发挥企业、非营利组织的优势，实现服务型政府的转变，提高管理效率，缩减行政成本，在提供公共服务过程中，依托私人部间的竞争提升政府的供给效率，增强民众的满意度。沃森（Warsen，2018）认为在 PPP 模式中伙伴关系是其主要表现形式，一切活动的开展都以多元化的伙伴关系为依托，主体之间具备稳定性，在"交互合作"逻辑的指导下开展一系列的活动。

关于环境治理 PPP 项目的发展及问题研究，阿肯托耶（Akintoye，2003）综合分析了成功的 PPP 案例及其项目公司做法，得出 PPP 模式风险分析框架，为研究环境治理 PPP 模式问题提供了思路。奥杰拉比（Ojelabi，2018）、盖尔斯比（Gillespie，2019）指出发展中国家在 PPP 项目实施时，面对的主要挑战包括：利益相关者对公私伙伴关系的不充分协商和利益冲突、人们对公私伙伴关系的消极行为、利益相关者对公私伙伴关系缺乏信心和不信任、公私伙伴关系有利环境差、监管框架薄弱或不完善、法律法规变化和有利政策薄弱。

20 世纪后期经济合作与发展组织（OECD）率先阐述"污染者付费"相关概述，提出参与方需要对相关后果进行付费；索蒂霍斯（Sotirchos，2011）认为环境污染公私合作存在责任主体不明、监管不到位和社会公众参与机制不健全的问题；兰道尔（Landauer，2018）研究了公众参与环境规划，如环境影响评估（EIA），可以使当地社区能够就基础设施项目的环境、社会和经济挑战提供反馈，且理想情况下的参与可以改善所有参与方的社会学习方式，有助于共同制定可持续的解决方案；詹姆斯（James，2019）探讨了区域间的空间生态协调需要实现府际协同治理，且政府管理和公众参与影响了满意情况。

1.2.1.2 国内研究现状

国内对于环境治理 PPP 模式的研究起步较晚，多是结合当前我国环境污染形式以及政府对于生态环境建设的力度，借鉴西方发达国家的先进治理模式，应用于解决我国特定的某个环境领域治理项目当中。对于环境治理 PPP 模式的研究多出现在 2015 年之后，研究领域涵盖我国环境治理公私合作发展新形势、环境领域 PPP 模式实践以及环境治理多元主体关系等。

谌杨（2020）认为中国的环境治理模式历经了"政府单一管制"与"政府监管辅以公众参与"两个阶段，目前正走向"政府、企业、公众共治"的新阶段。戴胜利等（2018）提出地方政府和污染企业之间的博弈是导致地方环境治理低效率问题的主要原因。陆立军等（2019）通过研究认为地方政府通过提高环境规制的强度能够显著提升环境治理的成效，通过发挥创新补偿的作用，有助于地方政府环境规制策略的转变，原有的"逐底竞争"形式被"趋好竞争"形式所取代。

生态治理模式的相关研究。俞海山（2017）在《从参与治理到合作治理：我国环境治理模式的转型》[①] 中提出国家治理模式应适时转型，并指出与参与型治理不同，合作治理表现出最显著的特征是平等结构的构建，合作治理主体之间的关系是平等的。政府职能将从传统意义上的控制职能转变成引导作用，在此基础上，各个主体之间承担各自的责任，平等地履行自身义

---

① 俞海山. 从参与治理到合作治理：我国环境治理模式的转型 [J]. 汉江论坛，2017（04）.

务，从而有效发挥治理结构的整体性作用，产生较好的效果。杜焱强、刘瀚斌（2020）分析了 PPP 模式与传统的政府治理模式，通过对比研究发现当前的农村人居环境治理不能一概而论，随着城乡要素快速流动，更需要管理者结合实际情况制定措施，形成符合发展要求的环境模式。

环境治理 PPP 模式多元主体合作关系的研究。任志涛等（2017）提出环境治理 PPP 项目的行动者网络（ANT）构建，将环境保护 PPP 项目实践中的"行动者"的角色界定为"人类行动者""非人类行动者"，为提高环境治理 PPP 项目多元主体间的资源互补及服务供给效率提供了新的思路。此外，任志涛等（2018）又提出环境治理 PPP 项目的强负外部性致使项目运作中普遍存在"政府失灵""市场失灵""社会失灵"的三重困境，基于多中心理论、协同治理思想理论的内容，形成政府驱动，企业为主体，社会各部门共同参与的原则，形成 PPP 项目多元协同治理机制，在节约成本的基础上产生较好的效果。詹国彬等（2020）提出在研究过程中需要先明确主体职责，优化生态服务投入机制和环境治理协同机制，重视政府环境监管职能的发挥，在此基础上呼吁社会力量加入进来，保证环境治理体系的正常运行。胡天蓉等（2020）对于当前环境治理体系中的相关因素进行分析，并提出首先需要借助健全的法律体系来解决存在的问题；其次要推进环境治理融资形式的多样化发展，创建环创基金；再其次需要发挥市场机制的优势，在市场调节下，政府对责任主体进行政策扶持；最后要完善信息公开制度，鼓励公众积极建言献策，在全民参与下达到较好的效果。

关于公私合作环境治理，李楠楠、王儒靓（2016）指出当前我国环境治理 PPP 项目存在权与利、公与私之间的权益以及政府与社会资本的利益矛盾。王若雪（2017）从环境和政策入手分析得出我国环境治理存在一些不足，譬如过度使用行政手段、政府滥用职权或者经济和自主类政府文件缺乏。杜焱强（2019）解释了农村环境管理的诸多难点以及 PPP 实施管理的优势，分析了公私伙伴关系制度在农村环境管理中的有效性、公平性和可持续性，认为应根据当地情况，合理促进 PPP 在农村环境管理中的应用。贾文龙（2019）选取了环境治理领域的 1185 篇论文作为分析的样本数据，探究得到在治理中多重环境系统、政府权力与职责和复杂差异化的环境污染控制仍是环境治理的研究重点，政府与市场的竞合关系就是要注意的重心。黄晓军等（2017）针对当前环境治理市场发展的新形势，通过 PPP 与环境污染第三方治理模式研究了环境治理市场化障碍及共性等问题，提出推进环境治理市场化机制的完善，需要进一步完善第三方治理模式运作机制，环境治理领域的相关经济政策以及倡导发展绿色金融等。

1.2.2　PPP 项目共生关系研究

共生理论起源于"共生"这一生物学名词并由之发展演化而来。袁纯清（1988）认为共生的本质就是不同生物密切生活在一起，提出了共生的三要素——共生单元、共生模式、共生环境。共生关系的过程在于共生关系主体物质、信息和能量的有效产生、交换和配置。近年来，众多学者对共生理论方面的不懈研究和努力，使共生理论的概念、内涵和应用不断丰富和完善。

1.2.2.1　共生理论的实践应用

伦巴第（Lombardi，2012）整理网络中的主体关系，探索以资源循环、信息共享为合作方式的多元主体合作共生模式。埃伦费尔德（Ehrenfeld，2004）指出工业共生要实现新技术的发明、专业知识的传播和多样化概念的学习。埃伦费尔德（2003）提出对共生在生态产业的应用进行阐述，并形成了资源循环体系。薄姗等（2021）以企业产业发展进程的不同阶段为界面，探索以环境成本管控为要点的空间共生模型。张伟（2019）基于共生理论，发现我国农村的社会保障体系越完善，农村居民的生活质量越高，消费水平也会随之提高。唐献玲（2020）发现乡村旅游共生主体利益既得者的冲突，随着关系主体组成不同而改变，不同的共生主体之间所表现出的冲突内容也不完全相同。温晓敏等（2020）认为企业为提高经济效益应加强与其他合作主体的交流，参与到复杂多变的共生关系中。

1.2.2.2　共生关系的研究分析

余维新等（2020）认为在生态环境系统中增加共生单元数量，优化共生界面，改善共生环境有利于提高共生关系稳定性。侯约翰等（2021）发现共生关系内部在合作的同时也存在着竞争行为，对关系的稳定性产生轻微影响，但合作始终是影响共生关系的核心要素，将共生关系演化推向更高的层次，竞争与协同同时发挥作用，形成协同竞争机制。仉瑞等（2020）发现共生关系能在很大程度上提高商业性生态系统产生公共价值，横向成员关系和纵向成员关系通过交互作用缓解内部矛盾与冲突，促进共生组织公共价值的产生与合理化分配。贾思明（Jasmine，2017）发现动态变化的共生主体通过竞争、合作、互惠、共生等关系形成了云生态共生系统。吴洁等（2019）发现互惠共生和偏利共生的关系下高校推动了企业技术创新，使卫星企业飞速发展，寄生共生的关系下卫星企业弱化了主体间的技术发展。刘威等（2020）认为共生引力、共生支持和共生利益促进了包容性共生关系的形成，共生支持和共生利益进一步提高了联合体包容性水平。

1.2.2.3 环境治理 PPP 项目共生关系的研究分析

米拉塔（Mirata，2005）发现某一组织在长期稳定运行的共生关系下展开资金、技术和资源等方面的沟通能够增加组织竞争力，提高环境利益。陈婉玲等（2017）认为公私利益竞合关系、契约与非契约利益互补关系和多层次利益共生关系是公私合作伙伴关系中普遍存在的利益关系，为了防止这些关系恶化，需要建立有效的利益协调机制。阿布鲁（Abreu，2005）认为在环境治理领域，企业、政府和社会合作能够更好地促进企业在治理环境中发挥作用。张诚（2020）认为建立合作共生、长久可持续的命运共同体需要建立合作主体间的信任关系，提高成员的团队精神。布什（Bush，2016）认为社会资本不仅体现了社区信仰、目标以及合作的意愿，还能够通过资源和信息流动加强群体之间的相互认同感以促进集体行动；曾志伟（2009）发现公众对专家、利害关系者和政府的信任度低会导致环境治理很难得到公众的认可，进而降低环境治理评价。李宁等（2019）强调系统以整体方式参与和其他系统的竞争优势最终还是取决于系统内部各要素是否形成了坚固稳定的共生关系。

1.2.3　PPP 项目地方政府债务研究

国内外学者对 PPP 项目化解地方政府债务的研究。哈马米（Hammami，2006）等对众多发达国家 PPP 项目投资规模和政府负债规模的统计数据相关性进行了对比研究，可以明显看到，负债较多的发达国家和地区政府更加愿意选择采用 PPP 模式。霍普（Hoppe，2013）主要提出了通过 PPP 项目管理模式有效节约了私人部门项目总成本，提高了私人部门项目的投融资收益。王韬（2015）认为 PPP 项目建设是有效化解中央和地方各级政府之间存量负债的一个有效途径，通过项目建设引入了社会资本，减少了地方政府在公共产品和网络信息技术等领域的项目建设和投融资，提高了项目建设和运营的质量，同时也可以大幅度减少地方政府后续的财政支出和责任。樊轶侠（2016）认为 PPP 模式的建立能够在短时间内平滑一些地方政府债务，可以利用未来的收益偿还债务，进而减轻政府的支出责任。刘梅（2015）认为 PPP 模式主要是指一种新的金融和管理模式，近年来我国地方政府承担着较重的债务负担，而 PPP 模式能够有效缓解政府的债务压力，减少债务增量，缓解地方财政资金紧张的困境。白德全（2018）进一步建议，PPP 可以通过社会融资在短期内减轻地方政府的融资压力，中期内通过发挥市场的作用促进政府职能的转变，并最终在长期内消除地方债务风险。

关于 PPP 模式导致新的政府隐性债务的研究。森迪（Shendy，2013）、拉希德（Rashed，2016）通过对加纳、斯里兰卡等国的一些典型案例进行数据分析，认为 PPP 模式造成了政府隐性资产负债的快速膨胀。吉富星（2019）指出为了吸引大量投资而使得这个项目经营运作更加商业化，政府往往都会向贷款人提供各种不合理的担保，并对贷款人进行不合理的贷款支出补贴和其他贷款补偿，在大多数情况下，这些贷款人的支出都是完全游离在资产负债表之外的，没有被直接纳入相应的财政预算和负债进行管理，从而形成了地方政府的一种隐性债务。于琴（2016）认为 PPP 建设项目中地方政府担保机构可能会直接导致其他地方政府的信用贷款出现问题，信用贷款可能使政府承担更大的压力。欧纯智等（2017）运用 PPP 利益矩阵，提出并非所有 PPP 项目都是可实现、可持续、符合公共利益的；私人单位或者部门也同样可以降低利润获得社会公众普遍认可，从资金效益评价到财政承受能力论证等多个途径，避免政府的偿债压力。刘方（2019）认为 PPP 项目在其发展的过程中可能会存在诸多问题，这些都会直接导致当地政府隐性债务问题的出现，如"明股实债""保底条款"的存在，对政府付费回报机制的依赖，绩效评价制度的不健全等，都会增加政府购买 PPP 项目的责任。李丹（2019）指出 2015 年国务院对部分省份 PPP 项目的抽查结果显示，政府承诺"兜底回购""固定收益"等导致 PPP 项目成为政府隐性债务。李丽珍（2020）指出 PPP 模式的一个工具性特点，具有对地方政府隐性债务进行治理的功能，但在其运行过程中又可能会产生一种新的地方政府隐性债务。邹瑾等（2020）以城投债利差为研究视角，结合 PPP 建设项目大体量规模统计数据，对 2014 年修正的《中华人民共和国预算法》（以下简称"2014 年预算法"）等一系列治理政策的实施效果进行了分析和检验。结果表明，地方政府兜底行为已经彻底瓦解，但地方政府隐性债务担保依然存在。可见，PPP 项目既能化解地方政府债务，又会因不规范运作而产生隐性债务，需要对其进行管理和风险防范。

1.2.4　PPP 项目风险管控研究

国内外学者在研究过程中更多地关注风险的分类、风险管理和财政风险防范方面。崔志娟等（2019）从财务风险框架和会计角度分析了政府隐性债务的规范化，认为政府隐性债务主要是指财务报告中没有明确列报和披露的收入或支出职能，可以划分为直接隐性债务和间接隐性债务。谭艳艳等（2019）指出 PPP 项目可能引发新的地方政府债务风险的理论与实践思考。王立国（2015）认为要控制地方政府债务风险，必须建立必要的制度和机制对其进行约束。方桦（2019）分析了 PPP 项目隐性债务风险的逻辑，明确了当前项目隐性风险的特征和应对方式。庞德良（2020）梳理 PPP 模式与政府债务风险之间的逻辑关系，从合同、产权、项目全周期结构等角度分析了 PPP 隐含债务问题的复杂性、必然性、导向性和广泛性，提出了完善中国 PPP 财管体系，强化隐性债务管理的建议。可见，解决地方政府隐性债务风险管理中的环境治理 PPP 项目隐性债务来源和问题是基础。

有关地方政府债务风险管控的研究。当前，各方已经基本形成严格的债务风险管控理论共识，而政府部门和企业对 PPP 项目的定位，已由防范和化解政府性债务风险的工具逐渐转向禁止地方政府以 PPP 等名义变相违法举债，激起了国际社会对 PPP 财政收入责任与隐性债务的关系、风险的成因及路径等问题的探究热情。克罗齐（Croce，2016）建议增加地方政府债务透明度，在信息公开情况下治理债务问题。克鲁兹（Cruz，2014）建议地方政府以 PPP 合作方式对基础设施进行融资建设，降低地方政府债务。缪小林等（2015）认为我国 PPP 模式不能有效防范地方政府债务风险，只能通过公私合作机制来约束地方政府债务扩张。胡书东（2019）提出在找准债务根源前提下防范和化解地方政府债务风险。马万里（2019）认为 PPP 违规举债支出责任和 PPP 财政支出都离不开政府隐性债务。刘方（2019）认为 PPP 不规范操作会导致地方政府隐性债务风险。沈雨婷等（2019）构建地方政府债务风险预警系统，对债务风险影响综合因素进行实证分析，认为我国政府债务风险整体可以控制。李丹（2019）认为 PPP 作为地方政府融资平台的隐性债务与异化风险增量，是防范系统性金融风险的关键。高艳（2019）认为控险目标下的短期保险策略和提升目标下的长期保险本能能够实现相对动态的债务安全。可见，防范地方政府隐性债务风险不仅要求 PPP 项目的正规运作，还需要建立风险控制制度来保证地方政府的行为，促进环境治理 PPP 项目的可持续发展。

1.2.5 民营企业绩效管理研究

1.2.5.1 国外相关研究

环境问题作为全球治理的一个方面，在多行为体并存的国际社会中，单纯依赖国家的力量极易陷入困境。赫尔德（Held，2009）认为在国际社会缺乏超国家的政治权威，在此情况下，有必要寻求构建国家之外的管理程序。菲利普（Philipp，2016）则提出"私人行为体"的作用日益重要，已经从国际体系中的一种干预变量发展成为主要存在于国际体系之外的既存规则。佩雷斯（Perrez，2019）认为，现实中的环境运动不能只拘泥于国家的、地区的和政府间的管制，忽视企业与公众的参与将达不到理想的效果。陈伟业（Chan A.，2010）试图找出影响 PPP 实施成功的关键因素，其中公私共担责任、透明高效的采购流程、明智的政府控制是企业参与 PPP 项目必不可少的因素。贝斯利（Besley，2007）和贝纳布（Bénabou，2010）认为，与政府合作或替代政府提供公共设施及服务，满足人们日渐增长的基础设施需求是企业的社会责任。PPP 项目的资本结构直接关系到项目的成本收益和风险，是民营企业参与 PPP 项目需要重视的内容。

在对民营企业绩效管理理念研究的梳理过程中，能够发现绩效管理的变化，原本仅出现于企业管理中，在发展过程中，随着内容的丰富同样适用于政府部门和公众利益实体中。在传统绩效管理阶段，财务指标的重要性显而易见，可以说在较长的时间内，财务指标在传统绩效管理阶段都发挥着主导性作用。最早发展起来的是泰勒（Taylor，1911）提出的标准成本制度，是当时比较成熟的成本绩效评价指标。随着经济社会的发展，对绩效管理的系统性提出了更高的要求。其中，唐纳德森·布朗（Donaldson Brown，1912）首次将杜邦财务分析体系带入人们的视线，该体系一经出现就获得人们的广泛关注，在绩效管理方面发挥着极为重要的作用。20 世纪 60 年代，证券市场迅猛发展，斯坦利（Stanley，2000）将投资报酬率的概念引入到关键绩效指标中，在发展过程中销售利润率、每股收益等多重指标形式也成为绩效指标的一部分，这标志着财务指标体系更加成熟。现阶段通过引入 EVA、BSC、KPI 以及 MBO 等，将非财务指标的内容考虑在内，有助于提升评估的科学性。在绩效管理实践中充分发挥战略管理理论的指导作用，有助于考核控制职能的发挥，提升企业战略管理水平。

关于民营企业绩效管理模式的研究中，学者认为绩效管理是将员工的个人目标和企业发展战略紧密连接在一起，使企业的绩效管理效率得到提高的过程。施奈尔（Schneier，2000）提出绩效管理系统是一个循环周期。简（Jane，2013）针对民营企业绩效与经济危机之间的联系进行研究，经过分析得出，跨国企业在面对非常严重的经济危机时，有必要增加对企业员工绩效管理的力度，这个举措关系企业的发展。此外，他还对比了员工期望在正常时期和在经济危机时期的区别，经过研究发现，在正常时期与在经济危机时期存在差异说明经济背景会对员工期望造成一定的影响。苏迪（Sudi，

2016）经过研究发现绩效管理在企业中担任着必不可少的角色，是一个具有生命力的整体架构。在环境治理 PPP 项目中，各个成员既是独立的个体，又是相辅相成的整体，民营企业的绩效表现可以体现和实现政府、公众的绩效需求。

1.2.5.2 国内相关研究

20 世纪 90 年代，绩效管理被引入我国，当时的绩效管理只注重绩效考核和绩效评价。当今经济形式较为乐观，经济处于快速发展的状态，大部分民营企业的学习意识增强，主动了解西方绩效理论方法，再根据自身企业的状况，对方法进行调整和改进，使该方法更加适合企业的发展状况。因此，绩效管理受到管理者的青睐。

有关民营企业绩效管理理念方面的研究成果颇多，除了之前的较为典型的战略管理理论，近几年又涌现出一些较为新颖的管理理念，其中较为有名的是晏传英（2009）提出的组织管理理念，该理念的主要内容是重视组织能力，并不只把个人能力当作核心竞争要素。陈园（2010）提出了分享制理念，该理念的主要内容是改善末位淘汰制的缺点。当下社会环境在不断发生改变，经济形势也处于发展之中，肖希明（2010）基于信息化背景提出信息共享理念，为之后的绩效信息服务平台提供了思路。胡雅萌（2016）提出风险管理理念，该理念的主要内容是要继续寻找风险导向平衡计分卡的实施方法，尽管当前施工行业的风险不断增加，其针对风险导向平衡计分卡的指标体系和运行机制进行了全面的分析，并且总结出实施风险导向平衡计分卡的价值。程进（2018）提出了生态效益理念，生态系统绩效管理实质上将重点放在关心系统管理结果与目标相似的程度，但条件是要把目标定为提升政府生态系统管理效能。

民营企业绩效管理影响因素方面，陈嘉文（2016）、何晓斌（2020）指出在中国政治关联与创新绩效之间存在的关系是正相关，而且对于民营企业来说，政治关联会对其创新绩效产生很大的影响。米莉（2020）认为研发创新的延时效应能从根本上改善企业的经营绩效，进而全面提升企业可持续发展能力。孙一（2020）使用了模糊综合评价法，对企业绩效管理体系能力进行构建，使绩效管理更加科学和适用，在一定程度上完善了绩效管理体系，并且改善目前绩效管理研究方法中的不足，减少了绩效管理体系的主观性与随意性，使企业的综合管理水平得到提高，对于民营环保企业来说，是一个非常合理的绩效管理办法。张秀敏（2021）认为企业绩效与易读性水平显著正相关，是易读性操纵的驱动因素，民营企业的盈利水平会显著驱动高管对易读性水平的操纵。

1.2.6 公众参与环境治理 PPP 项目研究现状

公众通过各种实践活动参与环境治理体现了其在社会中的地位。1969年美国首次为公众参与环境治理提供了司法体系保障，充分动员社会力量参与公共治理。艾克贝利（Eckerberg，2004）认为政府通过与多种主体进行协同治理将环保责任渗透到社会的各个层面，形成全民环保的理想化状态。马腾（Maarten，2008）指出，环境法规内容的制定和核查需要私营部门和公众代表的参与，其中公众包含社会各领域、各阶层的公民，全世界各个国家都应致力于对环境的保护工作。钟兴菊、罗世兴（2021）从"生态位"和"社会建构"的视角出发，认为公众的环境行为在经过一系列物质、精神因素的交互作用下发生动态改变。吕维霞等（2020）发现媒体的关注能提高企业、公众和其他参与主体对环境治理效果的评价，企业声誉在这一影响过程中发挥中介作用。

1.2.6.1 公众参与是有效提升环境效益的重要保障

任祥（2020）认为我国的生态环境治理涉及多方主体复杂交错的利益关系和冲突矛盾，只有厘清这些关系才能有效地开展合作。陆如霞等（2019）认为由于公众缺乏作为直接利益受害者的环保意识和知识，政府会忽视公众治理主体的功能，项目的建设者便会放弃维护公共利益的职责。董战峰等（2021）表明公众缺少对环境治理过程直接参与的渠道，碳排放标准没有明确的衡量准则和监督平台。屈文波等（2020）发现公众监督作为社会性环境规制间接地提高了环境治理效率。福赛斯（Forsyth，2006）认为环境治理的多元主体参与合作模式，能够极大地促进公众参与环境政策和技术的选择，进而提高环境政策的公众可接受程度。庄国敏等（2017）发现多元主体间的利益竞争是以无视公众利益为背景的，公众逐渐通过实践行为表达自己的环保需求和不满情绪。

1.2.6.2 公众参与是积极凸显制度理性的客观选择

库恩（Kun，2017）认为政府和企业及时透明地展示环境治理实时状况是响应国家政策号召的表现，能够监督政府的环境管理行为，有助于平衡公众的多元利益。湛杨（2020）发现政府、企业和公众通过协调配合构建一个共生系统，以功能互补的方式弥补先天性不足。于晶晶（2021）认为国家法律法规对于公众知情权、参与权和监督权等权利的界定为公众参与环境治理营造良好的法律环境。陈（Chen，2018）认为政府对公众环保行为意向的尊重激励了公众参与环境治理活动，并制定了一些政策给予支持，但当政策目标对地方政府绩效产生影响时，地方政府可能会忽略中央政府的环境政策。初钊鹏等（2019）认为在环境污染对公众健康产生影响时，通过搬离污染区的行为与政府进行抗争，多方主体博弈最终会产生政府不监管、公众不参与的尴尬境地。安德森（Anderson，2017）以欧盟成员国的一项问卷调查结果衡量公众的环境态度，发现随着公众舆论优先转向考虑环境问题，欧洲各国政府支持可再生能源政策的比率显著上升。

1.2.7 共生网络及社会治理研究

1.2.7.1 国外研究现状

共生（symbiosis）在生物科学研究里占据关键地位，描述了生物界中的一个普遍现象。德贝里（de Bary）于1879年率先阐释了共生相关理论，共生就是在特定情况中，不同的物种根据特定形式连接，从而共同联系，相互依存和发展。共生由共生单元、环境、模式等组成。之后，麦克纳尔和艾哈迈迪安（Mcnally and Ahmadjian，1987）发展完善相关理论，认为共生是主体相互连接，来达到相互生存或发展的目的。

从哲学角度来讨论共生本质，它就变为一个崭新的观点和研究。日本学者黑氚季彰（Naito C.，2013）的共生研究路径包括三大部分，其共生想法也融入自己的建筑学设计领域。日本学者尾关周二（尾関火曜日，1996）基于哲学原理区分了共生和其他概念，从而研究共生异质性原理，同时，他提倡人们需要完成共生，并将共生分成三类。科勒里（Callery，1952）和刘易斯（Lewis，1973）基于先前研究，提出了互惠共生、寄生等相似概念。随着研究范围的不断扩大，共生一词也越来越多地出现在政治、经济等领域。维伦图夫（Velenturf，2016）研究分析了英国地区资源化治理创新系统，对政府和相关组织内部进行了访谈，将共生作为一种创新，探索了治理对实现共生的影响。马丁（Martin，2018）通过研究瑞典新兴网络的环境和社会经济影响，利用生命周期评估和社会经济评估来说明网络和区域可持续性对企业与政府的影响，从而扩大了对系统网络的评估。伊安桑（Eansang，1996）则认为共生界面可以作为一个场所来达到沟通协作和信息传递，社会资本内的各个成员可以进行互动、协作以及相互影响。

在初始的概念定义阶段，"共生"主要是在自然生态学领域广泛运用，指的是在不同物种之间存在的依赖共存关系，也就是在自然生态网络中，两种或多种物种之间遵循某种共同遵守的生存模式从而形成的关系。经过漫长的研究，不只是在自然界存在着这种关系，在产业系统内部也存在着相似的关系，这就是"产业共生"理论，该理论就是源于自然界中的现象，这个理论是产业生态学系统九大研究领域之一。利夫塞特（Lifset，1997）提出产业共生更加强调一种完整的竞争合作的关系，而不是指在共生关系中的企业之间进行废物交换。布斯（Boons，2002）针对工业共生进行了更加深入的研究，并给出了更具体的定义：处于共生工业状态的企业是指企业彼此间进行资源共享、能量交换或废物集中交换再利用。安德伯格（Anderberg，1998）针对产业共生的定义以及内涵范畴进行了更具体的研究和分析，进一步扩充了共生的内容。目前，生物学共生理论被熟知并被应用，甚至延伸到其他学科的研究过程中，经济学家也对此很感兴趣。马歇尔（Marshall，1895）曾提出经济生物学是经济学家的圣地。

结合共生基本方法、共生理论融合于合作网络之中，形成全新共生网络。共生网络可以提供倍增器的效果，在为网络中任意一个共生单元带来额外的共生能量的同时，也给信息之间的交互、物质的交流等方面提供了关键的平台。施瓦兹（Schwarz，1997）通过使用生态循环网络的方法打造了工业共生网络，在这种思想的影响下所建立的工业共生网络极大地提高了工业的工作效率，同时也节省了所需原料。循环的概念与共生的模式有着密切关系。米拉塔（Mirata，2005）指出在产业共生理念下构建共生网络是必要的，符合这一理念的案例有产业生态系统以及生态工业园。构建产业生态网络主要是为了更好地利用对方优势的资源和能力补全不足，以此增加产业生产活动的效率，将效率最大化。除此之外，他还提出产业生态网络或工业共生网络能够作为同时实现环境、经济等方面共同发展的实践基点。赫兹格（Herczeg，2018）认为共生网络是一种协同供应链管理的形式，旨在使工业更具可持续性，并在经济上独立的行业之间利用废物、副产品和多余的公用事业，实现集体利益。拉明（Ramin，2021）通过建立共生网络，发现工业园区在跨公司回收和再利用水等资源方面具有很大的潜力。以大型标准混合整数非线性规划（MINLP）问题为基础，提出工业园区水网整合设计的数学优化框架。

苏振明（Su Z.，2010）将共生理论引入公私伙伴关系，将政府和私营部门视为两个独立的方面，利用价值网络来研究双方的价值流，找出共生关系的内在机理，构建了价值方面的共生网络；共生与社会学可以结合形成人文区位相关理论，社会中包括许多共生组织，主体之间进行沟通，同时在组织间还存在挑战，是进步发展的基础，挑战与发展共同存在形成了组织间的区位。汉南和弗里曼（Hannan M. and Freeman J.，1997）提出了环境社会的适应关系，并设立了共生的框架，研究了组织与共生相关内容。肯（Ken，1998）将环境与市场联系起来，并分析了主体之间的发展共存情况。

1.2.7.2 国内研究现状

在国内，生物学家袁纯清等（1998）较早提出把共生和社会科学联系到一起，并分析共生相关理论，提出相关研究思路结构，对于共生来说，金融共生也可以当作一种共生形式，其内部主体也在进行各种成分的交换。陶国根（2014）认为共生突出共生体间的理解和鼓励，相互沟通与进步，这是鼓励共生体发展较好的方式，同时可以保证共生网络的稳定发展。在城乡间共生研究方面，邓春（2018）等调查了中国农村的相关发展，依据共生相关理论构建了指标框架，进而根据相关数据和公式凝聚形成了基于城乡结构的共生界面与发展路径。在生态环境发展方面，方世南（2009）提出共生环境影响主体进行改变与发展从而达到共生目的，表现了主体对于融入共生的积极性。

袁纯清（1998）通过分析生物学中的共生理论，运用数理分析的方法，成为将生物学中的共生现象拓展概括为经济学中的共生理论的第一人。袁纯清构建出了经济学中共生理论的基本研究框架，应用共生分析的方法分析研究日本等国家的小型经济，将共生理论应用于实践之中。程恩富（2000）对将共生理论引入经济学领域的重要意义做了重点概述。他认为生物学中不同物种之间的共生和竞争关系在经济学领域依然适用，即当前市场活动中不仅存在竞争关系，还有彼此之间共生发展。吴飞驰（2000）认为共生理论是经济学领域衍生出的新方法，只有多种所有制经济共同发展、互利共存才符合当下国内市场行情，充分发挥各种所有制经济的优势，合理配置市场资源，优化市场经济结构，才能推动市场经济不断提高，促进生产力的发展。除此之外，诸多学者还引入了 Logistic 共生演化模型，运用数理模型研究分析企业和企业、产业和产业之间的稳定程度，从而进一步了解其共生关系，寻找促进共生关系稳定发展的新方法。刘浩（2010）、田刚（2013）分别对服务业与制造业、制造业与物流业间的共生关系进行了细致剖析。

共生主体通过彼此之间建立共生关系，形成了复杂有序的共生网络。张雷勇等（2013）将共生网络划分为三种形式：第一种形式是依托型，核心主体是一家或多家同种类型的共生体系，包括诸多围绕核心主体运转的小单元；第二种形式是平衡式，同种类型组成的共生体系中，各个单元处于平等的地位；第三种形式是介于依托式和平衡式两者之间，由多个依托式的网络体系组成的彼此平衡的复杂嵌套型网络。刘卫红等（2020）认为共生网络的进化逻辑是一个完整的动态化过程，这一过程包括从共生单元内生力、环境外驱力和界面耦合力三个方面进行高职教育产学研共生网络的培育和进化。王永贵等（2019）提出网络中心性可对企业绩效产生积极的作用，同时创新关联和政治关联又能够合理地调节改善网络中心性和企业绩效之间的关系。孟华等（2020）指出价值网络共生对企业能力和企业绩效均具有显著的正向作用。温晓敏等（2019）指出契约、信任、学习三种网络治理机制会对网络治理绩效产生积极影响，治理能力在两者之间起到部分中介作用。

郭龙军（2015）等研究企业的 r – 选择和 k – 选择，同时强调共生发展中的企业间的竞争与合作关系促进了企业的改变与进步，还提出生态位战略，指出企业存在的关系与生态系统组群关系非常相近。周小付等（2018）对主体间的网络关系进行研究，认为 PPP 存在政府、市场和社会构成的社会网络结构，而且这三种主体也会改变主体之间的相互关系，所以这种关系和网络可以对 PPP 的社会与市场治理产生积极影响。任志涛等（2014）借助共生相关概念，探究多元主体的动机与反应不一致，进而从中探寻相关动机来达到共生，结合不同主体的长处来进行合作交流，从而达到 PPP 项目的利益最大化。马恩涛等（2017）通过社会网络分析法探究公私合作多元主体，并研究了主体之间的相互关系，依据主体间的合同关系建立了公私合作的社会网络分析框架，探寻 PPP 项目的可持续发展。高少冲等（2017）结合利益相关者相关理论，探究不同主体间的利益关系，同时将 PPP 项目假设为特定组织，进而构建公私合作治理网络模型。

1.2.8 网络结构与网络分析方法研究

1.2.8.1 国外研究综述

共生网络的结构具有节点异质化、关系多元化等特点。布斯（Boons，2011）通过分析概括共生相关理论，设立了共生的相关结构，有助于产业共生及相关机制的运行与发展。德罗切斯（Desrochers，2002）阐述了共生网络的多样复杂对于共生单元环境适应调整能力的积极影响。康斯坦特（Constant，2002）借助网络相关理论探究多元主体的竞争与合作关系，基于相互关系来探究产业网络结构及其运行发展。乔普拉（Chopra，2014）借助网络分析找出相对发展较差的主体，解释了共生网络弹性对于共生网络和谐可持续发展的必要性。弗拉卡斯基（Fraccascia，2017）依据相关实证来分析有关结构弹性的相关内容，由此阐述了共生结构弹性相关理论。社会学家坎特纳（Cantner，2006）借助 20 世纪末具体城市有关知识产权的案例，构建相应网络的同时依据社会网络分析来探寻其共生网络的运行发展规律。

科旺（Cowan，2004）设立了一个网络模型来假设结构和知识的作用关系，认为当合作网络结构趋于稳定时，共生网络主体之间的传递效率最强。多梅内奇（Domenech，2011）借助社会网络分析工具分析具体城市项目，突出研究了共生网络的结构和形式、互动形式以及它们对经济和环境合作效果的影响。吉登斯（Giddens，1984）把社会结构定义为一种在系统再生产过程中不断参与的规范和资源，规范包括外界的规则和社会的法律制度，资源涵盖了可配置资源与权威资源，它们与主导结构相对应。帕奎因（Paquin，2012）把产业网络下的主要行为特点视为偶然形成和目标定向，同时探究不同行为对发展路径下的互动模式和该网络稳定的影响，他发现网络偏好辐射结构由目标定向模式形成，偶然模式偏好产生了一个相对平衡的结构。

1.2.8.2 国内研究综述

许多国内学者在延续国内外学者研究成果的基础上，将其与我国实际情况相结合。在共生网络本身的结构方面，袁纯清通过共生的三要素来阐述共生本质，同时借助其他的因素（如模式、密度）来构建共生关系学术框架；其中非对称分配因子以及阻尼特性指数等相关指标可衡量共生界面形成情况。孙晓华等（2012）认为针对各种共生关系需要有不同的整治对策，寄生共生需要科学治理，部分共生需要借助市场进行治理，应注意关键主体影响了产业网络结构的发展。冯锋等（2008）借助小世界网络模型探究产学研合作网络，进而对网络结构的运行发展制定了相关方案。马艳艳（2012）等以企业引用的中国大学专利网络为研究对象，测量其网络特征路径的结构特征，如存量生产、集合系数和中心性，探究得出该网络具有无标度特征。在 Q 区域网络分析中，苗长虹等（2009）通过研究黄河区域附近的不同省市，并通过经济能力进行划分，将经济牵引力作为研究中心，进而探究出不同地区的经济合作情况与网络结构。李响等（2013）通过社会网络工具探究江浙沪地区的城市合作网络结构，研究分析出江浙沪地区发展势头良好，并形成了区域公共治理形式。在有关合作共生网络结构的分析中，王瑞华（2005）探究了中国合作网络治理相关缺陷，构建了合作网络治理结构，主要包括多元参与、利益共享和风险共担等。闫相斌等（2018）基于文献分析方法，针对管理科学相关方向，探究其学术网络结构与特性。赵延东等

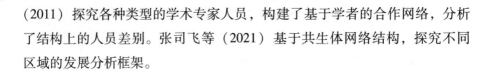

（2011）探究各种类型的学术专家人员，构建了基于学者的合作网络，分析了结构上的人员差别。张司飞等（2021）基于共生体网络结构，探究不同区域的发展分析框架。

1.2.9 网络稳定运行及韧性相关研究

1.2.9.1 国外研究综述

共生网络结构研究中最为关键的一个部分是网络结构的稳定运行研究。哈代（Hardy，2002）根据生态共生网络结构相关研究，发现共生网络对周围环境的影响及其稳定性可能不会随着共生网络中主体联系情况的提高而提高。普利尔（Pril，2005）等探究得出生物网络的稳定性和模型结构的相对丰富度之间有很强的相关性，他认为出现的关联性对模型本身稳定结构的发展也起到了重要作用。斯托弗（Stouffer，2007）等人通过大量食品网络实例的研究，得出生物的猎取食物行为与食物网本身的特点有关，从捕食者到猎物级联的基元结构和循环结构都维系了食物网的稳定性。王刚（Wang，2013）借助虚拟模型，建立相应案例，印证了共生利益和成本都会影响产业共生系统的稳定性，进而探究网络结构与相关环境对产业稳定性的影响。曼尼诺（Mannino，2015）通过探究欧洲生态工业园共生网络失败情况，进而阐述影响共生稳定性的内外部相关情况。席勒（Schiller，2014）认为稳定性在处理节点或边缘关系删除时被视为特定网络结构或属性的稳定性，提出考虑具有代谢功能的物质网络的背景网络，如整个经济系统的结构和具有层次特征的网络结构。利奇（Leach，2010）等人研究得出，弹性是网络在面临偶然破坏时可以保证网络的性能特点的性质，稳定性是被持续攻击时维系网络性能的性质。

韧性相关理论与生态学、政治学等多学科进行融合，而韧性联盟研究的社会生态韧性是学者主要关心的，它促进了多种学科的融合。迪斯尼（Disney，2002）通过数学学科离散传送函数模型，建立相关的计算公式，进一步探究供应链结构的稳定性内容，促进了供应链结构系统的稳定运行和可持续发展。艾希（Ash，2007）等结合高端进化算法，探究网络结构韧性的相关影响成分，从而满足网络结构的合理构成。康文（Kwon，2007）等研究得出在无标度网络模型的基础上发展起来的反馈结构比随机网络的结构等混乱，同时该网络模型也有比较强的可靠性。莫图祖克（Motuzyuk，2018）等对连接较为紧密的无标度网络进行研究，得出网络度越分散其渗流阈值更高的结论，体现了网络间距离越宽广，网络的韧性越高的特点。

1.2.9.2　国内研究综述

关于共生网络的稳定性与结构关系，王治莹（2013）等通过建立生态工业共生超网络来描述工业园中的关系链条，同时进一步绘制了共生超网络的建立和连接过程，并从不充分信息对抗和网络结构的脆弱性角度提出了共生超网络的稳定性算法。张萌（2008）利用社会网络方法，通过不同情况的破坏模拟测试，模拟和测量网络的稳定性情况，并得出结论：共生网络中的多元主体协作有助于企业联合发展，网络的多中心镶嵌结构能够促进网络的稳定发展。生产系统网络稳定是指系统能够保持网络的正常运转进而实现项目的目标，包括结构的稳定性和生产力的稳定性，结构的稳定性是各个主体的良好纽带，生产效率的稳定性是指各个主体的高效操作。杨丽花（2012）等借助社会网络工具研究了欧洲和国内不同生态工业园的相关情况，探究不同的网络组织结构，从而得出在不同情况下生态工业园网络的稳定发展情况。李守伟（2009）等研究了社会资本的参与和退出对产业网络发展的影响情况，认为它们的参与和退出频率对于产业共生网络的稳定与发展有着重要作用。有些学者运用社会仿真工具，借助田野调查方法，收集社会网络关系的相关情况，研究社会网络结构的稳定情况，对社会资本、连接情况以及结构洞等内容进行探究。尚华（2012）在缺乏定性分析和定量评估的情况下，从内部系统和外部系统之间的数据交换来看，基于领导力、循环性和调节性三个维度分析影响生态系统结构稳定性和可持续发展的因素。

对于韧性概念相关说法，不同研究有不一致的意见。物理学家认为韧性是在物理中柔性物质在遭遇外界压力后可以还原到最初状态的能力。环境学的相关专家则坚持韧性源自生态，代表了生态系统在遭受特殊情况时保持其关键功能合理发展，解决外来破坏的能力。郭志（Guo Z.，2015）基于不同状态的冲击策略，分析出动态冲击更容易对共生网络造成破坏的结果，进而分析复杂网络韧性。周漩（2012）研究对节点的冲击来分析网络节点的效率，进而通过无法作用的节点来分析网络的韧性的强度。杜巍（2010）等通过仿真实验探究了不同类型网络结构的韧性，进而分析出这四种类型网络在遭受冲击后的韧性情况。

1.3　环境治理 PPP 项目主体共生研究方案

1.3.1　公私合作共生网络基本原理

1.3.1.1　共生概念

（1）共生基本概述

共生相关内涵首先是由德贝里解释说明的，他认为共生就是各种类型的成分共同存在，也就是这些成分下的各种内容进行相互关联。刘易斯在 20 世纪后期又解释了共生、寄生等相关定义，为近代的科学研究提供了更充分的内容。

共生理论由生物学中的共生概念衍化而来，重在强调生态子系统间合作互补、互惠互利、共同进化的内涵意蕴，主旨在于病态或偏态向一体化常态的内在演变。通过对共生理论的研究，企业治理发展过程中有三个基本理论：共生模式、共生单元和共生环境。实现各类主体之间耦合的手段主要是依托不同物质的联系交换。运用共生理论对产业共生和多元理论进行了相关分析，它不单单是检测物种的机制，也是社会学的方法，并且不仅仅是生物学领域，社会系统的很多领域也蕴含共生。

（2）共生理论的基本原理

一是质参量兼容原理。质参量和共生关系是相互影响的两个因素，兼容才可能产生共生情况，反之则不会共生。随机兼容说明了点共生，同时不连续兼容则意味着间歇共生，相反的表现是一体化共生。因此，质参量兼容原理反映了共生关系是在何种情况之下发生的，同时体现出了两者之间的相互影响情况。

二是共生能量生成原理。对于共生的发展来说，能量的形成与扩大是共生的关键指标。对于经济的发展来说，共生能量增加的主要因素有企业的数量或体量增加或者运营情况的改善等。质参量的情况和发展决定了共生能量的发展。共生能量能促进整体运行与发展，而且保障了各个主体的提升与发展，它是评判多种情况的一个指标。

三是共生系统进化原理。每个成员在共生系统里的表现和形式都出现了差异化，因此将存在最强共生度的成员叫作关键共生因子。不过它可能还是具有弹性的，是根据各种主体的联系而产生相应变化，有时因子或许有不同的形式。对称性互惠共生代表了整体发展的一贯情况，体现了生物学和公众社会进程的情况。对称性互惠共生系统被认为更加高效和安全，任何相互依存的系统在相同的条件下具有最大的能量。任何不对称互惠制度都是一样的，主共生体分布的不对称性更高，能量就会更低。当能量的发展利用率偏向于与先前限制一致时，共生系统发展更快。

1.3.1.2　共生网络要素分析

（1）共生单元

在共生网络中，共生单元节点主要包括政府、企业和公众。异类共生单元节点和同类共生单元节点都可以共生是因为存在的质参量可以相互包容。企业相互的沟通交流，政府与企业相互的沟通交流，皆有机会带来共生。例如，企业共生单元和企业节点存在相互关系的输入或输出结构，政府之间也由于政策法规的不同，进而有机会促进共生的可持续发展。这些共生关系在环境治理 PPP 项目里也是始终存在的，而且因为其质参量兼容相关概述不太复杂，可以把它当作弱共生关系。政府与企业之间的共生关系是一种强共生关系。

（2）共生连接

在共生网络中，共生代表了网络的关联情况，倘若生成网络连接，就同时代表了关系的产生，也表示共生活动的开始与发展。所以主体对于自己的偏好意愿就是参与共生或不参与共生。同时，在同一种阶段主体的这种意愿影响着网络的生成与发展。根据每个主体的相互联系形式以及相互之间的关系，可以分成下述情况：寄生、不对称共生、对称互利共生和部分盈利。在共生网络中，共生连接的相关表现确定，关键取决于某段时间网络连接的保留。

（3）共生界面

共生的相关理论中，共生界面被视作不同主体相互连接的手段和模式，也被视作传导物质、能量等相关方面的载体和方向。从当前存在的类型的有无来看，可以分为无介质界面和有介质界面。从形成的机制看，共生界面可以分作外生和内生两部分。从普遍意义来说，共生界面通常不是特定的，而是代表了不同的种类。共生界面广泛地涵盖于共生网络里，而且大部分是在节点和节点中。也就是说，如果节点和节点存在联系，那么应该存在共生界面，共生节点产生关系以及相关行为都要依赖共生界面。

（4）共生环境

共生环境为共生网络的形成提供了外部条件，也可以说，为共生网络与共生网络的信息传递、能量发展提供了便利环境。普遍来讲，PPP 共生网络需要有积极效果，进而保证网络的结构与发展良好地持续进行，相反则会阻碍它的运行，以至于造成中断、消亡的情况。对于 PPP 共生网络来说，它的环境可以分为政策环境、资源环境和政治环境等。

（5）共生能量

协同论中一直在阐述"一加一大于二"这个重要理论，也就是说，根据协同理论，如果系统和系统中存在协同现象，将会带来更多的利益。基于共生相关概念，科学家们还指出，倘若两个共生元素促成共生，而且进行共生活动，将会带来更多的收益。相比之下，共生理论把以上收入看作多余的能量。创造新的和多余的能量是共生的特征之一。在共生网络中，对不同成员之间共生关系的关注可以借助网络视角，所以它的能量也具有新的意义。

1.3.1.3 公私合作共生网络概念

（1）公私合作的共生关系

公私伙伴关系是政府和企业之间的合作，其基础是各自在资源利用和利益共享方面的优势。PPP 项目周期总体参与人数多、关系复杂。合作的一些障碍来自公私合作的主要目标和行为的不同，但双方优势互补，共生关系明显。

政府和企业之间的共生涉及不同的部门。根据资源使用的多样化程度，物质信息的转移可以在一种共生的环境中进行，通过多部门间的交流互动和信息物质流动进行多主体协同治理，从而达到多元主体间的合作共生。加强两个主体的内部控制可以促进主体间的有效协作，有效的内部控制取决于公众本身情绪的发展和有效的动机组织的建立，因此公众动机影响了内部控制。同时，公私合作也可以当作是共生的形式。政府部门、企业和公众之间的差异反映了共生的不一致和一般性。

（2）公私合作网络化结构

每个建设项目皆是一个多元化存在的网络，且不同的主体进行沟通协作。在公共产品的形成、发展和消费过程中，存在大量主体共同组成一个社会共生网络。PPP 项目网络系统通常是由公共系统、市场系统和社会系统三个子组组成，而 PPP 需要依托共生网络同步发展。每个子组内的关系会改变子组对 PPP 网络整体的吸引程度，三个子组之间的链接会影响三个主要主体即政府、市场和社会的关系。通过共生网络的相关手段，可以明确发现 PPP 模型项目参与者之间的合同关系和责任分配，识别 PPP 项目或相关人物中最重要的参与者，识别合同的总规模和特定内容，对所有合同参与者进行分类，识别合同中最重要的参与者，掌握直接传达给参与者的信息。同时，PPP 是一个大型的合同网，包括建设合同、融资合同与运营合同等。相对繁杂的合同网络形成了利益相关者的关系，网络结构则体现了利益相关者相互的运行发展与结构。

（3）公私合作的共生网络

网络由单元和链接两大成分构成，它不同于先前基础的垂直，更注重每个成员相互沟通与发展。公私合作共生网络是由政府、企业和公众之间进行沟通互动、利益共享和风险共担形成的合作网络，其所有项目参与者提供有效的储备资源并进行调整。可以通过生命周期为所有项目参与者提供有效的资源储备和调整，并提供高品质的有效的相应产品。最终稳定的共生会节约交易成本，实现多元主体的最大效益，可以形成特定的企业来满足彼此的需要。

将 PPP 共生网络定义为以政府、企业和公众为主体，在机会均等、利益共享、责任共担的环境下，多元主体基于合同义务和市场状况进行交流互动建立合作伙伴关系。

1.3.2 环境治理 PPP 项目共生环境分析

1.3.2.1 政策法规环境层面

环境治理 PPP 项目在现实情况中不是政府决定的，它受市场环境的影响。然而，由于各国政府的行为对其市场和环境条件有着重大影响，环境管理和无害环境技术的准确运作需要适当的宏观经济和政治支持，以及各国政府在权责分配方面的强有力领导和支持。政府可以直接影响或间接帮助：第一种是指直接将资金投入 PPP 项目或对公私合作主体有直接经济影响的政府行动项目；第二种则是通过保护环境、金融市场与政府的法律制度等进行间接帮助。各种城市法规的区域等级划分影响着公私合作伙伴共生网络的建立和稳定运行。

1.3.2.2 科技环境层面

科学技术是环境治理公私合作的技术和环境管理项目的根本。科技发展系统是环境治理 PPP 项目为各方主体提供科技成果交易的市场平台，科学和技术发展系统得到了改进和成功实施，从而确保为社会经济发展和环境管理项目开发技术产品和服务的持续进程。一方面，基于研发系统的市场化技术体系可以为环境治理公私合作后期的高科技产业化提供必要的后勤支持。另一方面，科技对环境的影响是一致的、快速的且相关的，也是网络之间的纽带。

1.3.2.3 自然环境层面

环境治理 PPP 各主体都要依赖自然环境提供资源。首先，优越的自然条件可以为企业生产提供必要的条件，企业投入的资金可以作为恢复和维系污染环境所需的资源保障，企业还必须注重环境的保护、恢复和可持续发展。其次，政府与社会的和谐发展，决定着社会经济的生态动能，这不仅改变社会的生产力，还影响着经济发展环境和自然环境的稳定。这意味着自然环境的变化不仅对经济发展、生产效率有着极大的影响，还影响着区域产品在市场和投资环境的竞争力。环境是人类生存的空间，良好的自然生产资源可以满足人们日益增长的物质、文化需求，可以直接或间接地影响人们的生活和发展，自然环境不仅影响了主体间协作的有效性、传输的速度和数量，而且减少了网络各单体之间的连接。

1.3.3　共生运行流程

环境治理 PPP 项目共生运行，有利于加强政府、企业和公众合作，促进经济发展和社会创新。所以，可以根据不同时期来探寻参与者沟通交流形式，基于不同的阶段分析共生模式，保证环境治理 PPP 项目的可持续发展（见图 1 - 2）。

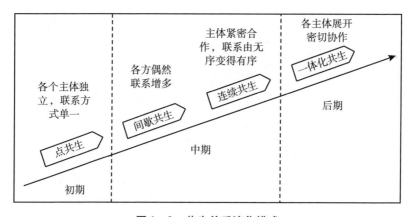

图 1 - 2　共生关系演化模式

基于共生理论的运行演化模式，可以结合各种阶段的要求，对不同利益相关者的诉求和意愿进行配置。也就是说，环境治理 PPP 的共生演化模式能够结合不同利益相关者和相关内容的沟通与联系，促进环境治理 PPP 项目的高效稳定运行与发展。

1.4 本章小结

　　本章结合当前社会环境，描述现阶段环境治理 PPP 项目共生网络的研究背景和意义，总结国内外文献和理论梳理环境治理 PPP 项目和共生网络的已有研究及研究范围。重点归纳总结现有环境治理 PPP 项目出现的问题，对环境治理 PPP 项目共生网络的特点进行研究，总结本书的拟研究内容和框架，以探究如何实现环境治理 PPP 项目共生网络结构稳定运行。

第2章

环境治理 PPP 项目共生的相关概念及理论基础

前文通过探究相关政策背景，阐述了研究环境治理 PPP 项目共生网络结构及多方主体参与环境治理的基本情况，对国内外研究现状进行分析，并探究了国内外具体实践情况，探究环境治理 PPP 项目概念与公私合作共生网络基本原理，分析共生网络的具体要素，研究环境治理 PPP 项目共生环境和共生运行流程。本章基于前文相关内容，深化相关理论研究，为后文的具体分析奠定基础。

2.1 环境治理 PPP 项目概念解释

2.1.1 环境治理概述

2.1.1.1 环境治理概念解释

治理是指不同公共机构或者私人机构对自身相关内容进行管理的过程，是对各种各样利益相关者进行协调并采取相应对策的过程，同时包括在相同意见、互相支持的条件下，满足公众和机构的需求等，并保障公众接受环境治理规章制度。

环境治理是依据国家环境保护政策，运用各种有效治理手段，协调人们在发展经济的同时保护生态环境，从而实现绿色生态环境的可持续发展。

2.1.1.2 我国当前环境治理现状

近年来，环境污染问题成为当前我国城镇化、工业化建设过程中的一个突出问题。我国环境污染问题主要包括大气污染、水环境污染、垃圾处理、土地荒漠化和沙灾、水土流失等，具有地域广、种类多的特点。在环境治理投入方面面临着融资体系不完善、投资回报率低以及企业参与意愿弱的现状，同时投入资金浪费严重等问题也时有发生。针对日益严峻的环境污染问题，国家及时制定出台了一系列环境保护政策和制度，党的十九大将"坚持人与自然和谐共生"作为新时代坚持和发展中国特色社会主义的十四条基本方略之一，强调必须树立和践行"绿水青山就是金山银山"的理念，坚持节约资源和保护环境的基本国策，作出了加快生态文明体制改革、建设美丽中国的战略部署。2018 年，《中共中央　国务院关于全面加强生态环境保护　坚决打好污染防治攻坚战的意见》对加强生态环境保护、打好污染防治攻坚战作出了全面部署，推动我国生态文明建设进入新时代。2019 年，党的十九届四中全会将生态文明制度建设作为中国特色社会主义制度建设的重要内容和不可分割的有机组成部分，从实行最严格的生态环境保护制度、全面建立资源高效利用制度、健全生态保护和修复制度、严明生态环境保护责任制度四个方面提出明确要求。2020 年，中共中央办公厅、国务院办公厅印发了《关于构建现代环境治理体系的指导意见》建议完善企业环境治理责任等制度。同时要加强公众监督，鼓励媒体报道环境破坏等问题，依法由主管环境保护的组织开展与公共环境生产等有关的活动。2021 年十三届全国人大四次会议通过的《中华人民共和国国民经济和社会发展第十四个五年规划和 2035 年远景目标纲要（草案）》，其中提出深入打好污染防治攻坚战，建立健全环境治理体系。

综上所述，我国环境治理涉及范围、领域广泛，存在着很多制约环境有效治理实现的因素。因此，在加快推进新时代下我国生态与文明工程建设的过程中，要求更多地关注重点生态环境方面的整治，同时必须切实做到社会、生态以及经济三者一齐发展，进而建立一个各方成员沟通交流、不断配合的共同体。

2.1.2　PPP 模式概述

2.1.2.1　概念解释

Public Private Partnership 简称"PPP",译为"公私合作伙伴关系"。由于不同国家和地区的政治制度和市场体系存在区别,因此对 PPP 存在各种各样的定义,以下是对 PPP 的不同解释:欧盟委员会对 PPP 的解释是:公共部门和私营部门之间的一种合作关系,其目的是提供传统上应由公共部门提供的公共项目或服务,它强调公私双方要建立合作关系、发挥各自优势、共担风险和责任。美国 PPP 国家委员会对于 PPP 的解释是:它可以借助企业的长处来进行相关建筑物及基础设施的完整流程,同时为了公众的一系列条件进行一系列服务,它是既满足外包同时又满足私有化,并且融入两者内容的一种公共产品的供给方式。2014 年,我国财政部《关于推广运用政府和社会资本合作模式有关问题的通知》中对 PPP 的定义是:政府和社会资本合作模式是在基础设施及公共服务领域建立的一种长期合作关系。通常模式是由社会资本承担设计、建设、运营、维护基础设施的大部分工作,并通过"使用者付费"及必要的"政府付费"获得合理投资回报;政府部门负责基础设施及公共服务价格和质量的监管,以保证公共利益最大化。加拿大 PPP 委员会对 PPP 的解释是:政府和企业通过发挥自己的特点和能力,基于信息互通、资源共享和风险分担等来得到公众认可的一种管理合作关系。

总而言之,广义的 PPP 就是公私双方通过发挥自己的特点和能力满足公众需求的关系;狭义的 PPP 则反映了信息互通、资源共享和风险分担,突出反映了政府的所有权情况。本书采用前者的解释,即 PPP 模式主要是指公私双方通过发挥自己的特点和能力建立关系,满足基础设施建设和公众需求,签署合约来限制和规定各个主体的权责,相互帮助、共同发展,进行信息互通、资源共享和风险分担。

2.1.2.2　我国 PPP 项目参与主体类型

一般情况下,PPP 项目相关主体有政府、企业、公众和金融机构等。结合我国 PPP 项目实际运行情况,PPP 两大参与主体政府和企业还可以进一步细分，其中政府可以进一步分为：县级以上政府、各级发展改革委、行业主管部门、政府指定或新设的项目实施机构等。企业可以进一步分为：非控股国有企业、民营企业和外资企业等。其他的作为辅助类间接参与 PPP 项目的主体还包括银行、其他金融机构以及咨询方等，PPP 项目通常以设立专门的项目公司（SPV）的形式作为政府与企业合作的载体进行项目实施。

2.1.2.3 我国 PPP 项目运行现状

在我国 PPP 项目运行政策支持方面，2019 年 3 月，财政部出台《关于推进政府和社会资本合作规范发展的实施意见》，提出鼓励民资和外资参与、加大融资支持。2020 年 2 月，财政部 PPP 中心印发《关于加快加强政府和社会资本合作（PPP）项目入库和储备管理工作的通知》（以下简称《通知》）。《通知》提出：加快推进、持续推进，提高 PPP 项目入库效率，精准发力，坚持高质量发展标准，确保入库项目质量。2020 年 3 月，中共中央办公厅、国务院办公厅印发了《关于构建现代环境治理体系的指导意见》，围绕构建党委领导、政府主导、企业主体、社会组织和公众共同参与的现代环境治理体系，落实各类主体责任，提高市场主体和公众参与的积极性，形成导向清晰、决策科学、执行有力、激励有效、多元参与、良性互动的环境治理体系。2021 年 11 月，国务院办公厅在《关于鼓励和支持社会资本参与生态保护修复的意见》中提到社会资本可按照市场化原则设立基金，投资生态保护修复项目。对有稳定经营性收入的项目，可以采用政府和社会资本合作（PPP）等模式，地方政府可按规定通过投资补助、运营补贴、资本金注入等方式支持社会资本获得合理回报。

2.1.2.4 我国 PPP 项目的产权结构

一般情况下，在法律意义上完整的产权主要包括使用权、收益权、转让权与所有权。在 PPP 模式中，公共部门通过使用权的赋予来吸引企业参与城市公用事业，其目的在于充分发挥私人部门对于公共资源专业运作优势改进公用品的服务质量；收益权的合理配置对 PPP 模式来说至关重要，一般来说，PPP 的收益权会根据项目的不同以及项目产出状况的差异而采用与之相配的收费方式，以期达到项目效率最大化的目标；大多数 PPP 模式都将转让权隐含其中，PPP 项目中的使用权与收益权正是通过转让权的行使而发挥作用，例如，BOT 模式或 TOT 模式；灵活的特许经营合约设计可以从形式上使得 PPP 项目公司在一定区域与期限内取得公用资产的使用权与收益权。当 PPP 项目最终被政府赎回或期满转让时，这象征着资产所有权又回到政府手中。本书将我国 PPP 模式大体分为三种类型：有限产权类、混合产权类以及完全产权类。

2.1.2.5　我国 PPP 项目的付费方式

我国 PPP 常见三种付费方式：一是政府付费。政府付费是公用事业和服务的常规支付机制，是对政府所涉及的相关内容进行直接支付，如政府直接支付 SPV 提供的项目产品或服务的费用。根据不同类型项目的风险共担方案，政府可采用可用性付费、使用量付费和绩效付费三种方式进行支付。二是使用者付费。使用者付费是指最终用户来承担相关服务内容的成本。用户需要为 SPV 提供费用，报销项目建设和运营的相关花费，并获得适当的利润。三是可行性缺口补贴。可行性缺口补助可以弥补其他两种补贴机制的不足。当用户支付的费用不足以收回成本，且 SPV 不能获得合理的利润，政府将向 SPV 提供一定的财政补贴，使其能够改善用户付费以外的赤字。我国普遍的做法是，对可行性缺口提供不同情况的补贴，包括土地使用权转让、投资补贴和贷款折扣等。

2.1.3　环境治理 PPP 概述

2.1.3.1　环境治理 PPP 模式实质

环境治理 PPP 模式与其他项目的相关流程比较相似，主要内容为政府和企业进行沟通交流合作，把本来政府手里的相关权责转让到企业进行管理。不过环境治理 PPP 模式也存在特别的优点，与别的项目比较来说，偏向于多元化与具体化。另外，现在的环境治理 PPP 模式主要还是满足社会需求与发展，但是企业主体想要的是收益，所以这种公私合作会逐渐偏向市场化，也越来越多趋于增加效益。

第一，环境治理公共性突显。环境资源的公共性决定了环境管理项目的公共性，即政府公共物品的公共性来自政府本身。环境资源不是排他性的、没有挑战性的支出，其定价往往是不确定的。高价格难承受，低价格利润低。此情况也阻碍了环境治理 PPP 项目的可持续，但同时也增加了一定的社会与经济价值。第二，环境治理 PPP 项目多元化。环境包含了土壤、大气等不同层面，每个层面可能影响项目的管理情况也存在差异，所以环境治理 PPP 项目的多元化程度大于其他项目。第三，公私合作环境治理依靠强专业性。环境治理周期越大说明项目需要更加规范。每种治理情况在每个生命周期中有所不同，所以要根据具体情况，来合理配置相关内容。

2.1.3.2 环境治理 PPP 模式结构

环境治理 PPP 模式在我国起步较晚，但已初具规模。目前在我国 PPP 联合环境治理领域中主要是水、固体和生态这三大方面，如垃圾治理和污水治理等。环境治理 PPP 项目的参与角色与一般性 PPP 项目类似，也都包含政府、社会资本和公众等。环境治理 PPP 项目涉及部门较多，其主体的资源配置与责任划分很难清晰地厘定。而对于社会公众而言，虽然没有直接或间接地主导及参与项目的具体运作，但其是 PPP 项目的需求端和最终消费者，因此在当前学者研究中越来越多地将社会公众作为 PPP 项目参与主体之一。由于生态环境治理类 PPP 项目的产品及服务与周边居民息息相关，社会公众的地位在参与环境治理 PPP 项目时相较于在其他 PPP 项目中显得格外重要。

2.1.3.3 环境治理 PPP 模式发展现状

（1）环境治理 PPP 模式应用于社会公共服务项目和基础设施建设

2021 年，全国各地共有 7793 个 PPP 投资项目录入全国 PPP 项目信息监测服务平台，总投资规模已经累计 109646 亿元。①

根据 2021 年第三季度全国 PPP 综合信息平台管理库统计显示，市政工程、交通运输、生态建设和环境保护、城镇综合开发、教育分别占管理库累计签约落地项目总数的 41.8%、14.5%、9.6%、6.0%、4.7%（见图 2 - 1）；

---

① 数据来源：全国 PPP 项目信息监测服务平台。

交通运输、市政工程、城镇综合开发、生态建设和环境保护、水利建设分别占累计签约落地项目总投资额的 33.5%、30.2%、12.7%、6.9%、2.4%（见图 2-2）。

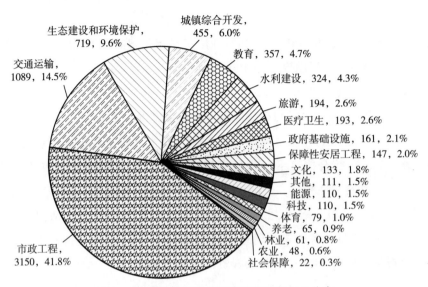

图 2-1　管理库累计签约落地项目数行业分布

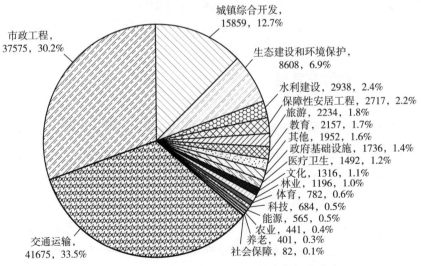

图 2-2　管理库累计签约落地项目投资额行业分布

（2）环境治理 PPP 项目入库数及投资额情况

从全国 PPP 综合信息平台中心项目管理大数据库提供的统计数据来看，PPP 项目数量和总投资规模在 2016～2018 年间呈逐年快速增长趋势，但从 2017 年 9 月起，项目预期产品的准备阶段已经开始大幅度地出现负增长。这是由于国家开始制定关于 PPP 建设政策对其进行规范以及将不合格 PPP 项目进行清理。同时，PPP 模式执行速度正在逐年提高，PPP 模式开始健康发展。从其生命周期角度看，PPP 项目可分为五个主要阶段：一是确定，二是准备，三是采购，四是实施，五是授权移交。

（3）环境治理 PPP 项目管理库清理及整顿情况

针对 PPP 模式的异化，2017 年财政部印发了《关于规范政府和社会资本合作（PPP）综合信息平台项目库管理的通知》，强调加强 PPP 项目管理。为贯彻落实文件精神，全国 36 个省、自治区、直辖市、计划单列市及新疆生产建设兵团开展了 PPP 项目集中清理工作。根据汇总情况，截至 2018 年 4 月 23 日，各地累计清理退库项目 1695 个、涉及投资额 1.8 万亿元；上报整改项目 2005 个、涉及投资额 3.1 万亿元。[①]

2.2 共 生 理 论

2.2.1 起源与发展

"共生"概念最早源于生物学，由德国生物学家德贝里通过一系列生物实验根据反馈现象的规律总结而成，以此形容两种或多种生物之间相互依存的关系。经国内外学者实践发现，共生可被理解为不同种属基于利害关联性结成互补合作关系以促进自身发展的行为。共生不再是形容生物现象的实际名词，而逐渐升华成了一种抽象的理论系统，在不同领域中应用，展现出相似的逻辑思想，共生、合作、互利、互补、和谐和共进都体现了共生理论涉及的内容。

---

① 数据来源：财政部政府和社会资本合作中心。

2.2.2　概念与内涵

共生理论认为共生包括共生单元、共生模式和共生环境三个要素。其中，共生单元是组成单元，共生模式是方式，共生环境是背景。共生单元是共生系统的基本组成主体，成为共生体之内的各个网络节点，是共生关系产生的基本条件。从社会学的角度看，它可以是某种社会现象、事件，用共生度或关联度来表示。共生模式是各共生单元之间合作方式与合作效果的具体体现。社会学研究表明，在社会生活中，存在着寄生、偏利共生、非对称互惠共生和对称互惠共生四种共生模式。共生环境是共生系统所运行的内在环境和外在环境的统一。从社会治理的角度来讲，相关的政策法律、市场资源及活动领域属于外部环境，各主体自身组织内部环境为共生系统的内在环境，这些因素有的能加强共生关系的稳定性，有的则会影响共生关系使其破裂。共生界面是共生单元之间进行共生行为的场所。

共生关系的过程在于通过对共生主体的物质、信息和能量进行加工转化有效生成其他形式的产业成果，完成资源的交换和配置，这一过程的核心内容就是协调生态共生系统中不均衡的发展局面，实现市场信息共享和资源合理配置，完成非对称共生到互惠共生关系的升华和转化，实现共同发展的理想状态。

2.3　委托代理理论

2.3.1　概念与内涵

委托代理理论主要用于研究代理委托人与其他代理委托公司之间通过共同协商而最终达成的委托合约，使代理人帮助委托人按照合约要求行使合约中所约定的权利，同时履行相应的义务。专业化分工为委托代理关系提供了初始条件，但由于社会分工不同，委托人并不总是对所有的领域擅长，为了实现资源的最大化利用，委托人常常会寻找在自己薄弱领域中经验丰富的代理人，将自己的行事权利赋予代理人，以此获得最大化利益。该理论的运行基础就是信息不对称与主体之间的博弈性关系。

2.3.2 适用性分析

形式上公私合作关系本身就是委托代理关系的转变。从本质上说，企业在地方政府和社会公众资金不足的前提条件下，主动补给金额，从而保障社会服务。在开展项目时，后两者会采用一定的手段回报前者，使其建设成本得到回收，并且获得合法收益。伙伴关系和风险共担就是公私合作模式的核心内容，伙伴关系和风险共担各有其关键之处：前者在于双方的平等性，后者在于权责分明，若处理得当，则规避公共财政风险概率将大大提升。环境治理PPP项目中政府和企业的承担者可分别被看作委托人和代理人，这两者遵循PPP协议，该协议对环境治理相关的公共产品及其衍生服务的开发和后续发展作了规定。政府相关部门在上述过程中需要形成有效机制，严格规范自身；采用激励设计的方式，将企业以及公共的利益相结合，从而保证自身行为符合社会公共价值。

2.4 风险管理理论

2.4.1 起源与发展

风险管理理论，其核心思想是及时衡量相关风险的收益和成本，并根据可能造成的损失大小对其进行排序，对风险较大的问题给予优先处理，以最大限度地规避风险，减少损失。其重点是通过对风险的识别、分析、控制，确定风险管控措施的顺序。风险分析是在风险识别的前提下进行风险量化。风险控制是以上述结果为基础进行风险规避、控制损失或转移风险。最终根据风险控制效果评估及时调整管理措施。在金融产业、资产管理等领域，风险管理理论得到广泛应用，目前，这一理论为控制地方政府债务的隐性风险提供了理论支持。

2.4.2 适用性分析

在环境治理 PPP 项目中，地方政府的隐性债务风险被认为是各级部门需要重点管理和控制的对象。对于地方政府的隐性负担和债务情况进行评估，首先，应该做到充分利用已有资料，全面准确把握地方政府的隐性负债发展现状及其影响因素；其次，从风险度量的角度出发，通过市场调研和综合运用相关的风险影响因素来分析和识别，实现对地方政府隐性负债风险范围和大小的度量，并根据度量结果进行风险排序。当前，对于我国 PPP 项目中地方政府隐性负债相关问题的研究比较少，在大量数据的获取上也存在一定困难；再其次，应通过建立完善的预算体系、研究我国地方政府的债务风险来源和形成等来控制我国地方政府的隐性负债和风险；最后，应根据风险控制效果及时调整控制措施，为建立健全地方政府对于隐性债务风险的防控体系提供基础理论。可以按照风险识别、分析、控制、应对的总体思路，为全面建立 PPP 项目地方政府隐性债务风险防控机制提供途径。

2.5 计划行为理论

2.5.1 基本要素

计划行为理论（theory of planned behavior，TPB）是由伊塞克·艾奇森（Icek Ajzen，1985）提出的。它继承了菲什宾和艾奇森（Fishbein M. and Ajzen I.，1977）的理性行为理论（theory of reasoned action，TRA）。计划行为理论阐明了个体某种特定行为产生的路径，认为人的行为是经过合理规划后产生的结果，主要包含态度、主观规范、知觉行为控制、行为意向和行为等要素。

2.5.2 发展与内容

在每一个人都是理性的条件下，理性行为理论综合各方面考虑了各种可能会直接影响其行为的因素和与其相对应的最终可能的结果，并在每一个人都能对自己可能发生不合理的行为进行意念控制的情况下提出：一个人的行为可以根据其行为意图进行推测，而影响个人行为的基本因素有行为、意图、态度和主观规范，其中态度和主观规范直接决定人们的行为意图。但是该理论也仍然存在着一些不足，没有充分考虑外部环境的变化对其行为产生的突变作用和负面影响，对于这种无法完全被个人意志控制的行为就不能够做出合理的阐述和解释。

TPB 主要是在理性行为理论基础上进行延伸和吸取不同新的元素进行发展和演化而来，它将理性行为理论存在的不足与其他形式的行为准则相互完善并融合。TPB 认为，一个个体的行为不是完全由其行为的态度、主观准则和规范性来决定，也不是完全由其他个体所控制，外在的条件同样也会对其他个体的行为造成重要的影响，对于个体的行为也同样会对其产生一定的控制效果，由此便逐渐形成了关于计划性行为的理论。这一理论提出，通过感觉对行为进行调控，是直接或者在其他条件间接影响与中介作用下，对个人的行为产生调节作用。该理论相较于其他理性行为而言，不仅充分考虑了影响个体本身的微观因素，而且大大地加强了对于环境敏感度的监测和控制，解释了除对于个体的控制影响之外任何其他可能会对于意愿和行为具有影响的变量。

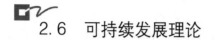

2.6 可持续发展理论

2.6.1 内涵

可持续发展理论的外部响应体现在对自然与公众相互关系的理解上：

人的进步与存在取决于物质和能源安全、环境能力和获得环境服务的机会，以及挑战和压力、走出自然进化的过程。因此，有必要将基础设施发展与环境管理联系起来。人与自然如果不能和谐共处，人类社会就不可能存在。

可持续发展理论的内部响应体现在对公众与公众相互关系的理解上，作为人类文明发展的新阶段，可持续发展的核心是促进社会秩序、制度化、智力认知和社会和谐的能力，以及处理社会关系的能力。例如，当今时代在特定区域，只有通过互助与和平发展，才能实现全面可持续发展。

2.6.2　可持续发展的形式

地球的需求与地球的供应能力之间存在差距（即环境悖论），为了缩小这一差距，可以通过减少需求、加强地球的供应能力或通过在两者之间达成妥协来实现，也就是促进可持续发展。从科学的意义来说，这些发展情况可以分为强可持续发展和弱可持续发展两种类型。第一种是影响经济的发展，改变需求；第二种是保证供应量，维持经济的发展。虽然理论中它们是相互排斥的，但现实中它们可以共存。

弱可持续发展强调人类为中心的思想。在这里可以把自然当作特定物质，令其充分发挥它的效益，从而达到人类的目标。其观点的内涵为人工资本以及自然资本可以转换成其他形式，也就是如果现有的资金能够保证稳定或者不再减少，以便为后代使用，它们产生的利益类型就不会有区别。

强可持续发展是一种强烈的自然观。在这里自然应该是人类需要的一个有利的条件，而不是有自然权利的人使用自然。人们不应该增加对自然资源的需求，强调在满足其生活需要的基础上创造一个更简单的生活方式。理论支持者提出，人工资本不能完全替代自然资本，回收和再利用可以抵消人为的资本。但一些自然资本，如物种，一旦消失将不可逆。人工资本的生产需要自然资本作为基础，因此它永远不能成为自然资本的综合代替品。

2.7 合作治理理论

2.7.1 概念

欧美社会学家对合作治理有着各式各样的理解，普遍认可的观点是，合作治理是可以处理不同类型的社会情况，参加治理的成员既有政府和企业，又有公众和社会组织，借助不同的方式来进行社会层面的整治与管理。关于合作治理内涵，我国学者也各抒己见，经过总结，可以将合作治理界定为一种社会治理模式，其基础是组成共同体和解决公众问题的不同社会治理主体的共识与合作。然而，与西方国家不同，大多数国内学者都提出了公共行政多边合作的模式。

2.7.2 相关维度

合作治理至少包括以下几个特别的方面：第一，达成一致要求的先决条件。公私伙伴关系的合作治理要求各国政府、企业和公众通过建立共同点，加强行动者之间的共同和统一活动，就同一问题进行协商、沟通和实现一致目标；第二，合作治理需要不断沟通，包括让步和博弈；第三，合作治理是一个相互协调项目治理规定和内容的过程；第四，合作治理需要各个参与者通过分享相互的优势，为其他成员创造相关活动的机遇，还需要加强多元主体的治理能力；第五，合作治理要求加强信任，包含联合活动的计划、准备工作的相互信任以及对将要发生活动的承诺。

2.8 本章小结

本章从公私合作环境治理的概念出发，回顾了环境治理的要求、公私合作模式的本质以及公私合作环境治理的实质和现状。同时，介绍了共生理论、委托代理理论、风险管理理论、计划行为理论、可持续发展理论和合作治理理论，为下文的分析奠定理论基础。

第 3 章

环境治理 PPP 项目主体共生关系剖析

PPP 模式的核心特点就是治理主体在行为选择异质的情况下进行合作，内在合作动机是为了实现异质利益诉求，外在合作动机是实现共生组织的协同发展。在内外合作机制的共同作用下实现共生关系的稳定运行，节约共生组织整体成本。共生的目的是协调共生主体的资本投资与效益分配，满足多样化需求。共生这一现象普遍存在于社会组织之间，是异质共生单元通过形成某种关系产生的合作行为，体现了物质之间的关联。PPP 模式的治理形式与共生理念相适应，实现资源共享、优势互补、合作互动和互惠共生是 PPP 项目多方主体共生的本质特征。前文对环境治理、PPP 项目及共生网络进行了概念梳理，认为将公私合作引入环境治理，建立主体间的共生网络关系是尤为重要的，进而为本章环境治理 PPP 项目共生关系网络结构研究做出铺垫。环境治理 PPP 项目主体为政府、企业以及公众等，存在异质性、合作关系与矛盾关系。

3.1 环境治理 PPP 项目多元主体行为异质性

环境治理 PPP 项目中政府既可以作为领导者，又可以是激励者和供应商。政府负责制定规则，管理企业和公众参与环境治理，保证环境治理的和谐稳定发展。地方政府更贴合公众，因此在环境治理中占据更多的资源。地方政府需要根据区域的情况进行调整，带动环境治理。政府呼吁更多企业和公众加入环境治理中，通过收集和处理众多参与者的有关信息，鼓励其他企业加入治理体系。

作为环境治理 PPP 项目的主体，企业既是环境污染的制造者，也是主要治理方，而环境污染的负外部性使得企业需要承担大部分成本。在环境治理 PPP 项目中企业可以通过项目信息宣传和技术人员、管理人员供应，通过政府支付和用户支付等实现资金返还。企业可以促进群体合作，良好的合作反过来会促进企业的利润增长。各种规则应当能够引导公众加强环境保护意识。企业可以通过技术创新和设备升级减少污染，剩余部分可以通过交易市场卖给高污染企业获取利润。在这种市场机制下，可以实现最优配置，利润可以进一步刺激企业进行技术创新和设备升级，从而实现良性控制。

从 20 世纪中期以来，全球许多国家开始呼吁公众参与环境保护。在许多国家，政府在环境监管方面开始放权，公众及其组织逐渐成了环境治理的主心骨。现如今公众既是环境治理的重要一员，又是相关获益成员，因此变得愈加关键。公众包括公民、环境非政府组织和专家学者，在环境治理 PPP 项目中发挥使用者、监管者和创新者的作用。公民需要支付相关费用参与项目，成为项目的关键使用者；环境非政府组织的公益性和非政府组织的整合使其能够引导公民合理实现自己的利益，改善治理过程中不统一的现象；专家学者发挥研究作用，不断完善相关学术内容，改善科学技术。公众有权利和责任监督政府和企业的各种行为，这迫使环境治理 PPP 项目在全生命周期内提高质量和效率。

公私合作中环境治理主体行为的异质性对公私合作共生稳定性的影响是双向的。首先，有利于不同层次主体的相互联系和借鉴，各主体行为的异质性有利于相互吸引从而加强主体间的集聚；其次，主体间不同的行为可能意味着不同的目标，因此主体行为的异质性影响主体间的匹配；最后，公私合作环境治理中主体行为的异质性会导致信息的不平等，进而影响主体间的信息传输。

环境治理 PPP 项目共生网络组织内部的特征主要包括以下几点：竞争与合作并存、整体协同性、开放性、实时动态性及自组织网络性。民营企业在其中进行绩效管理活动也受其影响。

3.2　环境治理 PPP 项目中央政府与地方政府层级共生关系

3.2.1　中央政府与地方政府的府际关系

政府间职能界定不明确、定位不准确，可能导致一些地方政府为谋求地方利益做出不规范行为，从而影响全国统一市场的建立。鉴于此，应当积极推进政府间管理体制改革。为提高整体效率，各级政府应该各司其职，各负其责。

3.2.1.1　明确中央政府与地方政府的管理职能

中央和地方政府职能合理界定的主要依据包括：一是市场经济要求；二是国际惯例；三是具体国情。中央政府和地方政府之间的职能可以界定为：中央政府负责需求总量管理、外汇收支和物价水平控制；制定和实施财政、金融、外汇政策和投资、技术和产业发展政策；调整地区间收入分配，引导地方政府正确履行职责；制定市场管理规则，承担国家发展责任，组织跨省份大型基础设施建设。地方政府负责区域规划，充分利用区域资源，组织地方物资市场和以农副产品流通为主的商贸流通，落实租金、社会保险等区域收入分配政策，发展公用事业，控制污染，保护环境；开展区域基础设施建设，如水利、电力、公路等城市基础设施和交通信息网络等；贯彻落实区域科技政策和教育政策，负责地方职业和人才培养，负责区域立法等。

3.2.1.2　确立中央政府宏观调控的中心地位

国家宏观调控与市场资源配置是统一的、互补的，宏观调控权力集中在中央，以整个国民经济的宏观目标为基础。由于没有一个地方政府能够控制货币供应量、市场利率、国民总收入、进口总水平等宏观因素，因此无法达到宏观调控的目的。但并不妨碍地方政府在国家宏观调控组织体系中的重要地位。地方政府应按照国家宏观调控的要求，结合本地区的具体情况，做好经济监管，以执行中央政府宏观政策。

3.2.1.3 中央和地方的关系法制化、规范化

要把一些立法权下放给地方政府，用法律来加强、保证地方政府权威。近年来，某些地方出现了区域封锁和行政垄断问题。部分学者认为，是因为地方政府权力过大，但在美国、德国、澳大利亚等发达国家，州政府也有非常大的权力，却并没导致地区封锁的问题，说明权力下放不是导致"附庸经济"的必要条件。从我国实际情况来看，近年来，中央政府在经济管理方面下放了大量权力，调动了地方政府的积极性，却出现各种扭曲的过程。其中的根本原因在于交付的力量没有法律保障，行政权力下放和行政权力交替经常出现，地方政府不确定是否可以长期行使该项权力，易产生"有权不用，过期作废"的思想。此外，如上所述，作为各级政府财政收入划分依据的企业行政从属关系，也是地方本位主义产生的重要原因。因此，要消除区域封锁，建立全国统一的市场体系，单靠行政手段是无法实现的。近年来，国务院已经发布了通知打破封锁的区域市场，强调需要仔细清理和消除各种各样的检查点等，取得了一些成果，但一般来说，这一举措只能处理表象问题，而无法解决根本问题。解决这一问题的最根本措施是取消企业的行政从属关系，切断企业与政府之间的直接利益关系。此外，应该对地方政府的各种委托进行规范，地方政府可以在法律规定基础上制定地方性法规，这样地方政府不仅可以充分发挥自己的比较优势，也可以清楚地了解自己的权力和责任，可以在更长一段时间考虑本地发展。总之，有必要在法律的基础上建立稳定的中央与地方关系，实现整体与部分、集中与分散、统一领导与因地制宜等矛盾的统一。

3.2.2 地方政府在 PPP 项目中的职能及角色定位

3.2.2.1 职能

政府职能包括政治职能、经济职能、文化职能和社会职能。其中，经济

职能需要政府充分发挥社会组织和企业的力量，承担与政府共同提供公共产品和服务的任务，并促进整个国民经济的可持续发展。

地方政府在 PPP 项目中的职能有：（1）制定相关法律法规政策，规范投资行为，维护公开、公平、公正的市场秩序，保护投资者的合法权益；（2）制定基础设施产业政策及发展规划，引导企业向政府鼓励发展的重点支持项目倾斜；（3）负责项目招商、确定产权归属、进行资金补贴以及协调公众利益等。

3.2.2.2 角色定位

（1）统筹规划者

新公共管理理论主张将企业的先进技术和管理经验引入公共部门，打破政府部门的垄断地位，将政府做不好的事和不应该做的事交给市场来完成，提高政府的运行效率和服务水平，实现公共产品和服务供给的市场化和公共利益最大化。这里政府部门的主要职责是"掌舵"而不是"划桨"，政府要做的是规划，即在构建基础设施体系前，政府做好全体系的规划，这个规划包括需要形成一个怎样的公共产品或服务，政府和企业如何合作，如何分工，如何实施，如何运用，以及项目的投资回收方案等。因此，同样一项公共产品或服务项目，在不同的国家、地区，甚至是同一个国家、地区的不同发展阶段，标准都是不一样的。政府必须顺应民意给予相应的规划和设计，扮演好规划者。

（2）项目发起者

传统公共产品和服务的供给实施职责由政府承担，而在与企业合作时，由于 PPP 项目的非营利性，政府部门作为公共产品和服务项目的发起人，从传统的建设者和管理者的角色中脱离出来，制定相应的政策，保护企业的合理权益，同时，根据当地经济社会的实际情况，有针对性地制定出公共产品或服务的具体实施方案，确保企业投资该公共产品或服务能获得合理的利益，引导企业进行投资。

（3）项目决策者

政府要根据当地经济社会发展的实际需要，确定哪些公共产品或服务是现阶段需要提供的，哪些是要在中长期发展阶段提供的，哪些是只能由政府财政负担，哪些是可以通过与企业合作，采用 PPP 模式提供等。这些决策政府都要在了解民意的基础上进行。同时，对于那些可以采用 PPP 模式提供的公共产品或服务，政府要对采用 PPP 模式是否更优于政府财政直接提供做出判断，对于更适合采用 PPP 模式提供的公共产品或服务，还要确定其服务标准、质量以及数量。公共产品和服务的标准确定要和国家的经济社会发展程度、公众的需求以及政府财政能力相匹配。标准太高，政府财政无力承担，所谓的标准也就成了画饼充饥的臆想。标准太低又无法满足公众对基本公共服务的需求，可能导致公众不满，甚至失去公共产品或服务的意义。因此，政府在 PPP 项目实施过程中，要扮演好决策者的角色。

（4）项目建设经营者

政府作为 PPP 项目的发起人，在项目确立后往往需要通过公开的媒体发布相关信息来寻找企业，让有兴趣的企业参与项目。发布的信息中包含了合作的方式和内容、项目建设规模、对投资者的资质、技术、经验等要求，以及建成后所要达到的公众服务的目标、政府提供的优惠政策等。部分项目可能采用由政府部门和企业组建公司共同建设经营的合作方式，此时，政府还将扮演项目建设经营者的角色，以项目合伙人的身份参与进来。

（5）特许权授予者

特许经营是 PPP 模式的一种，政府通过项目招投标的方式选取有实力的投资人提供公共产品和服务，并约定在一定期限内给予中标人该项目的特许经营权，企业通过合法使用特许经营权来获得投入项目的建设运营费用以及合理的利润。这种方式下，企业会利用其对项目的技术、管理经营、成本控制等优势，在保证提供的公共产品和服务符合约定质量要求的前提下，最大限度地获取经济利益，降低项目的成本。在这种情况下，政府部门是特许经营权的授予者。

（6）产品购买者

在一些 PPP 项目中，虽然项目交由企业建设或运营，但该项目的非营利性使得企业无法从项目本身获得相应利润。政府作为公共产品或服务的提供者，还需代表社会公众与投资人协商确定公共产品或服务的购买价格，购买企业提供的公共产品或服务，有时政府还需要在税收、收费政策、财政补贴等方面给予相应的支持，以保证项目的正常运营和企业合理的投资收益。当然，这种合作的模式以及购买价格、补偿条件等内容在最初选取投资人时已经明确，在企业完成公共产品或服务供给时，由政府按约定事项和内容履行。

（7）利益协调者

由于公共产品和服务受众是广大公众，政府部门作为当地行政事务管理的组织，在任何一个 PPP 项目的实施过程中，政府部门都要协调好政府、企业以及社会公众等各方面的利益，通过科学规划项目，公平公正选取最适合项目的投资人，规范公共产品或服务的定价体系，对投资人提供的公共产品或服务进行绩效考核，寻求经济和利益的平衡点。

（8）项目监管者

在政府进行了一系列择优选择，将公共服务的生产经营责任交给某个企业后，政府要对公共产品或服务的生产过程是否符合合同要求进行监督管理。因为公共服务的市场化并不是一劳永逸的事情，并不是只要通过 PPP 模式这种市场化的途径来提供，公共产品或服务的供给成效就一定优于政府直接提供。企业在生产公共产品和服务的过程中是否遵循了合同约定，使用的生产材料和技术是否能够满足质量要求，是否符合合同标准等，都需要政府部门进行密切监管。在有些 PPP 项目中，政府还会授予企业提供某种公共产品之后的特许经营权，以使该企业能够收回成本并获得合理利润，但企业对公共服务的经营还必须兼顾一定的公益目的，不能完全按照利润最大化的市场原则来进行，对违背公共产品或服务公益性、违背政府制定的管制价格等行为，政府要根据合同约定以及国家的相关法律给予相应的惩罚。因此，要想使社会公众在 PPP 模式中享受到性价比最高的公共服务，政府还必须承担生产和经营的监管责任，履行监管职责。

3.3 民营企业参与环境治理 PPP 项目多样化共生关系

3.3.1 竞争与合作并存

民营企业为了参与到 PPP 项目共生网络中，在其行业领域内的研究、生产、营销与运营中竞争，在竞争中增强彼此的实力。企业一方面持续不断开展研发工作，另一方面也采取有效手段保护本企业的核心技术，避免被竞争对手淘汰，这些做法都是为了保护自身的知识产权与企业利益。即使身在网络中，这种竞争意识也是持续不断的，唯有保持自身优势，保证竞争的主动权才能维持在共生网络长久良好的运行。除此之外，PPP 项目民营企业执行完全封闭的竞争机制会阻碍本企业的进步与发展，同时，它们也关注企业的异质性带来的与其他机构的合作机会，这将促进网络内资源、消息、政策等的沟通与合作。网络内不同项目区域的结构工作分工明确，互相交流，彼此促进，在竞争中寻求新的合作机遇。

3.3.2 整体协同性

在生物范畴，协同进化指的是生物之间彼此适应，在相互影响下孕育出的进化过程。在有关生物进化论探究中，达尔文（Darwin）也曾着重提出协同进化关系的关键性，同时点明生物族群对于生物多样性的发展、物种适应能力的提升以及维系群落的稳定性都具有正面影响。在此之后，"协同进化"这一概念逐渐在经济领域得到广泛的应用。环境治理 PPP 中，单个机构难以依靠自身力量在激烈的市场竞争中求得生存，这得益于共生网络的嵌入，民营企业、政府和公众在竞争与合作的同时，也在不断地传递信息和资源，促进各群体的共同发展，实现协同进化形成利益共同体。

3.3.3　开放性

共生网络嵌入环境治理 PPP 项目也是一个开放的系统，其中的民营企业活动也是开放的。一是 PPP 项目之间存在着开放性关系，信息、知识及技术等主体之间的交流必然会促使合作的产生，不同机构之间的交流也会促进 PPP 项目目标的实现。二是 PPP 项目企业与周边环境开放，由于政策、体制、市场、文化、技术及服务等多方面环境的变化和不可预测性，不同机构的参与或离开都有可能对 PPP 项目中民营企业造成差异性的干扰。三是 PPP 项目是全体对外部敞开的，在 PPP 演变进程中，不同地区的 PPP 项目会产生冲突和摩擦，这有助于 PPP 项目与其他组织甚至是其他 PPP 项目的共生网络进行沟通，以获取最前沿的知识信息，进而开展相关工作。

3.3.4　实时动态性

PPP 项目多元共治不仅仅是一种相对固定的发展模型，而是跟随着时间与周围环境重复演变。这种演变主要在构造及状态上呈现民营企业绩效也随项目网络绩效改变的动态变化。结构方面主要包括共生网络中的 PPP 项目政府和企业的联系的转变，状态方面指的是 PPP 项目的自身状态发生变化，同时涵盖 PPP 项目内部共生单位状态的变更，从而推进整体层次的改观。在共生网络背景下，PPP 项目的多元共治体现出不平衡性，然而此处所指的不均衡性是动态的、相对的一种观念，有可能包含系统中局部的平衡状态。体系的不均衡性并不能完全决定局部不具备平衡性，长期的不平衡性也无法全盘否认短期内存在平衡的可能。由此可见，PPP 网络的繁荣进步就是在持续的改善与适应下实现的，由混乱到条理分明、低级向高级协同发展的过程。

3.3.5　自组织网络性

网络自组织集中表现出制度的能动性，这一特征主要体现在自我调整与自适应变化方面。共生网络的深入强化了环境治理 PPP 项目的自组织功能，使 PPP 项目各参与方的项目活动从无序状态自然转变为有条理的状态，实现了对项目的改进，有效避免了被动反应的产生。在这一自组织性与动态性间也存在关联，即以反馈的办法达成自我控制与协作，进而能够适应外部环境的转变与各类突发事件。外部的随机影响对于 PPP 项目共生网络系统的均衡状态产生偏离影响时，PPP 项目民营企业要做到随机应变，积极改善自己在系统中的位置，采取改换合作伙伴、停止合作和改进创新方案等措施来应对该情况，实现主体之间动作的相互协调，进而产生一种新型的稳固且有规律的状态。

3.4 环境治理 PPP 项目公众内部协调共生关系

3.4.1 积极公众关系取向

公众关系是在公众个体形成组织的过程中行为交互影响产生的联系，需要实现道德层面的要求，体现个体间的尊重。生态网络维度是更高一层级的网络维度，最终目的主要是解决我国环境污染严重的问题，在有效保证我国经济增长的同时，也实现绿色发展，实现人与自然的和谐共生，将社会进步和生态治理有机结合。为了在这三个层面达到共生关系，需要将关系观、传播观和生态观贯穿公众关系的始末。

（1）关系观

关系观是联系公众个体之间活动的基本纽带，这其中主要解决的问题就是将公众主体与不同利益相关主体通过建立组织融合到一起，赋予其关联关系。在特定情况下，表现为双方的互相试探并企图掌握主导权力。主要以"OPRs"等概念为思路建立组织系统，对不同公众个体在不同阶段通过多样化的形式实现相互信任构成组织展开探究。公众关系学的核心是怎样在异质性公众群体间寻找共同点，以共容利益为源头展开对话，建立互信、互惠和互动共赢的公众关系是公众关系行为的本质特征。因此，真正意义上的公众关系行为应当是指公众关系主体不以自我为中心，而是在相互理解的基础上，以协调一致的方式行事。

（2）传播观

传播观表现了公众内部主体间资源信息的流动模式，主要解决组织应如何传播的问题，强调公众关系的公共性质和对称的传播观。传播观形象地体现了信息从封闭走向大众化的过程，以关系为传播载体，以社会资源为传播内容，实现个体到群体，单方到多维的传递，这其中也包含了复杂的艺术手段。语言的交流和沟通也形成了多样化的具有文学性质的话语体系，具有独特的逻辑，从而形成沟通管理学派和语艺修辞学派，逐渐吸引众多合作者研究。

（3）生态观

生态观为组织活动和公众关系构成赋予可达目标，是在社会生存获取经济效益的同时承担社会责任，为改善自然环境与社会环境改变或改善组织经营策略，而这靠少数个体成员是无法实现的，需要不同成员展开合作，根据需求和能力进行分工，领导者有计划有组织地进行引导安排，各司其职，满足生态观对于公众关系的要求，既保证了人文环境的有序，也实现了生态环境的稳定。其核心概念体系是社区感、社群主义、关系网、传播流和生态位，用以阐述和对公众关系的内在含义进行深化。公众关系经历了网络—链式—占领的进化过程。

不同时期的学者分别从这三种研究视角展开阶段性探索。从早期的传播学到关系再到生态，实践的创新广泛应用不断为理论赋予新的内涵和研究前景，组织—环境关系这一重要理论经过不断丰富，成为各领域对组织关系研究的指导性理论，使公众关系学科在富含学术严谨性的同时反映社会公众的真实境遇。任何一个组织要想处理好组织关系，不仅要注重信息资源的公众传播方式和内部公众关系，同时要为组织活动赋予生态价值，实现全方位绿色发展。一方面，公众关系对公众传播的内容进行应用，改变了公众传播的途径；另一方面，公众关系与公众传播在独立发挥作用的同时相互耦合，在组织内部形成生态共生网络，关系与传播是这一共生网络的共生要素，不同关系主题进行对话合作，以传播的方式对资源进行循环利用，多要素融合作用创造共生能量，满足组织对利益追求的同时实现生态价值共创，不同利益相关主体合作共生。本书以太极文化的阴阳思想为基础，提出了一种正反两面动态转换的辩证模式，如图 3 – 1 所示。

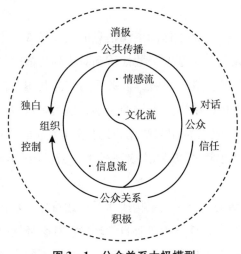

图 3 – 1 公众关系太极模型

3.4.2 成员公众合作关系

个体成员群体是整个组织的根本和重要组成单元，是整个组织赖以生存的基本要素，是推动组织进步和发展的核心力量。在公众决定论的时代和社会主义市场经济的背景下，离开了由其成员公众作为支撑的组织，也就丧失了其存在的价值。所以，组织关系管理的工作需要以满足组织成员和公众需求为目标展开，通过对我国公众进行调查和访问，将公众需求总结为劳动的需求、物质的需求、精神的需求和社会的需求。要协调好各组织内部成员之间的共生关系，首先要保证成员能在特定岗位上贡献劳动力，维持其生活的长期发展，其次是给予成员付出劳动相对应的报酬，提高成员积极性，再其次要在物质满足的基础上重视精神健康的培养，最后成员希望在组织地位及社会地位上有所表现，能够有发言的权利和表达想法的机会。这些需求变现层次不同，说明随着社会的发展，成员公众不再仅仅满足于主观物质上的享受，希望能全面地提高生活水平。因此，应当善于抓住痛点，在关键地方制定奖励政策鼓励成员，激发工作热情，提高团体积极性，使组织时刻能以前进的姿态参与竞争。

在内部公众关系沟通中，分析成员公众要素时，还必须注意考察以下三种成员关系。

3.4.2.1　管理人员关系

公共组织的行政执法者与管理层，是各个职能机构与各个级别业务机构的领导者。对于任何一个组织，管理者都应该是其所属领导机构或者部门的最高权威，部门内所发生的大小事务均需通过这一直接管理者核查过目，具有一定程度的影响力，掌管着整个部门的业务情况和信息的流动，需要对部门所负责事务的具体资料全面了解，相当于综合所有成员的工作任务，同时掌握部门接下来的发展方向与工作计划，与其他相关部门开展联系，进行业务交流，协调内部关系与沟通活动。另外，部门管理人有发展成为组织领导人的潜力，对自身的要求较普通成员更严格更长远。对于这类成员的沟通，应充分发掘其潜在能力，提高成果产出质量，基于职业发展角度满足其必要需求。

3.4.2.2　技术人员关系

改革开放以来，科技创新发展逐步成为第一劳动生产力，新的思想已经深入人心，历史用实践证明只有搞好技术才能打好产业发展的根基。现代组织要想在经济飞速进步的今天求生存图发展，首先就是拥有一批专业能力强的技术人员，如果技术人员与组织产生矛盾纠纷，导致组织内部关系恶化，那组织就失去了参与行业竞争的能力和立足发展的基础。某厂组织举办了多次由来自全厂众多高新技术专家代表参加的知识联谊会，开展了各种公众关系交流沟通的活动，认真地听取针对工厂发展和科研改革创新方面的意见建议和决策要求，使众多组织成员在放松的气氛下仍能够为促进工厂发展建言献策。南京大学为了有效促进不同专业学科之间的交流，为了各学科教授之间深入了解和紧密联系而每年特别组织举办教授聚餐会，一方面增进了教授们的相互了解，另一方面促进了不同学科之间的交流，在一定程度上满足了学校对于学科交叉和学科融合的要求，并可能在前沿科学领域相互碰撞出创新的思想火花。这种交流活动也吸引了校外各类企业的关注，这些企业希望在大家集聚的场合找寻潜在可能有市场发展前景的科研成果，通过产学研交

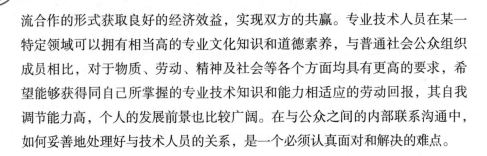

流合作的形式获取良好的经济效益，实现双方的共赢。专业技术人员在某一特定领域可以拥有相当高的专业文化知识和道德素养，与普通社会公众组织成员相比，对于物质、劳动、精神及社会等各个方面均具有更高的要求，希望能够获得同自己所掌握的专业技术知识和能力相适应的劳动回报，其自我调节能力高，个人的发展前景也比较广阔。在与公众之间的内部联系沟通中，如何妥善地处理好与技术人员的关系，是一个必须认真面对和解决的难点。

3.4.2.3 操作人员关系

操作人员在企业中是指组织各项业务和活动的一线工作人员，是为组织提供产品和服务而直接雇佣的创造性劳动力，组织内大部分成员均在这一层面工作，工作质量的好坏和效率的高低直接对组织形象产生影响，继而影响组织通过产品销售所获得的利润。如果操作人员对工作条件或是劳动补偿产生不满，则会使合作关系恶化甚至破裂，影响产品的质量进而损害企业声誉。相反，如果与操作人员关系融洽，配合默契，则有利于提升组织凝聚力，强化组织行业竞争力。由此可见，操作人员关系是协调公众组织内部关系的基础关系。同时，由于操作人员数量众多，情况复杂，要想处理公众组织内部关系使其达到和谐，需根据成员组织属性制定相应改善方法，付出大量时间与资金完善组织经营模式。

3.4.3 团体公众互补关系

组织内部团体是高于个体成员规模又不足以具备形成组织条件的群体。既可以包含车间和科室等正式团体，又可以包含一些以休闲放松为目的而成立的不同形式的非正式团体，如文化娱乐沙龙、兴趣小组和业余爱好者协会。公平地对待每一个组织内部的团体，对正式的团体进行专业技术能力提高，对非正式团体进行规范化、合理化培养，这些环节都是协调公众内部关系的必要步骤。正式的团体和非正式的团体从不同的角度充分发挥团体的功能，正式团体为组织活动与产品创造提供辅助作用，非正式团体在工作之余丰富了组织成员的生活，双方功能互补使环境更加完善。这种团体互补的关系在提高生产创造力的同时满足成员的精神层面需求，使成员工作压力得到缓解，因此，应大力激发团体的多样性和积极性，以此间接对个体成员展开引导和激励，加强团体管理制度的制定和完善，使团体趋于正规化、合理化和高级化，尤其要加大对非正式团体的支持，以灵活轻松的方式促进组织内部公众关系的和谐发展。

组织内部关系是组织个体在特定环境和情况下开展工作、生活和其他活动等社会交流所组成的人际组织网络。在我国多元文化共同融合的背景下，成员的一切活动是靠组织对社会资源的合理化分配保障的。在组织中形成的关系实质上是相互投入的关系，组织与个体在多方面形成既定的相互关系，这种关系不仅体现在工作中，也渗透到了个体成员的生活里。由此，体现了我国大多数组织中所实现的"家庭式"管理有迹可循，成员与雇主以劳动付出和薪资回报为纽带建立稳定的契约关系，成员可能长时间为同一组织提供服务，而组织给予其家庭式保障。在当前我国许多组织都实行这种组织关系，有的甚至采用终身雇佣的方式。由于家族的传承、交通方式便利等诸多原因，大多数成员生活在同一社交区域，社交范围相近，生活方式相似，因此许多成员不仅可以在工作中进行相互合作，在生活上也可以相互照应，在无意识的情况下就会加深组织成员和组织之间的连带感，这样的组织关系不但减少了成员之间不必要的冲突，也增进了成员之间的凝聚力和对组织的贡献力。大多数组织，尤其是国有企业、事业单位和大型企业，都采用了由这种管理方式产生的内部关系，并为成员所接受。

3.4.4　领导者公众控制关系

领导者处于组织的最高决策层级，是组织的指挥者，代表各类组织的管理思想，在整个组织内部和公众关系中具有最独特的作用，具有他人不可替代的特别影响力。但公众关系中的组织集体与领导者的关系需要依据不同情况辩证去看。领导者要对公众关系产生的变化有较高敏感度，善于鼓励成员发表个人意见和看法，并合理利用实现民主化管理，增加决策制定过程的透明度，使成员了解决策制定的潜在风险，努力促使组织内部形成一种良好的工作和学习氛围，改善组织内部环境。良好的社会公众关系意识最重要的是既要对领导者所做贡献进行肯定，也要对其工作安排和决定表示信任。如果一个组织无法对他的领导者给予信任和肯定，那么领导者也无法为这个组织鞠躬尽瘁地奉献。

各种性质的组织成员由于工作内容不同，分化成多种团队，这些团队内部形成团队关系，又通过外部交流与其他团队建立联系，如此循环往复形成共生组织结构，内部的关系形成共生关系网络。要想对组织进行良好的掌控，首先就要对组织内部形成的共生关系进行管理，充分利用网络链的结构先对各部门各团队的关系进行巩固，可定期举行部门活动等增进成员感情，接下来要协调不同部门的利益分配关系，有效进行资源配置，消除因工作上的冲突引发的组织内部矛盾，增强团队荣誉感，培养组织合作精神。对组织成员开展专业技能培训，提高工作能力，同时培养其在其他领域的技能，充分发挥成员潜力，提高组织竞争力。在思想上传达团队核心价值观念，树立团体意识，对组织的管理体制产生高度认同感，增强相互之间的信任，培养良好的人际关系和默契程度。组织内部要积极调整管理制度，避免组织内部层级分化，放低领导者独裁地位，实现话语公平，所有成员都可以实现平等的沟通交流，在组织内部和谐相处，减少因为处理内部纠纷产生的不必要成本，采取灵活的管理方式而非严格的标准约束成员行为，提高产出效率，团队成员的合作关系也会更加牢固。

3.5 环境治理 PPP 项目多元主体合作与矛盾关系

3.5.1 环境治理 PPP 项目主体合作关系

政府、企业和公众的相关情况与环境治理的有效性密不可分，直接影响了公私合作环境治理的水平、深度和范围。政府将确保有关机构组织的合理发展并给予帮助，并赋予它们相关的权力，以使项目完成相应要求。在项目特定的时间内，企业所有部门都必须尽可能有效地履行其职能和责任。政府需要通过财政保障项目稳定，并对项目采取后续行动，以确保企业按照政策与契约及时地开展项目业务。一些企业需要在 PPP 模式的基础上最大限度地提高企业盈利能力，相关政府机构必须提高基本的服务要求和管控能力。政府和企业为了达到相互之间沟通交流的持续发展，需要完成一定的契约。政府和企业应该共同面对特殊情况的发生，互相利用优势，达到公共服务要求，提高项目的质量。在 PPP 模式下，企业可以调整自己的工作来完成项目发展，也可以减轻政府在资金上的困难。同时，政府可以增加企业的收入，提高企业的声望，促进企业的可持续发展。

政府、企业、公众相互沟通交流实际上也是一种责任与义务的改变。利益相关者合作实现了环境治理的责任，可以极大地促进公众对环境政策和技术的选择。由于环境较为多元，社会也相对复合，加之环境保护的各种特征，要求环境治理需要有不同路径，这样可以满足现在环保的要求。

公私合作环境治理主体合作关系对公私合作共生的稳定运行有着积极作用。首先，对于不同层级的主体合作来说，更多实现信息管理与利益共享，同时带动弱势主体发展，促进了公私合作共生的发展；其次，公私合作环境治理主体合作关系有利于建立主体间的匹配关系，其信息与资源的传输效率获得提高；最后，公私合作环境治理主体合作关系更好地促进主体间的聚集，进而促进公私合作共生的稳定发展。

3.5.2　环境治理 PPP 项目主体矛盾关系

一是公众利益可能遭到损害，进而产生公众反对项目的问题。在一些环境治理 PPP 项目中，公众参与感较弱，主要体现在理论层面。公众参与过程的重点发生在项目结束后，如果其相关权利受到损害，则会采取各种手段来保障自己的利益，引发矛盾。二是 PPP 项目建设期间，政府部门的一些决定和政策造成企业对自身收益产生危机感。虽然这是政府主导的项目，在建设初期能够给相关企业带来不少利润，然而 PPP 项目全生命周期较长，可能出现各种问题，比如政策变更或者项目的建设被强行停止。因此，企业可能担心政府会由于公共财产安全而牺牲自己的商业利益，在项目进行中暂停或结束相应的契约从而对项目造成重大的威胁。三是在环境治理 PPP 项目的全过程中，企业为了自身的发展，不能满足政府和公众的需求，有可能会对社会利益造成一定危害。政府没有办法取得企业的全部相关信息，企业所提供的服务质量可能会影响社会效益和公共利益。同时，企业可能出现道德风险，如企业可能违反规则，向公众索要额外的资金，并将风险转移给公众，偏离公私合作本身的意义。

公私合作环境治理主体之间存在的矛盾对公私合作的稳定性和运作产生了不利影响。首先，关于不同层次的行为者之间的合作，如果出现矛盾，不同层次之间的沟通可能会受到限制，从而使信息管理和利益分享变得困难，并阻碍公私合作的共同发展；其次，环境治理领域公私伙伴关系的主体之间的矛盾不利于主体之间的联系，降低了信息和资源的传递效率。环境治理疏远了行为者，不利于主体之间的团结，阻碍了公私伙伴关系的稳定发展。

通过上述分析可以看出，在环境治理 PPP 项目中不能单独依靠其中一方力量，必须依靠所有利益相关者的共同努力，进一步探究共生模式。构建环境治理 PPP 共生网络，实现多主体共生，才能促进社会与环境的可持续发展。

3.6 本章小结

本章以共生理论为基础，分析环境治理 PPP 项目多元主体的行为异质性，分析环境治理 PPP 项目中央政府与地方政府层级共生关系，明确地方政府在 PPP 项目中的职能及角色定位；剖析民营企业参与环境治理 PPP 项目竞争与合作并存、整体协同、开放、实时动态和自组织性的多样化共生关系；探索积极公众关系中关系观、传播观和生态观的要素取向，对公众参与环境治理 PPP 项目组织内部横向和纵向共生关系进行剖析；对环境治理 PPP 项目多元主体合作与矛盾关系进行分解，为下文对不同合作主体的独立分析和共生网络的构建奠定研究基础。

第
4
章 环境治理 PPP 项目地方政府隐性债务分析

随着我国经济增长和社会主义建设的需求，一些地方政府通过多种债务或者融资形式推动了地方经济的增长。然而，我国地方政府隐性债务规模不断扩张，市场经济发展进入新常态，债务偿付也出现了困难，地方政府债务监督管理中所出现的问题也日益突出，已经逐渐成为当前我国地方政府防范财政风险的重点和核心。本书对当前 PPP 偿债模式以及地方各级政府隐性债务模式发展总体历程和债务现状进行数据资源搜集，并综合分析，阐述了现阶段我国地方各级政府隐性债务的具体发展情况以及 PPP 模式化解政府隐性债务可能存在的问题。通过对 PPP 模式地方政府隐性债务存在形式和理论进行分析，对环境治理 PPP 项目地方政府隐性债务形成机理构建模型，并实证检验。在文献总结和问卷调查的基础上对 PPP 环境治理项目中地方政府隐性债务风险进行识别，针对实践中环境治理 PPP 项目不确定性和不完全性问题，提出了基于概率推理的贝叶斯网络（bayesian network），对 PPP 项目中地方政府隐性债务的风险进行推理分析。对 PPP 项目运作中的各个主体，如政府、SPV 等参与方的互动博弈分析，分析政府以及企业对项目运营履约情况，建立三方信息动态博弈模型，进而借用逆向归纳法解出均衡结果，根据分析结论，从整个项目的管控角度对环境治理 PPP 项目识别、准备、采购及执行阶段管控机制进行设计，降低地方政府隐性债务。

4.1 环境治理 PPP 项目地方政府隐性债务现状

4.1.1 地方政府隐性债务发展历程及现状

4.1.1.1 地方政府债务发展历程

通过对我国地方政府债务治理相关政策内容研读和梳理，提炼文献中的核心内容，结合关键事件、地方政府债务治理政策文本的相关资料，分析探究各个历史阶段其债务治理的相关政策文本中的有关核心话语及其内在联系，探讨了我国地方政府的债务监督管理政策的形成与发展，可以将其划分为以下几个阶段：计划经济时期、改革开放时期、分税制实行时期、2014年预算法时期，如表 4-1 所示。

表 4-1　　　　　　　　地方政府债务发展历史进程

阶段	时间	发展概况
计划经济时期 （1950～1978 年）	1950 年	东北人民政府发布《一九五零年东北生产建设折实公债条例》，这是中华人民共和国最早的地方政府债券
	1951～1978 年	我国地方性公债已经全部进行了清偿，出现"无外债无内债"的局面
改革开放时期 （1979～1994 年）	1979 年	8 个地方政府试行有偿还责任地方政府债券
	1979～1994 年	试点发行政府债券（279 个市、3407 个县）
分税制实行时期 （1994～2014 年）	1994～2007 年	试行地方政府投融资模式的地方公债
	2008 年	4 万亿的投资规模导致了金融危机之后地方政府对于融资的需求量大幅度上升
	2009～2013 年	财政部在 6 个试点通过自发代还方式发行政府债券
	2014 年	隐性债务被纳入预算监督管理，10 个试点地区的政府自发偿还当地政府的债券
2014 年预算法时期 （2015～2019 年）	2015～2019 年	省、区、市自行发行普通专用债券，启动债务置换

4.1.1.2　地方政府隐性债务发展现状

根据对地方政府隐性债务特点的分析，总结得出债务特点表现在几个方面：第一，规模大。一些地方政府隐性债务的规模大约是显性债务的 4 ~ 5 倍。第二，承载主体多。地方政府及其机构、地方政府融资服务平台、地方国有企业、事业单位等都很可能被视作隐性债务信息来源的主体和担保人。第三，债务种类繁多，形成原因复杂，责任不清。地方政府隐性债务主要包括救济损失责任债务、担保损失责任债务、社会保障和资金短缺所造成的债务、由于公共投资计划项目形成的未来资本性和非正常经济性的支出而产生或形成的隐性债务、各种预算内负债等二十几种类型，产生的原因复杂，既有一些共性因素，又包含一些个体特殊因素，而这些违规隐性负债又极有可能存在对债务损失责任认定不清的问题。第四，偿债能力较弱。偿债的来源不稳定，风险集中有变化趋势；在整个发展生命周期中，有些项目本身正处于一个无利可图或较高收益的窘迫环境中，因为其债务资金主要用于交通、水利等公益性工程，建设的运营时间较长，而且没有稳定的收入来源，制约了自己偿债的能力。比如企业依靠当地政府的融资平台所举借的绝大部分负债，偿还的来源往往取决于其土地和房地产的增值。从某种意义上讲，这也是房价上涨的根本原因。县、乡政府只能靠"拆东墙补西墙""借新还旧"等手段维持其周转，风险越来越大。第五，部分隐性负债所对应的固定资产变现能力较弱，隐蔽性较强，透明程度低，存在着诸多不确定因素，难以得到有效监管。

已有一些学者针对我国各级地方政府的隐性债务规模情况进行了估计和评价，其重点并非仅对隐性负债规模进行估计，而是对地方政府的隐性负债监督与管控问题进行探讨，即有效防范和降低地方财政所背负的潜在的负债风险，保证其长远发展。2014 ~ 2019 年我国地方政府隐性债务规模分类估算见表 4 - 2。

表 4－2 　　　　　　2014～2019 年我国地方政府隐性债务分类估算 　　　　单位：万亿元

年份	PPP 债务融资形成隐性债务	违规隐性债务	养老金缺口隐性债务	国有企业隐性债务	地方融资平台隐性债务	商业银行不良贷款隐性债务	隐性债务合计
2014	162	17	5673	33640	5840	1130	46462
2015	287	30	7445	43387	7576	1372	60097
2016	902	74	8225	54988	11662	1998	77849
2017	4766	173	8961	71571	13449	3030	101950
2018	9609	350	9606	76272	15071	3558	114466
2019	10307	1395	10307	107642	16159	4004	149814

资料来源：《历年中国统计年鉴》。

4.1.2　PPP 地方政府隐性债务发展布局分析

4.1.2.1　政府回报机制不合理

PPP 回报机制主要包括用户付费、可行性缺口补贴和政府付费三种。在实施用户付费、可行性缺口补贴、政府付费三种方式的机制中，财政拨款的比重逐步提高。随着财政资金投入的进一步增加，政府支出的压力也随之增大。PPP 模式是通过企业参与来缓解项目给地方政府带来的债务压力。PPP 项目中，政府或者其他资金若按照一定比例投入建设或运营，一旦 PPP 项目失败，其前期投资就会给政府造成损失，PPP 项目失败所带来的债务风险和社会风险也会随之产生。其中，可行性缺口赔偿和地方政府支付的损失赔偿都被认为是两种有效的回报机制，并且还需要当地政府进行全周期的资金投入。

4.1.2.2　民间资本参与度较低

PPP 是推动公共服务供应与市场化相互作用的创新模型，能够转变政府职能，放宽市场准入，打破垄断，引入企业，增加竞争，促进政府利用外资和供给侧结构性改革。据 PPP 项目管理系统数据库显示，截至 2021 年 6 月，全国 PPP 综合信息平台中已签约项目中民间投资项目共 1722 个，占全部已签约项目的 42%。其中，民营企业单独中标项目 845 个，联合体中标项目中民营企业控股项目 877 个。2021 年 1~6 月，各地新增已签约项目 85 个，其中民间投资项目 9 个。尽管我国民间资本支持的 PPP 项目规模较前几年都有所扩大，但总体而言，比例仍偏低。民营企业参与度低，反映出了民营企业对于政府的契约性精神、项目获得收益的方式以及对于项目投融资模式的焦虑。

4.1.2.3 PPP 项目操作不规范

从 2013 年开始，PPP 项目进入了爆发期。2018 年财政部印发《关于进一步加强政府和社会资本合作（PPP）示范项目规范管理的通知》，指出 PPP 示范项目推进缓慢、实施不力等问题，对存在管理问题的示范项目进行分类处理。PPP 模式在推行过程中存在的问题主要表现为：项目前期准备能力不足，存在违规举债和担保，未按照要求展开"两论证"，操作技术要求与地方政府相匹配等问题，导致地方政府隐性负债风险和当地信用风险加大。财政部 PPP 中心发布的各地 PPP 项目集中清理情况统计表显示：截至 2018 年 4 月 23 日，在各地撤并整改、存量清单撤并等项目管理中，397 个项目不适宜采用 PPP 模式；217 个项目未按规定开展"两个论证"；不再继续采用 PPP 模式实施的项目有 1120 个；277 个项目未达到规范运作要求；14 个项目涉嫌违法违规举债担保；488 个项目未按规定进行信息公开；1354 个项目因其他原因被清退或整改。

4.2 环境治理 PPP 项目地方政府隐性债务形成机理

环境治理 PPP 模式在实际应用过程中，地方政府已通过引进企业和先进的制造业管理技术，提高了公共资金的运用效率和公共物资产品的供需和管理效率。由于 PPP 债务的隐蔽性和运行效率等因素，地方政府在 PPP 运作的过程中出现隐性负债问题。本章通过对 PPP 模式地方政府隐性债务的形式及理论进行分析，对环境治理 PPP 项目地方政府隐性债务形成机理构建模型，并实证检验。

4.2.1 隐性债务存在形式

风险共担和利益共享是 PPP 模式最基本的原则，以此为基础向社会提供优质产品和高段位服务。由于中央和地方政府在投资过程中需要大量的资金，PPP 模式能够有效引入更多的社会资本参与该项目的建设，从而减轻了政府的财政压力，也降低了地方政府债务增长率。当前，我国地方政府对支出需求不断扩大和增长的同时，地方政府债务进一步扩大以满足刚性需求。环境治理 PPP 项目中，地方各级政府主要是其决策合作者和管理监督机构，而非项目建设者，其中所投入的公共资金主要应该来自地方社会资本，这样有助于缓解我国地方各级政府暂时的公共经济和社会财政发展压力，在其能够提供优质公共治理产品和公共服务的基础上，控制隐性债务规模的增长。实际上，PPP 模式大多被广泛应用于城市基础通信设施和其他各类公共服务管理方面，但在建设的开始阶段，其投资成本较大，收益规模较小。因此，地方政府不得不利用多种方式从其他方面优待企业，吸引其投资低收益项目，如加大财政补贴和颁布优惠政策等。此外，地方政府保证若项目预期发展不良，企业方可选择退出。然而，一些地方政府在实际情况中并没有履行公共服务救助的职责，导致其需额外负责项目的支出，最终造成了环境治理 PPP 项目中地方政府隐性债务大量增加。

环境治理 PPP 模式下，政府通过财政支持、政府担保等方式，为 PPP 项目提供资金支持。政府对 PPP 项目的接管与环境治理相结合，也会造成隐性债务，即隐性债务生成原因，有以下两个方面：第一，由道德责任产生的债务，它主要由三部分组成：一是地方政府融资平台的债务；二是对避免企业破产产生的债务；三是对 PPP 项目的管控。第二，因政府而产生的债务，涵盖的变相融资的方式众多，如回购、经过政府购买服务等。

4.2.2 隐性债务形成机理模型设定

通过对已有文献的分析，结合我国地方政府隐性债务的现状，说明地方政府隐性债务之所以存在，是因为有着一定的必然条件和前提基础，并与当地特殊的历史渊源、政策制度以及经济发展状况相适应。对于这些隐性债务，应对其进行客观、全面的分析，探究和了解其形成的真实过程，寻找其根源，分析其可能的发展趋势，进而通过制度规范，将其约束在合理的轨道上。凯恩斯理论认为，政府债务于现实中属于积极的财政政策。目前相关理论认为，其形成主要与三个因素有关：一是财政分权体制，二是"土地财政"，三是晋升激励。

我国地方政府隐性债务的形成有多种原因。在这些因素中，财政分权、"土地财政"和官员晋升激励对隐性债务的影响程度是不同的。从财政分权、"土地财政"和官员晋升激励三个阶段探究其产生逻辑和演变路径。第一阶段的财政体制实行"分收支、分等级包干"，地方政府处于"有钱有权"的局面。第二阶段由于"分税制改革"，地方政府处于"有权无钱"的局面。我国开始实行财权集中上收，事权分散下移的改革制度。中央政府为了收敛财政资源和掌控强大的经济宏观调控能力，实行财政收入上收，地方政府预算收入占比下降；事权分散下移背景下，将政绩作为重要指标之一的升迁机制及其附带的各种优势，大大提高了地方官员的廉政热情。第三阶段政府在分税制主体框架下表现为"预算内集中、预算外分散"。预算收入与支出之间需要通过大量的转移支付加以平衡；"土地财政"在预算中起着极为重要的支撑作用。可见，地方政府隐性债务是政府财政收入与支出不匹配造成的。从两方面为财政分权作了模型变量，一是转移支付率，二是财政自给率。理论假设如下：

H1：获取的转移支付数额越高，政府隐性债务积累越多。因此，转移支付率与隐性债务规模呈正相关。

H2：财政自给率越低，政府财政收支水平横向失衡程度越高，隐性债务规模越大，两者呈负相关。

"土地财政"具体来说分为以下几步：首先出让土地获得一定资金，然后投资建筑业和房地产业，从而税费收入提高，最后抵押土地，从而得到债务收入。土地资源是地方政府融资的重要支撑，土地资源为地方政府借贷和偿还债务提供了途径。此外，地方政府债务和"土地财政"相互作用取代，"土地财政"所得税的减少将大大增加当地政府对于债务的依赖。土地出让所得税的多少意味着当时地方政府的举债和融资能力的重要性，也不排除因依赖土地融资产生土地出让金偿付债务。在此基础上，提出以下理论假设：

H3:"土地财政"指数和地方政府隐性债务规模具有正相关关系。

4.2.3 模型构建及实证检验分析

4.2.3.1 模型构建与因素说明

通过前文隐性债务影响因素理论假设，本章对 2012～2019 年 29 个省级面板数据构建回归模型，模型方程式如下：

$$\ln(\text{dit}) = \alpha_0 + \alpha_1 \text{Trans}_{it} + \alpha_2 X_{it} + \mu_i + \gamma_t + \varepsilon_{it} \tag{4-1}$$

$$\ln(\text{dit}) = \beta_0 + \beta_1 \text{Self}_{it} + \beta_2 X_{it} + \mu_i + \gamma_t + \varepsilon_{it} \tag{4-2}$$

$$\ln(\text{dit}) = \gamma_0 + \gamma_1 \text{Land}_{i,t-1} + \gamma_2 X_{it} + \mu_i + \gamma_t + \varepsilon_{it} \tag{4-3}$$

$$\ln(\text{dit}) = \varphi_0 + \varphi_1 \text{Trans}_{it} + \varphi_2 \text{Self}_{it} + \varphi_3 \text{Land}_{i,t-1} + \varphi_3 X_{it} + \mu_i + \gamma_t + \varepsilon_{it}$$

$$\tag{4-4}$$

i 为省份，t 为年度，Trans_{it} 表示转移支付率，X_{it} 表示控制变量，μ_i 表示固定效应，γ_t 表示时间效应，ε_{it} 表示干扰项。

在解释变量时，用转移支付率来代表财政纵向不平衡的程度，财政自给率代表财政横向不平衡的程度，"土地财政"指数代表财政收入结构健全的程度。为避免自发性问题，可以选择综合因素作为解释变量，解释由于"土地财政"和地方政府隐性债务两者之间互动关系的影响程度。从控制变量的角度出发，增长率体现的是某一时期内，针对地方政府的债务率，经济增长对其产生的相关作用。地方政府决定城市化规模与速度，所以选择城市化率作为控制地方政府债务规模膨胀的主要变量。经济开发是以贸易依存度来衡量的对象。财务比率主要是指企业财务和经营性资产的总额和其他各项经济业务活动的总额之间的比值，因此对于财务资产总额，用各省、自治区、直辖市的银行存贷款余额来模拟代替。

4.2.3.2 数据来源与统计描述

为了确定直接债务和债务转换率等因素，借鉴金融风险的概率思维，对隐性债务数据进行分类。根据各种类型的或有负债总额乘其折算率以及政府负担率得出。通过事件发生，或有债务成为现实债务，其转变有一定的概率范围，经过大量计算检验得出是 [0，1]。为了防止担保失败和金融机构破产，刘尚希提出了对或有隐性债务规模和风险的估计。刘尚希参考四大银行回收率将我国政府或有债务转化率设定为 0.5，选择或有债务调解系数来反映资产负债率和债务与地方 GDP 之比值；选择一个调整系数来反映地方政府债务率作为或有隐性债务与地方 GDP 的比值。计算方法为：直接隐性债务来源总额分别乘三个部分：一是债务比例，二是债务风险系数，三是政府负担比例。

　　地方政府债务规模在限制举债、限额债券发行情况下能得到较好控制，增长速度放缓。针对 2012～2019 年的地方政府隐性债务（见表 4-3），采用变量对其综合债务的影响模拟计算。

表 4-3　　　　　　　　地方政府显性债务与隐性债务对比分析

年度	隐性债务（万亿元）	政府性债务（万亿元）	政府隐性债务占比（%）	政府负债率（%）	政府债务率（%）
2012	29354	89349	33	0.209	2.316
2013	38651	99568	39	0.210	2.203
2014	57346	123965	46	0.230	2.254
2015	65123	157679	41	0.254	2.398
2016	76763	245678	31	0.309	2.899
2017	91567	259987	35	0.351	3.103
2018	107360	271541	40	0.348	3.105
2019	145236	307457	47	0.387	3.502

资料来源：《历年中国统计年鉴》。

　　其中 2019 年数据结果以 2016～2018 年各省份平均水平为基础，按比例分摊到 2019 年度国有建设用地使用权出让金总额中。

　　利用散点图更直观地展示转移支付率、财政自给率以及"土地财政"这三部分因素对地方政府债务产生的影响。图 4-1 说明二者之间具有正相关关系，符合了 H1 的存在。图 4 - 2 说明二者之间具有负相关关系，证明了 H2 的存在。图 4 - 3 则说明二者之间具有负相关关系。然而，想要得到更深层次的结论，还需更深一步地验证分析。

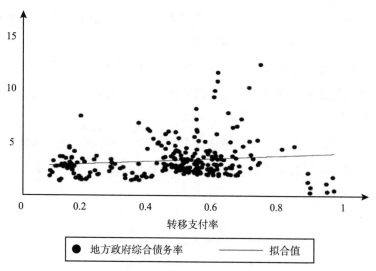

图 4 - 1　转移支付率拟合值

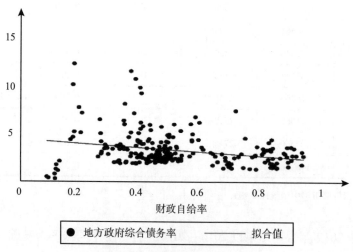

图 4 - 2　财政自给率拟合值

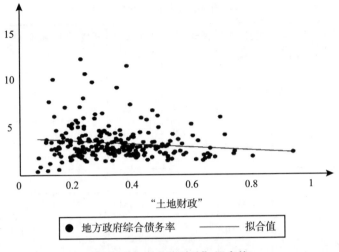

图 4 - 3 "土地财政" 拟合值

4.2.3.3 模型实证结果与分析

基于 LSDV 模型检测结果，利用静态控制面板中的数据对其进行了混合式回归模型的相关研究，选择合适的固定虚拟效应和混合回归的个体模型，发现前者变量中 P 的值约为 0，这反映了固定效应的存在，混合式回归不应被采用。由于进行随机效应以及混合回归的相关模型，LM 检验结果和无个体随机效应假设呈现全然相反的情况，而这恰恰反映了随机效应模型。在固定效应模型方面，由 Hausman 得出 Chi2 的数值是 79.39，P = 0.00。强烈反对一个解释和控制的变量间存在不具有相关性的假设，因此选择了上述模型。为了提高研究的方便性，对核心解释变量分别进行回归分析，并在引入控制变量后再次进行回归分析，最后将三个核心解释变量组合成一个整体回归，全面检验变量的影响（见表 4 - 4）。

模型（1）、模型（3）、模型（5）的相关数据表明，若单独回归，5% 的显著水平上，转移支付率对地方政府综合债务率的上升有积极作用；1% 的显著水平上，财政自给率和"土地财政"均具有负向作用。模型（5）中可以清楚地看出，由于土地出让金所得与地方政府配置财力的便捷程度呈正相关关系，与举债需求呈负相关关系，因此政府的综合负债比率与财政收入比呈负相关关系。

表 4 - 4　　　　　　　　地方政府性债务固定效应估计结果

变量	模型（1）	模型（2）	模型（3）	模型（4）	模型（5）	模型（6）	模型（7）
Trans	1.309	7.998					7.033
	0.534	-3.018					-2.044
Self			-9.834	-8.109			-5.193
			-2.309	-1.840			-1.596
Landrate					-1.349	0.879	0.618
					-0.499	-0.398	-0.334
Congress0		0.002		-0.157		0.178	-0.154
		-0.160		-0.162		-0.154	-0.169
Congress1		0.141		0.000		0.308	0.021
		-0.138		-0.139		-0.146	-0.161
Congress2		0.297		0.137		0.376	0.241
		-0.093		-0.138		-0.154	-0.132
Congress01		-0.126		-0.198		-0.076	-0.265
		-0.170		-0.171		-0.230	-0.154
G		-0.121		-0.084		-0.154	-0.107
		-0.052		-0.052		-0.045	-0.109
Urbaniz		20.149		14.345		12.188	20.335
		-7.003		-6.098		-6.015	-7.007
FIR		0.298		0.279		0.343	0.223
		-0.201		-0.176		-0.179	-0.181
Open		0.309		1.184		0.457	0.789
		-1.097		-1.532		-1.378	-1.245
Cons	2.606	-11.497	7.609	-2.453	4.101	-4.926	-8.265
	0.307	-4.976	-1.080	-3.687	-0.254	-4.157	-4.996
N	248	248	248	248	248	248	248
R-sq	0.021	0.610	0.098	0.561	0.060	0.618	0.653
R2-w		0.610	0.110	0.542	0.060	0.618	0.653

模型（2）、模型（4）、模型（6）以官员晋升、城镇化率等激励因素为控制变量，说明政府综合债务率的相关作用。模型（2）反映出，若添加了控制变量，转移支付对其发挥的作用更加明显。这很大程度上是由于转移支付率与政府救助预期、中央兜底效应具有正相关关系。模型（4）反映出，若添加了控制变量，财政自给率与其具有负相关关系，对于前者，大多省份中公众借贷需求和情绪较低。比如 2018 年，有更多国债余额的省份集中在东部发达地区，造成地方政府财政收支不平衡或者负债过多。模型（6）反映出，若添加了控制变量，"土地财政"对其影响发生了明显改变，即从负相关转变成正相关，这是前者的多重效应机制的作用，如弥补财政缺口等。模型（7）在转移支付比率、财政自给率、"土地财政"和所有控制变量同时加入之后，分析各自变量对地方政府综合债务率的影响。结果显示，各解释变量对被解释变量影响程度都比较显著，除了财政自给率显著为负，转移支付率和"土地财政"均无影响。

综上所述，纵向财政分权失衡，其中包括隐性债务、债务率较高的地方政府。横向财政分权失衡程度越高，地方政府的综合债务率随着"土地财政"指数的增加而减小，说明地方政府土地出让收入较高，财政资源丰富，债务较少，这是相互替代的关系。但随着"土地财政"的增加，地方政府综合债务率的高度也随之升高，说明地方政府的融资能力依赖土地两个方面的偿债能力，一是财政，二是出让金。除此之外，为了调节土地周期变化导致的收支不平衡，前者利用了增加隐性债务去实现。对地方政府隐性债务的治理，应从深化财税体制改革入手，构建可持续、协调的综合治理机制。

4.3 地方政府参与环境治理 PPP 项目共生隐性债务风险识别及分析

地方政府债务风险识别是风险管控的前提和基础，现有研究中缺乏对其系统性、理论性的阐述。近年来，PPP 作为降低地方政府财产债务承担能力的工具，被广泛使用。如果能够运用得当，PPP 模式不但能够大幅减轻中央和地方政府的偿债压力，促进资金的有效使用，还能加快推动我国经济结构的调整与转型升级。因此，本章将在文献总结和问卷调查的基础上对 PPP 环境治理项目中地方政府隐性债务风险进行识别，接着针对实践中环境治理 PPP 项目不确定性和不完全性问题，提出了基于概率推理的贝叶斯网络，对 PPP 项目中地方政府隐性债务风险进行推理分析。

4.3.1 环境治理 PPP 地方政府隐性债务风险概述

布里希（Brixi，2012）构建了基于财政直接风险债务负债和基于地方各级政府的固有风险投资债务矩阵，将中国地方各级政府的固有风险债务大致分为四类，即直接债务、或有债务、显性债务和隐性债务。按照我国传统的地方财政政府风险投资矩阵计算理论，PPP 合作模式下的地方各级政府公共债务主要结构由四种不同类型的政府债务组成（见表 4 - 5）。而与地方政府隐性债务相关的，应当分别是直接隐性债务、或有隐性债务。地方政府维持 PPP 项目长期运行过程存在着直接隐性债务，如 PPP 项目失败导致 PPP 项目产生隐性债务，PPP 项目风险管理不力是主要原因。明确 PPP 模式下地方政府隐性债务的构成，有助于从 PPP 项目生命周期过程中对地方政府隐性债务风险进行管理。

表 4 - 5　　　　　　　　PPP 项目地方政府债务风险矩阵

债务类型	直接债务	或有债务
显性债务	政府长期购买合同	收益担保合同
	股权投资支出	
	合同约定的运营补贴	
	政府配套投入	
隐性债务	地方政府基于道德责任、公众期望或社会压力对 PPP 项目进行长期补贴	项目失败的原因是可行性论证不规范、融资不到位、合同不规范、项目风险分配不合理等，当地财政应给予帮助

4.3.2　环境治理 PPP 地方政府隐性债务风险识别

4.3.2.1　环境治理 PPP 地方政府隐性债务风险识别原则及流程

PPP 模式在应用过程中容易引发地方政府融资行为的异化，加剧和扩散经济风险，这是当前学术界普遍关注的问题。虽然研究从宏观的角度探讨了 PPP 项目中各级政府面临的环境治理风险类型、引起环境风险的影响因素和相应管理措施等问题，但是从政府视角探讨环境治理和 PPP 项目中地方政府的隐性负担和风险的研究较少。通过利用文献分析及问卷调查识别了环境治理 PPP 项目中的地方政府隐性债务风险影响因素，确定了在 PPP 项目中，哪些因素能对其产生相关作用，同时对这些因素进行分析、提炼、整合和梳理。

（1）PPP 项目地方政府隐性债务风险识别原则

由于 PPP 项目投资体量大，涉及范围广，合同约定多，加上社会环境和自然环境因素的不确定性，导致 PPP 项目实施难度加大。所以选择与 PPP 项目相匹配的隐性债务风险因素显得尤为重要。确定 PPP 模式下地方政府对于隐性债务风险影响因素的原则如下：

一是全面性原则。从地方政府角度来看，PPP 项目参与方众多，应对 PPP 项目设计、采购、施工及试运行各个阶段可能产生的隐性债务风险因素进行识别分析，以保证 PPP 项目地方政府隐性债务风险因素的全面性和系统性。

二是独立性原则。PPP 模式下对地方政府隐性债务风险因素充分识别，以及各因素间不存在相互包含、相互重叠、相互替代等关系，更加有利于 PPP 模式下地方政府隐性债务风险因素识别的量化和处理分析。

三是针对性原则。地方政府隐性债务风险识别的关键因素必须针对 PPP 模式以及合作各方，要求具有一定的指向性和目的性，能为后面确定 PPP 项目隐性债务风险识别的重点做好铺垫，为隐性债务风险治理提供治理方向。

四是即时性原则。地方政府隐性债务风险因素应立足当前，符合当前

PPP 项目特点, 不生搬硬套已经形成的债务风险因素系统, 防止出现失误, 达到单一因素能解决同类问题的目的。另外, PPP 项目从启动到结束都需要一个漫长的过程, 因此需要管理者不断更新和核实地方政府隐性债务风险因素, 以保证该体系的实时性和有效性。

(2) PPP 项目地方政府隐性债务风险识别流程

对风险进行识别是对其进行分析的前提条件, 地位极其重要, 风险识别能够大大提高接下来评估、控制的效率。随着时代的进步, 其方法也在持续完善。风险识别方法, 如德尔菲调研法、文献分析法等, 见表4-6。

表4-6 风险识别的方法

方法	内容	优点	局限性
文献分析法	搜集整理相关文献, 形成风险清单	风险因子更全面、准确及可靠	工作量大, 不能发现项目的独特风险因子
风险核对表法	通过已有的类比项目信息编制风险识别核对表	快捷简单	难以得到特殊项目核对表
德尔菲调研法	依据调研项目具体特征设计相应的调研问卷, 通过线上或线下的问卷形式向专家进行公布	结果广泛具有代表性, 较为可靠	过程复杂, 要经过几轮调查, 花费时间和精力较多
头脑风暴法	若干专家组成专家小组, 专家自由发表意见, 最终形成统一的结果	专家之间进行全面沟通, 有助于发现新的风险	组织会议成本高, 要求参会专家具有较高的专业素质
WBS-RBS 法	构建结构化研究对象, 定义项目面临所有风险	具有清晰的风险层次水平	大型项目中, 风险分解工作量非常大且结构复杂

当前我国 PPP 项目中地方政府隐性债务风险因素研究较少, 研究成果还不完善。为充分确保隐性债务影响因素的科学性和债务信息有效性, 本次调查工作研究流程主要采用相关文献资料综合数据分析、专家在线访谈、问卷调查等多种研究方法, 对 PPP 项目地方政府隐性债务风险影响主要因素进行了分析甄别、确定, 形成了环境治理 PPP 项目中地方政府隐性债务风险因素。在研究过程中, 首先要确定的是风险识别的流程, 并按照流程对风

险因素进行逐个剖析，最后建立风险体系，为后续研究奠定基础。PPP 项目地方政府隐性债务风险识别过程如下：

第一步，为明确环境治理 PPP 项目隐性债务风险的选择范围和方向，需要确定地方政府隐性债务风险分析维度，以便对可能存在的影响因素进行全面梳理。

第二步，运用文献分析法，提炼出科学合理的隐性债务风险影响因素，并辅之以头脑风暴法，对地方政府隐性债务的风险影响因素进行识别。

第三步，征求有 PPP 项目实践经验的相关专家的意见，归纳整编专家的修改意见，剔除不重要的因素，增加新的因素，形成环境治理 PPP 项目调整后地方政府隐性债务风险识别体系，为下一步开展问卷调查奠定基础。

第四步，通过对样本的发放和回收，以及对问卷数据的描述性和信度效度分析，整理出环境治理 PPP 项目地方政府隐性债务风险因素。

4.3.2.2　环境治理 PPP 项目地方政府隐性债务风险因素理论取样

（1）研究方法

现阶段，专家学者对 PPP 模式在环境治理领域的研究成果较为丰富，然而与之相对的，对环境治理领域地方政府隐性债务风险的分析则少之又少，对后续研究可提供的帮助不大。所以，本书选择了质性数据分析对环境治理 PPP 项目地方政府隐性债务风险识别。扎根理论是一种定性分析方法。此方法以现实情境为基础和前提，搜集、整理和归纳各种有效数据，定义总结相关概念和范畴，各范畴间具有一定的内在联系，正是这种联系构成了基础理论。

（2）收集原始资料

文本资料研究法和访谈法是扎根理论收集最初资料的主要方法，主要诠释了数据来源的全面性。获取资料的主要途径有很多，主要包括查询文本资料和交流访问。PPP 模式是我国目前研究的重点，很多相关部门都发布了大量有关文献和具体研究成果报告。其中很多报告都可以通过具体的网址找出。此外，近几年来，我国一直在探究 PPP 项目，针对该项目做了大量实验，很多专家都重点分析探究了该项目，如果在之后的项目研究中出现问题，也可以向专家寻求帮助。

① 文本资料研究法。用关键词：环境治理、PPP、隐性债务、风险，在中国知网和维普进行文献检索，2014～2021年总共有1713篇，其中有159篇具有代表性。除此之外，有很多部门都研究了关于环境治理的PPP项目，尤其是发展和改革委员会、生态环境部和财政部，这几个部门重点记录了PPP的有关信息，重点研究了有关PPP项目的相关指标。

② 专家访谈。本书主要采访了六位相关人员，其中有一半的人员为PPP项目的研究开发人员，另一半则是PPP相关机构的咨询人员。提前向受访者约定访谈时间及具体流程，并附邮件进行说明。在人们接受访谈之前，会被告知采访的内容和主题，采访者会根据采访主题提出相关的问题，询问被采访者对该项目的观点和看法，让被采访者简单叙述实施PPP项目对各个政府部门的影响，重点分析在PPP项目中影响地方各级政府隐性债务的潜在风险因素的影响程度。调查分析被调查者提出各个问题的原因和立场，让每一个受访者分享自己对项目的认识和研究项目的经验。并将采访交流的内容记录下来，整理成文本。

4.3.2.3　环境治理PPP地方政府隐性债务风险筛选和调查

通过对大量关于PPP项目地方各级政府隐性债务管理风险以及相关参考文献和实际管理案例的深入研究，确定了地方政府债务风险影响因素的五个维度，主要来自中国知网、万方等，结合运用头脑风暴法，选择和提炼出科学合理的地方政府隐性债务风险因素，并对提取的相关研究进行整理（见表4－7）。

表4－7　　　　　　　　　　文献分析相关研究整理

序号	研究文献	主要作者
1	《中国PPP模式财管制度下隐性债务问题与对策研究》	庞德良
2	《地方隐性债务规模的统计测度研究》	欧阳胜银
3	《地方政府债务构成规模及风险测算研究》	郭敏
4	《地方政府隐性债务风险防范探析——基于信息披露与全口径预算监督》	殷明
5	《PPP项目"风险分担"与"隐性收益保证"的异同分析与政策建议》	祁玉清

序号	研究文献	主要作者
6	《地方隐性债务估算与风险化解》	汪德华
7	《地方政府隐性债务风险传导路径及对策研究》	郑洁
8	《我国地方政府隐性债务风险与化解对策研究》	王涛
9	《金融环境视域下地方政府隐性债务风险影响因素分析》	刘骅
10	《政府审计视角下的 PPP 项目政府债务风险管理研究》	方桦
11	《健全地方政府债务风险的识别和预警机制》	赵全厚
12	《地方政府性债务风险的传导机制与生成机理分析》	黄国桥

（1）PPP 项目地方政府隐性债务风险筛选

为了更好地识别 PPP 项目中地方政府隐性债务风险影响因素，在文献分析和实际案例研究的基础上，通过对增量风险、存量风险、违约风险、结构风险、外部风险 5 个维度的专家咨询调查表的制作，进一步筛选并优化了半结构化专家咨询调查表。鉴于 PPP 项目的专业性和复杂性，选取的访谈对象均为曾经或正在从事 PPP 项目的专业人员，并有 3 年以上的 PPP 项目管理经验。就调查对象的行业来源而言，充分考虑了不同行业类别对项目经理认知结构的潜在影响，共有 14 名调查对象，6 名来自行业内，8 名来自学术界。其中，有 4 位国内重点高校工程管理方面的专家、4 位专家学者、2 位政府债务管理人员、2 位项目管理人员和 2 位政府审计管理人员。在总结了各领域专家意见和建议的基础上，对其风险影响因素进行适当调整和筛选优化，最终列出了 PPP 模式下的地方政府隐性债务风险因素，如表 4 – 8 所示。

政府隐性债务增量风险主要来自对举借规模限制的不足，地方政府的过度举债导致不合理的债务规模。本书选取新增负债率、债务依存度和新增债务率作为增量风险的识别因素。将新增债务与地方偿债能力相比较，将地方政府财政支出与债务依赖性相比较，分别衡量这三个因素。

政府隐性债务存量风险的产生，源于现有债务规模对地方政府偿债能力覆盖不足。债务规模与当地财政承受能力和经济发展水平不相称，则可能增加债务偿付危机发生的可能性。选择债务率、负债率、偿债率等因素来衡量政府的存量风险。通过测算存量债务与政府可偿债财力的比值，以及地方经济发展程度对存量债务的承载力，地方政府的还债能力可以用偿债财力来衡量。

表4-8　　　　环境治理 PPP 项目地方政府隐性债务风险因素

	维度	因素
环境治理 PPP 项目地方政府隐性债务风险因素	增量风险	新增负债率
		债务依存度
		新增债务率
	存量风险	债务率
		负债率
		偿债率
	违约风险	借新还旧债务率
		逾期债务率
	结构风险	或有债务比
		短期债务比
		外债比
	外部风险	经济增长率
		财政赤字率
		财政收支变动率

政府至今存在的债务违约风险源于地方政府缺乏短期再融资能力。如果地方政府无法及时偿还已经到期的债务，或者不能对已经到期的债务提供再融资，那么在集中规模的政府债务到期后，很可能会发生债务违约。本书选择了逾期债务率和借新还旧债务率作为违约风险的识别因素分别衡量了预期地方债务和地方各级政府债务的偿付总额的占比，以及用来直接偿还旧债的新债务比率。

政府隐性债务结构风险选择或有债务比、短期债务比和外债比三个因素。或有债务比是指或有负债总额与权益总额的百分比。或有债务比和承担负债风险成正比，或有债务比越高，其预测和控制就越困难，风险也越高。

短期债务比指的是长期负债和资金负债的综合所占的百分比，通过具体数值，能够直接客观地展现某地区政府的偿债能力，债务比的大小，能够反映债务的规模大小。比值越大，说明需要偿付的债务规模越大，地方政府偿债的压力也就更大，偿付债务的风险就变得更加严峻。外债比率是用来衡量外汇收入是否足以偿还当年外债本息的比率。

政府隐性债务外部风险可以分为经济增长率、财政赤字率和财政收支变动率三个方面。经济增长率反映了经济增长的速度，经济增长率平均水平越高，经济增长状况越好，偿债能力越强。财政收入反映当前地方政府收入的增加与财政支出增加率之间的关系。财政收支变动率水平越高，地方政府承担债务的风险就越大。财政赤字的比值大小也直观反映了各个政府部门在赤字方面的风险概率。类似地，财政赤字的比值越大，政府所承担的外债金额越大，负担债务风险也就越高。

（2）PPP 项目地方政府隐性债务风险调查

① 问卷设计。根据环境治理 PPP 项目地方政府隐性债务风险因素，结合调查内容主要特点，设计调查问卷。针对 PPP 项目中涉及地方政府隐性债务的利益主体，被调查对象职业分为公共、私人、公众、顾问、专家 5 个类别，以便于分析站在 PPP 项目不同角度，对 PPP 项目中地方政府隐性债务风险的看法。以 5 个维度共 14 个因素为研究对象，对影响 PPP 项目地方政府隐性债务风险因素进行了研究。

② 问卷发放与数据整理。调查问卷由 5 个外生潜变量组成，共 14 个条目，采用李克特 5 级量表，每个条目按分制评分标准：不紧要、有关系、重要、很重要、非常重要，对应的分数为 1 分、2 分、3 分、4 分、5 分，数值越高，相关性越大。李克特 5 级量表比同样长度的量表有更高的可信度，并且这一量表的 5 种回答形式使得回答者可以很方便地标出其位置。采用大样本抽样方法，收集大量样本数据。问卷调查后，在问卷调查平台上提出，请调查对象根据自己的实际情况和经历，本着诚实的原则填写问卷。此次共发放了 300 份问卷，回收了 271 份，对收集的问卷进行了筛选，剔除了无效问卷，有效问卷 255 份，应答率 85%，符合标准要求。

（3）数据检验

① 信度检验。信度检验用于反映研究数据是否真实、可靠，信度越高，

越趋近实际值。本书选取了克隆巴赫系数（Cronbach's α）检验信用度。利用 SPSS22.0 对环境治理 PPP 项目中各地方政府隐性负债和风险影响因素分别计算克隆巴赫系数，验证潜变量能否被因素衡量，若组内系数认为影响因素间结果一致性是可信的，表明信度效果较好；若组内系数是 0.7，则需要进一步观察组内因子的项被删除的克隆巴赫系数值，选择项被删除的克隆巴赫系数值 >0.7 的组内因子，然后进行删除和再次验证，直到能够达到可靠性的要求。数据信度检验结果如表 4 – 9 所示。

表 4 – 9   数据信度检验结果

维度	克隆巴赫系数	结果
增量风险	0.841	3
存量风险	0.724	3
违约风险	0.864	2
结构风险	0.722	3
外部风险	0.667	3

② 效度检验。为了能够提高问卷调查结果中统计数据分析的准确性，除了信度测试外，还必须在分析统计结果前先对其结构进行结构效度测试。这种计算检测值也可以使用电子系统学分析软件的 SPSS22.0 模块进行分析计算，计算的具体结果如表 4 – 10 所示。

表 4 – 10   计算检验结果

KMO 取样量数	巴特利特球形度检验	
0.831	近似卡方	7245.390
	自由度	1207
	显著性	0.000

由表 4 – 10 可知，问卷的 KMO 测量值为 0.831，大于 0.700，表明问卷的结构有效性测试良好，巴特利特球形度检验结果显著性小于 0.001，因子

有效性显示良好，说明问卷符合了因子分析的要求。

4.3.3 环境治理 PPP 项目地方政府隐性债务风险分析

4.3.3.1 贝叶斯网络相关概述

（1）贝叶斯公式相关概念

贝叶斯公式是贝叶斯网络研究应用的基础，使用该公式可以建立更为规范、准确的贝叶斯网络模型。

① 先验概率。在叶贝斯公式中，其根本是根据以往的经验和分析得到概念。先验概率既需要利用现有数据也需要利用历史数据。在利用数据进行计算逻辑概率时，还要用理论概念分布，以及更多的数据统计知识。这就需要综合各方面的经验与知识以便于获取先验概率。

② 后验概率。根据概念的表面意思，后验概率即经过验算之后得到的概率。主要是指使用贝叶斯公式，结合从调查数据中获得的信息得到的概率。由于后验概率经过多个步骤，与实际数据相结合，更符合客观现实所反映的情况。

③ 贝叶斯公式。假设实验 E，A 的样本空间 S 是 E 的事件，B1，B2，…，Bn 是 S 的除法，B1∪，B2∪，…，Bn∪＝S。此外 P(A)＞0，P(Bi)＞0，(i＝1，2，…，n)，则根据相关原理和基础可得出：

$$P(ABi) = P(A|Bi)P(Bi) = P(Bi|A)P(A) \qquad (4-5)$$

$$P(Bi|A) = P(A|Bi)P(Bi)/P(A) \qquad (4-6)$$

可以推导出贝叶斯公式为：

$$P(Bi|A) = P(A|Bi)P(Bi) = \sum_{i=1}^{n} P(A|Bi)P(Bi) \qquad (4-7)$$

（2）贝叶斯网络构成

贝叶斯网络是基于现代概率图形推理而重新建立发展起来的具有创新意义的推理网络。每一个节点都对应着不同的概率数值，边的分布则附加在根节点上，条件概率分布则附加在非根节点上。

在给定的贝叶斯网络中，B＝(g，θ)，其中 θ 指参数，g 指网络结构。

可以看出，通过使用贝叶斯网络，能够直接有效地表现出各个节点的联合效率。通过已知节点值和先验概率可以推算出任意其他节点的数值。假如随机变量集 v = (v1, v2, …, vn) 存在，则所有变量联合条件的概率可用贝叶斯网络推算，可表示为：

$$P(v1, v2, \cdots, vn) = \prod_{i=1}^{n} P(vi) \mid B(vi) \qquad (4-8)$$

贝叶斯的基本构造为：

$$P(A, C, B, D) = P(D \mid C, B)P(C \mid A)P(B \mid A)P(A) \qquad (4-9)$$

图 4 - 4 清楚地展示了在两个节点的概率分布之间构造了一个有向的、不同形式的无环线路图，即贝叶斯网络。

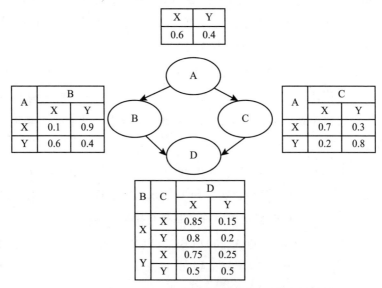

图 4 - 4　贝叶斯网络

（3）学习贝叶斯网络

要准确地掌握贝叶斯网络的具体内涵和学习方法，以便解决在日常实践中存在的不确定性麻烦。贝叶斯网络学习大致可以分为两个部分：首先要找到合适的网络学习框架，其次要结合测度选择符合实际逻辑的数据信息。这一学习过程被称为网络架构学习，依照个人需求得到各种网络条件和概率的过程被统称为网络参数学习。

① 提前进行结构性学习是在贝叶斯网络进行学习的重要一步，通过合理高效的结构学习能够确保建设的网络架构可以满足实际需要。学习贝叶斯网络结构的方法与途径有很多，可以划分为三种：第一，需要对结果进行全面了解，同时要运用相关专家实践经验与样本信息，确立贝叶斯网络结构；还需要在网络中收集准确资料和数据，并与专家仔细进行沟通；此外，需要综合多种因素对贝叶斯网络结构设计方法进行修改和优化，使贝叶斯网络结构更加科学。第二，需要通过软件采集数据，对数据进行提炼就可以得出贝叶斯网络。第三，确定网络结构还需要选择节点序列，利用 MATLAB 进行编程，并通过实用算法了解和学习。

② 贝叶斯网络的参数学习前提是以网络架构与节点之间条件概率性分布为基础。在较早时期，条件概率主要由一些专家指定，并不是由实际观测得到的，误差比较大。而当前时期，伴随着计算机技术的发展应用，条件概率主要来源于实际数据，比早期数据更加精确，适应性更强。一般情况下，数据样本中主要有完全数据集与不完全数据集。不完全数据集是指在实际应用中缺少观测值，完全数据集主要出现在隐形情况。所以，运用近似法对于实际学习尤为重要，完全数据集是指观察到的数据应当是完整的，学习中最常见的两种观测方法分别是贝叶斯和最大似然估算。

（4）贝叶斯网络概率推理

在实际应用过程中，建立建成完善的贝叶斯网络模型不是最终目标。最终目标是要运用贝叶斯网络对实际问题进行解读分析并化解，同时还要对可能发生的事件进行合理预测，分析各种不可以预测和确定的事件，提前制定应对计划和措施，确保既得利益最大化。推算过程如下：在已知节点变量概率分布和贝叶斯模型确定情况下，运用条件概率方式对感兴趣节点在网络中展现的频率进行计算。站在传感器角度来看，可以将全部随机变量集作为 V，给定的节点随机变量集 E 是集合 V 的一个子集，所涉及的 E 值用 e 表示，即 E = e，可以通过传感器直接读取给定的随机变量值作为证据。将查询节点变量设置为 Q，值设置为 Qi。条件概率可通过公式（4 - 10）计算：

$$P(Qi = qi \mid E = e) = P(Qi = qi, E = e)/P(E = e) \qquad (4-10)$$

4.3.3.2 贝叶斯网络建模推理

对于贝叶斯网络的创造与构建：首先要对相关数据进行全面分析处理；其次要确定贝叶斯的模型架构，当贝叶斯网络架构形成后要及时进行参数学习，获取各个变量的条件概率；最后，对模型进行全面分析也尤为重要，能够给后续进行的分析工作提供理论基础。贝叶斯网络建模与推理过程如图4-5所示。

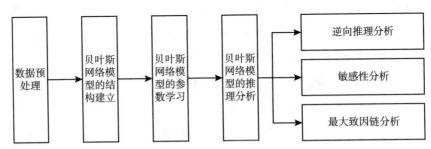

图4-5 贝叶斯建模与推理过程

4.3.3.3 贝叶斯网络模型建立

（1）贝叶斯网络原始数据预处理

预处理是指在构建贝叶斯网络模型之前，通过问卷调查的方式来获取数据。依据风险矩阵法，建立不同风险影响因素对 PPP 地方政府隐性债务影响极大程度与不同种类风险因素事件发生概率之间的二维概率矩阵（见图4-6），得出低、中、高层次，记为 R1、R2 和 R3。同时，将低、中、高三个层次定义为：低层次成本增长小于5%，中层次成本增长为5%~10%，高层次成本增长超过10%。以风险矩阵图为依据，对有效问卷进行预处理，计算各类因素的风险级别。

（2）贝叶斯网络结构的建立

将机器部分学习和人工完全学习联合，构建了有向无环贝叶斯网络结构图。选取 Genie2.1 软件，融入数据集，网络节点选用全部变量，使用基于评分搜索法的代表算法 K2 算法构建初始化模型，并根据机器学习的结果手工绘制了环境治理 PPP 项目地方政府隐性债务风险的贝叶斯网络结构图，既缩小了计算量，又提升了模型构建的效率（见图4-7）。

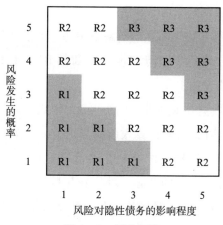

图 4 - 6　风险矩阵

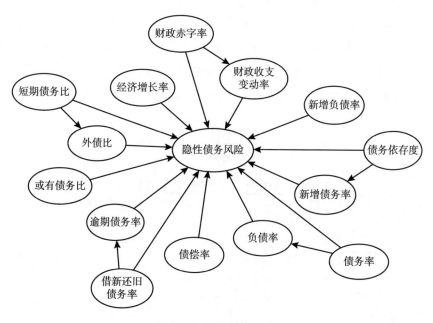

图 4 - 7　模型结构建立

如图 4 - 7 所示，贝叶斯网络模型中总共有 15 个节点，其中，隐性债务风险节点又可以称为目标结果节点，剩下 14 个节点可以称为确定的隐性债务风险节点。两类节点之间的联系可以用有向接口线来表示。箭头前方可以称为"子节点"，后方称为"父节点"。

（3）贝叶斯参数网络学习

① 在贝叶斯网络参数学习之前给网络中每个节点变量分配一个初始值。根据均匀分布原理，将每个节点变量分配到低 R1、中 R2 和高 R3 三个状态，初始状态概率均设为 1。

② 将确定文本数据导入并进行网络匹配。由于 Genie2.1 软件只能支持文本数据格式，所以在进行软件输入前应当把 Excel 数据格式转变为文本格式。数据成功导入后，选择构建的 PPP 项目地方政府隐性债务风险贝叶斯网络结构成为节点参数学习的核心，对各节点 Low － 1、Medium － 2、High － 3 状态匹配。由于最大似然估计算法只是以数据分析为基础，该算法可以成为参数学习算法。不应当考虑其先验概率，对于 PPP 项目地方政府隐性债务风险模型的建造有重要影响。

③ 参数学习的结果如图 4 － 8 所示。PPP 项目地方政府隐性债务风险低水平上升的概率为 36%，中水平上升的概率为 39%，高水平上升的概率为 25%。也就是说，成本增长低于 5% 的概率为 36%，成本增长 5% ~ 10% 的概率为 39%，成本增长超过 10% 的概率为 25%。

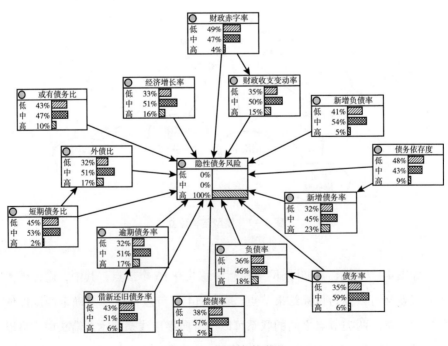

图 4 － 8　网络参数学习

4.3.3.4 贝叶斯网络推理分析

为了能够对该模型做出更深入的分析与预测，本部分将通过环境治理 PPP 项目中地方政府隐性债务风险概率进行三个层次的划分，即逆向推理分析、敏感性分析与最大致因链分析。

（1）逆向推理分析

精确推理算法和近似推理算法是逆向推理的两种常用方法。精确推理算法主要适用于单向互连贝叶斯网络，近似推理算法更多地适用于大规模的贝叶斯网络。针对 PPP 项目中地方政府债务风险模型规模较大、变量多等特点，采用近似推理算法进行了模型的逆向推理分析。

根据近似推理原理，将 PPP 项目地方政府隐性债务风险增加节点的高状态设置为 100% 的最高水平，即风险增加大于 10% 的概率为 100%。从而得到贝叶斯网络结构中各相关风险因素的条件概率分布（见图 4-9）。

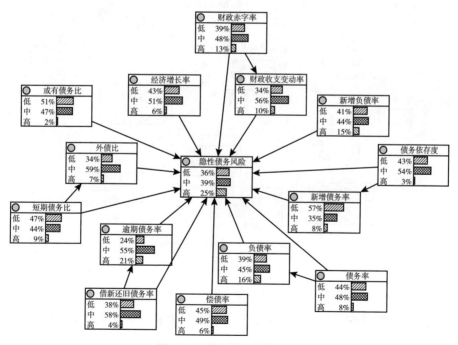

图4-9 逆向推理网络分析

从图4-9可以看出，以隐性债务风险的高级状态为目标，比较各节点的条件概率，发现财政收支变动率、经济增长率、外债比、负债率四个事件发生的概率较高，也就是说，当财政收支变动率、经济增长率、外债比、负债率这四个事件中的一个或多个发生时，在PPP项目中，地方政府隐性债务风险较大可能会上升10%以上。

（2）敏感性分析

敏感性分析是指在参数学习的基础上，以隐性债务风险增加节点为目标节点，达成分析各个变量对隐性债务风险增加的敏感性的目的。分析结果如图4-10所示。

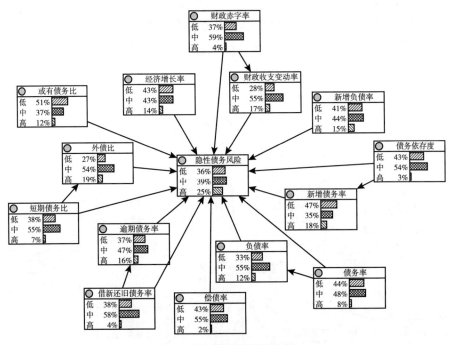

图4-10 敏感性网络分析

图4-10中，导致PPP项目中地方政府隐性债务风险增加的最敏感因素包括财政赤字率、经济增长率、财政收支变动率、新增债务率，当上述一个或多个事件发生十分渺小的改变时，会促进隐性债务风险的增加，因此应及时合理地进行有效控制。

（3）最大致因链分析

通过分析贝叶斯网络模型中导致隐性债务风险增加的最大致因链的来源，分析了贝叶斯网络模型的最大致因链。与反向推理一样，将节点隐性债务风险增加的高状态设置为 100% 的最高级别，结果如图 4 - 11 所示。

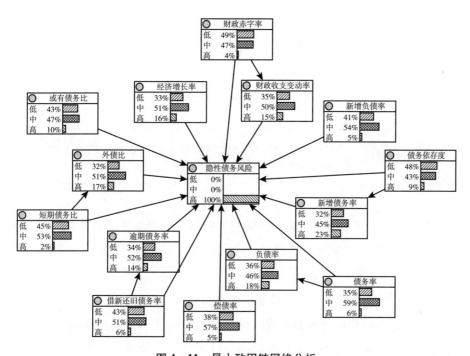

图 4 - 11　最大致因链网络分析

在图 4 - 11 最大致因链分析结果中，图中所示的环节是隐性债务风险增加的最大致因链，有财政收支变动率、经济增长率、财政赤字率、新增债务率作为 PPP 所有项目中最可能导致地方政府隐性债务增加的因素，应该引起管理人员的高度重视。

4.3.3.5　贝叶斯网络结果分析

得益于贝叶斯网络模型结构的建立，通过参数学习，对 PPP 项目地方政府隐性债务的风险因素采用逆向推理分析的方法，同时进行敏感性分析和最大致因链分析，总结出在三种不同的分析方法下地方政府隐性债务风险增加的敏感风险因素和来源风险（见表4-11）。

表4-11 贝叶斯网络模型推理结果

分析方法	关键风险因素
逆向推理分析	财政收支变动率、经济增长率、外债比、负债率这四个事件中的一件或多件发生的时候，PPP项目地方政府隐性债务风险增加
敏感性分析	财政赤字率、经济增长率、财政收支变动率、新增债务率等为敏感性风险因素
最大致因链分析	财政收支变动率、经济增长率、财政赤字率、新增债务率为PPP项目地方政府隐性债务增加的最大致因链源头

从表4-11可以看出，通过逆向推理分析、敏感性分析和最大致因链分析可以得出四个关键因素是财政收支变动率、逾期负债率、外债比和负债率。

（1）PPP项目地方政府隐性债务风险的根本原因

环境治理PPP项目地方政府隐性债务风险因素按影响程度由大到小依次是：财政收支变动率 > 逾期负债率 > 外债比 > 负债率，因此，PPP项目地方政府财政收支变动率是环境治理中地方政府隐性债务形成的根本原因。

（2）PPP项目地方政府隐性债务风险的关键原因

最大致因链分析的4个风险因素的目标节点状态依次是0.5、0.51、0.52、0.46，按目标节点状态系数大小排序所得的风险因素依次是外债比 > 逾期负债率 > 财政收支变动率 > 负债率，因此，环境治理PPP项目地方政府隐性债务风险形成的关键原因依次是外债比、逾期负债率、财政收支变动率、负债率。

4.4　环境治理 PPP 项目地方政府隐性债务管控模型构建

4.4.1　PPP 项目地方政府隐性债务管控模型构建

4.4.1.1　基本假设

H1：模型核心相关者包括政府、企业和 SPV；

H2：PPP 项目运行过程中外部环境没有明显变化，未有系统性风险发生；

H3：各参与方之间信息共享，包括地方政府、SPV 的财务状况，即各参与方能够相对全面地了解对方的行为；

H4：企业决策的根本目的和最终目的都是一致的，即获取最大化利益，政府的作用是通过引导各个部门，促进 PPP 项目顺利开展并成功运行，尽可能地实现社会效益最大化，政府出现违约现象一般建立在客观条件不完备的前提下；

H5：将 PPP 项目政府前期投资设定为 I，企业的前期投资设定为 i，政府保证向 SPV 最低出资 B，SPV 在经营状况良好时获得运营收入 Y，在经营状况不佳时获得政府补贴 J，经营状况较差时只能获得相应的运营收入 Y′（Y′≤Y），而经营状况较差时会获得政府补贴 D（D≤L＋i），如果经营状况较差时获得政府补贴 D[d≤L(1＋r)－C 且 d＝max(0，D＋Y′)－i＋J（经营状况良好时获得 J）]，那么整个项目完成后将获得总社会收益 E；

H6：假定 SPV 无法获取银行贷款或者其他融资，那么 PPP 项目就失去了有力的资金保障，项目无法进行，最终项目终止。

4.4.1.2　动态博弈分析

按照前文中关于 PPP 模式的发展阶段进行划分，包括以下几个过程：项目目标的识别、项目的前期准备工作、项目的具体实施过程和最终移交环节。总体流程如下：政府对 PPP 项目进行可行性分析和财务承受能力分析，确定其具有一定的可行性，通过招标引入企业，项目开始落地，企业方通过成立 SPV 负责项目的筹备建设工作，地方政府监督落实。这时政府、企业和 SPV 三方博弈正式启动，即三方博弈主要发生在项目实施阶段。

（1）企业履约动态博弈模型分析

当 SPV 申请贷款，企业愿意履行担保时，博弈过程如图 4-12 所示。

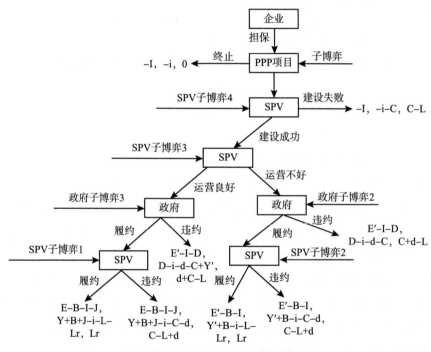

图 4-12 SPV 履行动态博弈

按照该项目的具体实施流程可分为以下几个阶段的三方博弈：

① 项目融资阶段。企业建立的 SPV 申请银行贷款。由于该公司只负责项目的运营，没有足够的能力和信誉对银行抵押贷款，因此通常要求企业进行担保。在企业提供担保证明之后，三方博弈正式开始。如果 SPV 放弃贷款操作，那么博弈终止，此时 SPV 既不盈利也不亏损，政府和企业两方也会失去前期投入的 I 和 i。

② 项目建设阶段。当 SPV 融资成功，项目正式建设，如果 SPV 无法完成项目建设，政府因此按照合同不给予补偿，博弈结束，此时政府损失前期投入的 I，SPV 因无法归还企业资金，可通过出售股东抵押获取补偿 C，企业损失 C + i，政府损失 L − C。如果 SPV 能够顺利开展项目，则进入项目运营阶段。

③ 项目运营阶段。PPP 项目的运营阶段是由政府和企业共同对 SPV 进行监管。SPV 在项目运作的初始阶段，不仅能够让公司获得长期利润，政府部门根据该公司的运营状况还可适当给予奖励。因此，这一阶段主要在于 SPV 是否愿意并能很好地运作项目。

④ 政府与 SPV 履约阶段。在假设条件下，政府职能的发挥主要受到当地财政水平的影响。当 SPV 实现政府部门所设置的收益目标之后，最终是否选择履约主要取决于企业的信用情况。基于对各个运营阶段的深入剖析，获得相应的博弈信息，具体内容如表 4 − 12 所示。

表 4 − 12　　　　　　　　　　　运营阶段各方博弈情况

SPV 运营情况	政府履约情况	SPV 履约情况	政府	企业	SPV
SPV 运营良好	政府违约	—	E − I − D	D − i − d − C + Y	d + C − L
	政府履约	SPV 履约	E − B − I − J	Y + B + J − i − L − Lr	Lr
	政府履约	SPV 违约	E − B − I − J	Y + B + J − i − C − d	C − L + d
SPV 运营不好	政府违约	—	E′ − I − D	Y′ + D − i − d − C	C + d − L
	政府履约	SPV 履约	E′ − I − B	Y′ + B − i − Lr	Lr
	政府履约	SPV 违约	E′ − I − B	Y′ + B − i − C − d	C + d − L

鉴于该模型实际上归属于完全信息动态博弈模型的范畴，因此可以运用逆向归纳法来求得相应的均衡结果。

从表 4 − 12 中可以看出，博弈模型被进一步细分为 6 个子博弈。对于所做假设而言，政府部门具有一定的特殊性，其目标并非单纯地实现收益最大化，换言之，在政府财力满足相应要求的情况之下，通常会选择履约，由此可见，地方政府的财政水平是决定其是否选择履约的决定性因素。所产生的收入倒推率见表 4 − 13。

情况 1，假设政府的财政水平能够支撑其履约，此时相关情况如表 4-13 所示。

表 4-13 政府履约情况下博弈动态

博弈树	SPV 子博弈 1	SPV 子博弈 2	SPV 子博弈 3	SPV 子博弈 4	企业子博弈
决策者	SPV	SPV	SPV	SPV	SPV
决策 1	$E-B-I-J$, $Y+B+J-i-$ $C-d$, $C-L+d$	$E'-I-B$, $Y'+B-i-$ $C-d$, $C+d-L$	$E-B-I-J$, $Y+B+J-i-$ $C-d$, $C-L+d$	$E-B-I-J$, $Y+B+J-i-$ $C-d$, $C-L+d$	$E-B-I-J$, $Y+B+J-i-$ $C-d$, $C-L+d$
决策 2	$E-B-I-J$, $Y+B+J-i-$ $L-Lr$, Lr	$E'-I-B$, $Y'+B-i-L-$ Lr, Lr	$E'-I-B$, $Y'+B-i-C-$ d, $C+d-L$	$-I$, $-i-C$, $C-L$	$-I$, $-i$, 0
最优解	$E-B-I-J$, $Y+B+J-i-$ $C-d$, $C-L+d$	$E'-I-B$, $Y'+B-i-C-$ d, $C+d-L$	$E-B-I-J$, $Y+B+J-i-$ $C-d$, $C-L+d$	$E-B-I-J$, $Y+B+J-i-$ $C-d$, $C-L+d$	—

对表 4-13 进行具体分析：

SPV 子博弈 1：$L(1+r) \geqslant C+d$ 是在理性企业的考虑下进行的，所以企业会选择违约，因为此时履约的收益比违约的收益小。$(1+r)=C+d$ 只有在法律充分保障且企业收回成本处于较低水平时才可能得以实现，这种情况对于 SPV 来说，履约与违约所产生的结果并无差异，因此选择履约的可能性更高。

对 SPV 子博弈 2 的针对性研究：此种情况下，企业通常会选择违约。

对 SPV 子博弈 3 与博弈 4 的针对性研究：在政府财政能够保证履约的情况下，从理性角度出发，SPV 通常会选择将项目完成并确保其良性运转，进而达到利润最大化的根本目的。基于此，SPV 在建设和运营阶段，作为企业，绝不会选择违约行为，由此可见，公司自身的建设与运营水平才是决定项目成功与否的关键性因素。假设该公司已经具备较为成熟的经验及相应资质，同时搭建起相对完善的上下游网络，那么最终获得成功的可能性无疑将大大提高。

就企业决策层面而言，SPV 出于理性考虑，通常会选择实现所构建项目的正常运转，进而选择实施违约行为，而此种情况下，SPV 的收益是 $J+B+Y \geqslant L+i+Lr$：

$$Y+B+J-i-C \geqslant L+i+Lr-i-C = L+Lr-C \geqslant Lr \qquad (4-11)$$

此时，当企业违约时，SPV 可依法向企业追偿，其最大可追偿值 d 为：

$$d = \min(L(1+r)-C \qquad (4-12)$$
$$Y+B+J-i-C) = L(1+r)-C$$

基于以上结论，当 SPV 获得企业担保，并且政府部门能够承担相应的责任时，那么公司必然会更多地关注目前实施的法律对 SPV 的保护程度。所以，如果 SPV 要参与博弈，就必须保证 $C+d-L \geqslant 0$，也就是说，如果 SPV 在企业违约时，利用法律途径所能够取得的担保金额超过由企业所给予的担保金额，那么 SPV 将会选择加入该项目，并且从中获取的收益为：$C+d-L$。但在企业提供的担保 D 不足、法律无保障的情况下，SPV 通常会拒绝加入该项目。

情况 2：假设政府的财政水平无法支撑其进行履约，此时相关情况将如表 4-14 所示。

表 4-14　　　　　　　　　　政府违约情况下博弈倒推

博弈树	SPV 子博弈 3	SPV 子博弈 4	企业子博弈
决策者	SPV	SPV	SPV
决策 1	E-I-D, D-i-d-C+Y, d+C-L	E-I-D, D-i-d-C+Y, d+C-L	E-I-D, D-i-d-C+Y, d+C-L
决策 2	E′-I-D, Y′+D-i-d-C, C+d-L	-I, -i-C, C-L	-I, -i, 0
最优解	E-I-D, D-i-d-C+Y, d+C-L	E-I-D, D-i-d-C+Y, d+C-L	—

基于表 4-14 可以得到，假设政府的财政水平无法支持其履约，那么对于 SPV 而言，其为了自身利益考虑，还是会继续选择完成项目并正常运作，

而此时 SPV 可从政府获得的赔偿数额 D 为有限，$D \leq L + i$：

当 $D + Y \leq i + C$ 时，企业损失 $C - L$，此时企业选择不参与 PPP 项目。

当 $D + Y \geq i + C$ 时，$D - i - C + Y \leq L - C + Y$。

因此，$d \leq L - C + Y$，可推出 $d + C - L \leq Y$。所以，在政府违约时，SPV 的主要收益是保证 PPP 运营收入 Y，必须通过回收来获得。如果 PPP 项目的运营收益 Y 较小，且收回成本较高，则企业会选择不参与 PPP 项目。

（2）企业选择不履行担保的动态博弈模型研究

当 SPV 申请贷款，社会资本不履行担保时，动态博弈过程如图 4 - 13 所示。

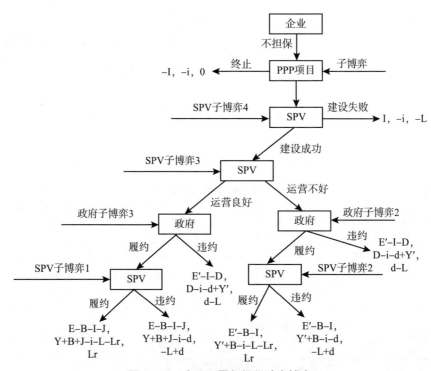

图 4 - 13　企业不履行担保动态博弈

情况 1：假设政府财政水平能够支撑其进行履约，此时相关情况如表 4 - 15 所示。

表 4 –15　　　　　　　　　　　政府履约情况下博弈倒推

博弈树	SPV 子博弈 1	SPV 子博弈 2	SPV 子博弈 3	SPV 子博弈 4	企业子博弈
决策者	SPV	SPV	SPV	SPV	SPV
决策 1	E－B－I－J, Y＋B＋J－i－d, d－L	E′－I－B, Y′＋B－i－d, d－L	E－B－I－J, Y＋B＋J－i－d, d－L	E－B－I－J, Y＋B＋J－i－d, d－L	E－B－I－J, Y＋B＋J－i－d, d－L
决策 2	E－B－I－J, Y＋B＋J－i－ L－Lr, Lr	E′－I－B, Y′＋B－i－ L－Lr, Lr	E′－I－B, Y′＋B－i－d, d－L	－I, －i, －L	－I, －i, 0
最优解	E－B－I－J, Y＋B＋J－i－d, d－L	E′－I－B, Y′＋B－i－d, d－L	E－B－I－J, Y＋B＋J－i－d, d－L	E－B－I－J, Y＋B＋J－i－d, d－L	—

SPV 子博弈 1：由于 $L(1+r) \geq d$，也就是理性公司管理者考虑的因素，企业选择违约，是因为此时履约的收益小于违约时的收益。在这一点上，由于企业不履行担保义务，只有在法律上有足够的保障，且 SPV 的追偿成本很低时，$L(1+r)=d$ 才能实现，而 SPV 在这一点上选择履行担保义务就等于违约，此时 SPV 就可以考虑履行担保义务。SPV 子博弈 2 与子博弈 1 相似，因为现实中存在较高的清偿成本，理性的公司管理者在此时通常会选择违约。

对 SPV 子博弈 3 与子博弈 4 的针对性研究：在政府财政能够保证履约的情况下，从理性角度出发，SPV 通常会选择将项目完成并确保其良性运转，进而达到利润最大化的根本目的。基于此，SPV 在建设和运营阶段，作为企业，绝不会选择违约行为，由此可见，公司自身的建设与运营水平才是决定项目成功与否的关键性因素。假设该公司已经具备较为成熟的经验及相应资质，同时搭建起相对完善的上下游网络，那么最终获得成功的可能性无疑将大大提高。

就企业决策层面而言，SPV 出于理性考虑，通常会选择实现所构建项目的正常运转，进而选择实施违约行为，而此种情况下，因为此时 SPV 的收益是 $J+B+Y \geq L+i+Lr$：

$$Y + B + J - i \geqslant L + i + Lr - i = L + Lr \geqslant Lr \qquad (4-13)$$

当企业违约时，SPV 依法向企业追偿，其最大可追偿值 d 为：

$$d = \min(L(1+r); Y + B + J) = L(1+r) \qquad (4-14)$$

在这段时间内，出于理性决策者的考虑，SPV 在政府财政能够保证履约的情况下，会选择完成项目并运行良好，以获得最大收益，此时 SPV 的收益为：$Y + B + J - i$；而此时，当企业违约时，SPV 可依法向企业要求补偿，其最大可追偿值 d 等于 $L(1+r)$。

基于此，当 SPV 并未获得企业担保，且政府部门能够承担起相应的责任时，那么此时公司的收益情况主要受到法律保护的影响。而且只有在 $d \geqslant L$ 的情况下才考虑加入，否则必然会拒绝。

情况 2：假设政府的财政水平无法支撑其进行履约，此时相关情况将如表 4-16 所示。

表 4-16 政府违约情况下博弈倒推

博弈树	SPV 子博弈 3	SPV 子博弈 4	企业子博弈
决策者	SPV	SPV	SPV
决策 1	E−I−D, D−i−d+Y, d−L	E−I−D, D−i−d+Y, d−L	E−I−D, D−i−d+Y, d−L
决策 2	E′−I−D, Y′+D−i−d, d−L	−I, −i, L	−I, −i, 0
最优解	E−I−D, D−i−d+Y, d−L	E−I−D, D−i−d+Y, d−L	—

从表 4-16 可以看出，当政府的财政无法按时执行约定时，从理智决策者的角度出发，为达到企业收益的最大限度，会选择执行项目并正常运作，此时 SPV 可以从政府收回的金额 D 是有限的，而且 $D \leqslant L + i$。在 $D + Y \leqslant i$ 的情况下，SPV 的净亏损为 L，企业不参与 PPP 项目。$D + Y \geqslant i$ 时，$D - i + Y \leqslant L + Y$，得 $d + C - L \leqslant Y$。因此，在政府不遵守约定时，SPV 的主要收益保证了 SPV 运营收入 Y，必须通过回收来获得。如果 PPP 项目运营收入 Y 很低，并且回收的成本较高，那么企业便不再参与 PPP 项目。

结合前文可知，企业参与 PPP 环境治理项目时，一些企业为了实现自身的利益最大化最终违约的概率比较大，而地方财政实力较弱则增加了政府违约的可能性。SPV 面临政府和企业的违约风险，因此，在理性考量下，SPV 选择不参与的可能性较大；此外，由于企业没有担保，政府和 SPV 在融资过程中会面临风险，如果融资失败，则会分别损失前期投资 I 和 i。通过前文分析可以清楚地看出，在环境治理 PPP 项目运行时，主要存在的风险是政府违约或企业违约；其次是发生概率比较小但的确存在的建设和运营风险；最后则是 SPV 融资风险。在大多数地方，由于 SPV 融资风险的存在，导致 PPP 项目在大多数地方不能有序展开，形成了对环境治理 PPP 项目实施的极大阻碍。

4.4.2 PPP 项目地方政府隐性债务管控机制建立

4.4.2.1 拓展改进模型

结合地方政府自身的不足，为了避免 PPP 项目运行方式内在的融资风险，地方政府需要更加高效地参与项目的融资过程，帮助 SPV 解决自身的违约风险和企业违约风险，以此改善自身和 SPV 需要面对的融资风险。

（1）政府合理盘活自身存量闲置资源，对于目前已经享受地方政府红利并与政府建立了合作关系的 SPV，如果无意把项目支出用在政府，那么将会把对此 SPV 的业务支持收益 s 撤回，同时，将业务支持收益 s 提供给愿意为 PPP 项目进行资金支持的 SPV。

（2）政府可以认同与开展 PPP 业务的 SPV 签订的三方合同，其中规定企业无需提供担保，用来支付违约成本。

（3）政府对 SPV 的监管非常负责，在支付政府补助 B 时以及绩效评价费用时，优先扣取 SPV 偿还企业的贷款本息，以此来减少企业与 SPV 之间的博弈；或者把 SPV 偿还的履约本息部分也划入项目的运行绩效评价中。

（4）把快要实行的 PPP 项目与已有的建设项目一起打包，这样可以让企业获得额外的运营收益 T(T')。

4.4.2.2　改进模型分析

结合前文叙述的改进方向，构建新的博弈模型（见图4-14），参考企业履行担保以及不履行担保分析流程，以企业履行担保进行叙述。

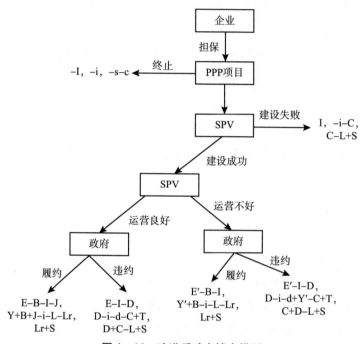

图4-14　改进后动态博弈模型

情况1：当政府财政能力能够履约的情况下，倒推求解如表4-17所示。

从表4-17可以看出，当政府的财政可以履约时，在理性决策人员看来，企业为了将收益最大化，会选择完成项目并且正常运行，因为政府监察，企业资金短缺，无法偿还SPV，这时企业并未毁约，那么此时企业的收益为$Y+B+J-i-Lr$。SPV由于参与政府的项目获得了业务支持S，在政府监管下贷款收益Lr得到保障。

表 4 - 17　　　　　　　　　　　　　　履约博弈倒推

博弈树	SPV 子博弈 3	SPV 子博弈 4	SPV 子博弈
决策者	SPV	SPV	SPV
决策 1	$E' - B - I$, $Y' + B + -i - L - Lr + T'$, $Lr + S$	$E - B - I - J$, $Y + B + J - i - L - Lr + T$, $Lr + S$	$E - B - I - J$, $Y + B + J - i - L - Lr + T$, $Lr + S$
决策 2	$E - B - I - J$, $Y + B + J - i - L - Lr + T$, $Lr + S$	$-I,\ -i - C,\ C - L + S$	$-I,\ -i,\ -s - c$
最优解	$E - B - I - J$, $Y + B + J - i - L - Lr + T$, $Lr + S$	$E - B - I - J$, $Y + B + J - i - L - Lr + T$, $Lr + S$	$E - B - I - J$, $Y + B + J - i - L - Lr + T$, $Lr + S$

情况 2：当政府财政无法达到约定目标时，反推求解如表 4 - 18 所示。

表 4 - 18　　　　　　　　　　　　　　违约博弈倒推

博弈树	SPV 子博弈 3	SPV 子博弈 4	SPV 子博弈
决策者	SPV	SPV	SPV
决策 1	$E - I - D$, $D - i - d + Y + T - C$, $C + d + S - L$	$E - I - D$, $D - i - d + Y + T - C$, $C + d + S - L$	$E - I - D$, $D - i - d + Y + T - C$, $C + d + S - L$
决策 2	$E' - I - D$, $Y' + D - i - d - C + T$, $C + d + S - L$	$-I,\ -i - C,\ C - L + S$	$-I,\ -i,\ -c - s$

从表 4 - 18 可以看出，如果 $D + Y + T \leqslant i + C$，此时 $d = 0$，则只要保证 $C + S - L \geqslant -c - s \rightarrow C + S + c + s \geqslant L$，即政府给 SPV 提供了全新的业务支持 S，在这种情况下，企业便不会因参与地方政府 PPP 模式的基础建设项目失去原有业务支持 s，企业支出的担保物的净现值 C 和 SPV 违约金额 c 的差额大于 SPV 贷款价值 L，SPV 就会选择参与该项目。

如果 $D + Y + T \geqslant i + C$，此时 $d \leqslant 0$，则只要保证 $C + S + c + s + d \geqslant L$，也就是说，政府给 SPV 带来了新的业务支持，企业并未因参与地方政府 PPP

模式的基础建设项目而丢弃原本的业务支持，企业提供担保物的净现值 C，企业的违约成本 c，SPV 通过法律收回与 SPV 无关的价值 d 和大于 SPV 贷款价值 L，SPV 将选择参与该项目。

改进后的博弈模型同起初的博弈模型相比，要求政府对项目前后期管理工作保持高度的热情，通过扶持现有资源、完善以 PPP 模式为基础的合同签订机制，提高 SPV 对项目的支持能力，解决 PPP 模式中融资的风险，为企业的正常履约意愿提供保障，与此同时，当政府财务状况不理想时，为 SPV 提供一定的资金补偿。

4.4.2.3 项目风险分析

PPP 项目识别阶段风险分析。地方政府、企业和 SPV 三个主要参与方的博弈中，主要存在着因地方财政实力相对薄弱而引发的政府违约风险、因企业信用度较低而引发的企业违约风险、因 SPV 资质较低而引发的建设和运营失败风险，以及因 SPV 谨慎参与环境治理 PPP 项目而引发的融资风险。基于 PPP 项目全生命周期政府隐性债务风险识别的基础和理论，通过改进博弈模型，建立环境治理 PPP 项目地方政府隐性债务博弈改进模型，该博弈模型虽然主要讨论项目的风险全部发生在项目执行的阶段，但就全生命周期项目风险管理的基础和理论来说，对于风险的预防和控制工作应该始终贯穿于 PPP 项目的整体运行周期，从项目识别阶段到项目移交阶段需要有相应的风险控制机制协调配合。因此，以改进模型为基础，分析影响运行机制的各类因素，组建环境治理 PPP 项目整个生命周期中各阶段的风险控制机制。

PPP 项目准备阶段风险分析。政府在招标过程中，有效地识别企业的资格，并与企业协商，以保证企业愿意为 SPV 提供项目担保，从而提高企业的违约成本，大大降低 SPV 的经营失败风险和公司违约风险；同时，企业的有力担保使得 SPV 的资金安全有了一定的保障，这提高了 SPV 为项目建设贷款的可能，进一步减少了融资风险；此外，政府通过提供相关业务支持，鼓励 SPV 积极投身到地方基础设施建设工作之中，这也是降低融资风险的有效措施之一。

PPP 项目采购与执行阶段风险分析。SPV 和政府都应积极参与 PPP 项目采购和执行阶段的风险控制机制，及时合理地监督项目的建设和运营工作，设置相应的管理机制，此外，政府可设立切实可行的绩效奖励机制及公司补助机制，鼓励 SPV 以饱满的热情完成项目的建设和运营工作，有效降低公司运营失败的风险。同时，政府可以增加相应补助，加强对项目的监管工作，设置绩效评估办法等措施促使 SPV 依法履行到期还本付息的义务，降低其违约意识，降低企业违约风险，鼓励 SPV 参与地方基础设施项目。

PPP 项目政府跟踪审计阶段风险分析。政府可以采用工前审计、施工期审计、竣工结算审计和财务决算审计等跟踪审计方式对待不同类别的融资项目，从而确保项目实施全过程的合法性、真实性和规范性。另外，政府可以通过责任审计的方式，在地方融资平台的负责人任期内，明确其需要承担的经济责任，避免由于地方政府领导班子换届以及融资平台负责人更换带来的外部风险。并且，通过完善问责机制，将责任落实到个人，控制地方融资平台的债务规模。对于地方投融资平台项目的审计监管是持续不间断的，需要采用前期、中期、后期的方式对财务数据进行审计。可借助外来力量，如通过财政预算控制部门、银行信贷审核机构、风险控制部门有效地监控项目融资资金的使用途径，降低地方融资平台的债务风险。

4.4.2.4 管控机制建立

从国内外经验来看，政府治理的主要内容和基本要素包括：政府信息的透明化，政府活动的合规性，对政府的问责制和政府的责任履行。一个总体性要求就是政府的治理行为能够受到各方监督。实践中尚未形成针对 PPP 异化项目的政府管控机制，但笔者仍然试图从理论和实践中寻找解决问题方法的雏形。通过比较相关实践经验与理论研究，笔者认为政府审计制度或许能够在监管 PPP 项目的异化行为方面发挥作用，并据此建立地方政府管控机制。首先，在理论层面，国家审计是国家治理体系健康运行的"免疫系统"，促进国家在善政的基础上实现善治。这个观点对于政府治理同样是适用的，政府作为社会委托的管理者和组织者，天然地被赋予了公共受托责任，审计制度通过对公共受托责任履行情况的审查，发挥其独特的效果。其次，在实践层面，政府审计可以从如下方面发挥其治理作用：一是提高财政的透明度；二是促进政府治理绩效；三是促进政府的责任性，提高公众对政府的认可度；四是维护经济的安全与稳健，缓解公共危机造成的危害。在政策上要发挥审计对促进国家重大决策部署贯彻落实的保障作用，持续组织对国家重大政策措施和宏观调控部署落实情况的跟踪审计；强化审计在促进依法行政、推进廉政建设和推动履职尽责方面的监督作用。最后，从 PPP 模式层面，审计制度一方面能够通过监督财政、财务收支的真实性、合法性对 PPP 项目进行甄别，另一方面亦能对项目的经济性、效率性、效果性进行评价。

4.5 本 章 小 结

本章首先对现阶段我国政府债务管理及 PPP 化解地方政府隐性债务的途径进行分析，阐述现阶段我国 PPP 模式发展的历程和现状以及地方政府隐性债务发展的历程和现状，对 PPP 发展中存在的政府性回报机制不合理、社会资本参与程度相对较低以及 PPP 项目运营操作不规范等问题进行了梳理。其次概括总结了环境治理 PPP 项目中的地方政府隐性债务产生的原因，并探究其主要的类型以及形式，包括道德责任导致的债务和违规政府行为引起的债务，对 PPP 项目地方政府隐性债务形成机理理论进行分析，通过建立模型并验证，探究 PPP 项目隐性债务的存在原因；基于扎根理论，梳理风险识别的研究方法，经过多次筛选和优化，确定 PPP 模式下地方政府隐性债务风险影响因素表，包括 5 个维度和 14 个影响因素，针对环境治理 PPP 项目中可能存在的各种不确定性和网络建设不完全的问题提出了基于概率推理网络的贝叶斯网络，包括贝叶斯网络的构成及其建模和推理的全部过程，运用贝叶斯建立模型并进行了参数学习和逆向推理等学习，其中包括了逆向推理分析、敏感性分析和最大致因链分析，确定影响 PPP 项目的地方政府隐性债务风险的关键性因素。最后从 PPP 项目生命全周期企业对 SPV 进行担保，代表着三方博弈正式开始，通过博弈式的反向逻辑演绎，归纳分析总结当前环境治理 PPP 项目中可能存在的主要违约风险，包括地方政府部门违约和其他社会资本主体违约、SPV 建设失败风险和运营期风险，以及由上述风险引起的项目融资风险，根据 PPP 项目全生命周期风险管理理论，通过分析各参与方存在的问题，改进模型，着重降低项目运营中潜在的风险，构建项目政府隐性债务控制机制。

第 5 章

环境治理 PPP 项目民营企业绩效研究

在前文所介绍的环境治理 PPP 项目共生网络中,项目绩效势必会带动民营企业绩效的发展,两者互相影响。我国民营企业绩效管理是由国外的理念传递到国内的具体管理方法,民营企业也在一步一步地探寻适应自身环境的绩效管理方法,从基础的 EVA 理念到战略绩效管理导向。从自身利益、生态及社会等方面分析民营企业绩效驱动,尤其在环境治理 PPP 项目网络环境中,民营企业的绩效更加要注重生态环境方面的绩效,在追求自身利益发展的同时亦不可忽略社会公众的反应及政企关系。环境治理 PPP 项目民营企业绩效管理有其不同于以往对企业绩效的普适性研究。在民营企业进行绩效的实施路径中,其所处的共生网络给绩效带来的影响不容忽视,利用结构方程模型分析共生网络对民营企业绩效的影响,将 PPP 项目三方形成的多元共治作为结构方程中的中介变量分析影响效应,利用调查问卷所得数据对模型进行数量分析,验证假设路径,进一步厘清民营企业绩效在环境治理 PPP 项目共生网络中实施路径的影响机理。

5.1 环境治理 PPP 项目民营企业绩效阶段演绎

5.1.1 民营企业绩效管理理念的崛起

企业生产组织方式不断更新换代,逐渐出现了一批新的思想观念,如 TQM 等,这种思想观念的出现不断冲击着原有的管理思想。在这种新的生产组织方式下，国内外很多学者都开始研究新的企业绩效评价理论。这一时期的管理思想得到空前的发展，不断形成新的财务指标体系。例如，在 1982 年美国纽约的一家公司，在研究了传统的管理思想之后，形成了经济增加值的思想方法，随着时间的推移，该方法经过不断修正，最终形成了经济增加值（EVA）指标。虽然世界经济形势在发展，但这一指标仍然具有深刻的指导意义。

詹森（Jansen，2004）在研究了权变理论之后，加入自己的思想，形成了全面绩效衡量体系。在该体系中，首次做到定量与定性的结合，形成了兼具财务指标以及非财务指标的评价体系。不仅如此，在研究的过程中，还把企业的生存能力和应变能力当作绩效衡量的参考。这种评价模式，充分展现了企业的活力。通过进一步延伸，当前国际已初步具备三套企业竞争力评价体系。通过对新的指标体系进行分析可以发现，这种评价理论具有十分重要的意义。

后来涌现了许多针对非财务指标的绩效评价体系，这种评价体系把绩效评估和绩效管理进行联结，实现了绩效评价到绩效管理的过渡。安迪·尼利（Andy Neely）与安达信咨询公司合作开发的绩效棱柱模型具有代表性和影响力。通过对这两种理论模型的分析，可以看出，当前企业绩效研究已初步达到战略层面。如果能将理论知识和 KPI 方法连接起来，对实践具有十分重要的指导意义。

5.1.2　民营企业绩效管理在国内的兴起

21 世纪，国内企业绩效管理实践可以分为德能勤绩考核、360 度评估、MBO + KPI 考核、战略绩效管理四个阶段。

最开始国内民营企业主要采用的是德能勤绩考核方法，考核内容主要在品德、能力、工作纪律、责任心与工作成绩方面，在当时企业缺乏有效的绩效管理程序的情况下风靡一时。这种考核方法内容全面，适合我国传统思维和文化习惯，但人为主观意识过强，缺乏科学性，结果与实际脱节，标准模糊，不适合关注业绩结果的考核方式。

随着民间资本、外资等进入环境污染处理领域，我国拉开了以推广特许经营制度为标志的市场化改革序幕。此时在企业内开始流行以工作技能、专业知识和风格为考核内容的 360 度评估法。打破了上级考核下级传统，避免了传统考核误区，信息更准确，防止了急功近利行为，有利于被考核者改进提升，但伴随着考核成本高、难度大及权利滥用等问题。

随后，目标管理与关键绩效指标法（MBO + KPI）出现，随着 PPP 模式合作理念在环境治理领域的扩张，打破了企业、公众和政府之间的关系壁垒，参与项目的民营企业开始运用此类绩效管理方法，一方面可以获得长期与政府合作的机会，另一方面也是企业进行绩效改革的进一步举措。相比之前的考核方法，目标较为集中，易于控制。

而后至今民营企业都在选择合适的战略绩效管理方法，这符合环境治理 PPP 项目多元主体共同治理的特性，项目的动态变化可以反馈给民营企业进行绩效评价的调整，战略性质在反馈中发挥得淋漓尽致。但从某些方面来说，战略绩效管理还仅停留在方法论的角度，所以在接下来的研究中，应该多从系统的视角出发，实现绩效管理的可持续发展。而且随着研究的深入，出现了大量与 CSF/KPI 等方法相结合的工具，如平衡计分卡等。这种结合不仅可以展现战略表达，也能够体现效果评价。不过这也具有一定的缺陷，如没有给出具体的措施来解决怎么做的问题。所以在企业绩效管理方面，实施过程的指导和控制仍然是重中之重，对于整个企业绩效管理体系来说，这是一个必须要解决的问题。

如图 5 - 1 所示，民营企业绩效管理经历了由国外的理念崛起到国内的方法兴起这一过程，随着时间的推移，民营企业绩效管理方法和体系逐渐成熟，最终演变成以民营企业战略为导向的绩效管理思想。同理，在环境治理 PPP 项目共生网络中，民营企业亦是选择以项目绩效为导向的绩效管理思想。

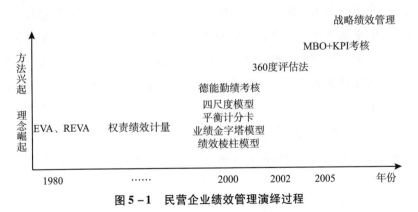

图 5 - 1 民营企业绩效管理演绎过程

5.2 环境治理 PPP 项目民营企业绩效驱动

环境治理 PPP 项目共生网络中民营企业后期积极性每况愈下与其利益驱动息息相关，作为民营企业的管理者，利益永远是第一追求目标，也是继续发展以及与社会其他方合作的动力。为了适应经济的发展方向，国家积极推进改革创新政策，引导企业提高自主创新能力，依靠科学进步、科学管理等手段，形成自身的竞争优势，同时制定正确的经营战略，因时而变。我国的经济发展方向正趋向于转变经济发展方式、优化产业结构、推动供给侧结构性改革，致力于从高速度发展向高质量发展过渡。在经济体系中，实体经济发挥着不可替代的作用，而企业作为实体经济的核心，在推动经济增长的道路上发挥着积极作用。与此同时，企业若想长期持续发展，就必须响应国家的改革创新政策，不断提升自身的竞争力，致力于企业内部管理水平的提高。从共生网络的视角出发，民营企业所处的共生网络无处不在，在利益驱动的因素中亦可形成网络共同生存、相互依赖。

5.2.1 企业经济利益驱动

市场是多元主体参与互动、治理和交易的一个大融合系统。物质交换是一种具有目标性、带有人类主观意识并且结合客观存在理念的有意识性的活动。每一个市场所进行的物质交换活动，大多都是由这一目的性带动，是对客观存在的事物考察、判断、信仰等方面的一种选择，它激发了人们进行某种物质交换的强烈意识，来满足物质和精神上的需求。利用人们这一物质交换活动，为民营企业和小微企业的发展提供发展方向和动力，通过刺激人们的消费行为，不断完善产品、优化产业结构，从而制造出新的消费热点，如此循环往复、不断前进。企业作为实体经济的主体，在经营的过程中追求利益的最大化，通过多种经营模式和销售渠道，以最小的投资额获取最大回报率，从而带来企业财富的不断积累，为企业发展保障强大的物质基础，从而推动企业在市场环境下健康生存、高质量发展。民营企业履行社会责任，塑造积极的企业形象，提高企业的长期绩效，提升企业的市场影响力，有利于企业经济效益的提高。在这样一个积极的循环环境下，民营企业的经济利益驱动和企业的绩效相辅相成。

5.2.2　企业生态环境驱动

在 21 世纪发展的今天，绿水青山就是金山银山。坚持和贯彻新发展理念，正确处理经济发展和生态环境保护的关系，引导经济与环境的协调发展，也正是 2014 年修订的《中华人民共和国环境保护法》的内容体现。当今的经济发展潮流，要求企业在发展时不仅要追求经济效益，还要做到与社会效益相统一，积极主动地承担社会责任，积极响应可持续发展、绿色发展的政策，把工作落到实处。因此，民营企业在发展的过程中，应当实现环境投入与经济效益之间的平衡；在发展的道路上，坚持节约资源、保护环境、绿色可持续发展，为我国经济的可持续发展创造良好的条件和基础。

重污染行业民营企业的环境绩效与高管薪酬存在显著的正相关关系，表明民营企业环境保护的决心。在经济转型为高质量发展的今天，生态环境保护给民营企业带去的不仅是压力，还是一个难得的机会，协调好与生态环境间的绩效关系能为民营企业其他绩效的达成提供一个稳定的环境。

5.2.3　利益相关者驱动

斯坦福大学研究机构的学者们从美国上演的"股东戏剧"中获得灵感，提出了"利益相关者"的专业术语，而这一术语的提出，是对"股东"这一术语的最大质疑，因为二者从专业角度来讲是相悖的。学者们认为，利益相关者实际是指所有与民营企业存在利益关系的人。在企业网发展壮大的情况下，与其相关的人和事物不断扩展，同时企业所承担的风险也在不断增加。

随着人们思想的不断成熟，一些学者和追求利益的群体也对股东相关的一些理论产生质疑，仍认为股东享有对公司的经营管理权。随着舆论声音的不断传播，对股东理论不断地批判，结合当时经济发展的潮流，利益相关者理论不断发展起来，所有与民营企业关系密切者致力于提高企业效益，在有强大的发展基础的情况下，为企业经济效益的增加提供了强大的动力，同时也使得企业价值发挥到极致。在环境治理 PPP 项目共生网络中，利益相关者理论认为政府与公众直接或间接影响民营企业的绩效，作为追求利益第一的民营企业，其绩效与整个网络紧密相连，万不可脱离政府与社会公众呼声独自开展绩效活动。

5.2.4　企业家及企业文化驱动

企业家精神是一种稀缺资源，是经济发展的必由之路，保持民营企业活力是各国政府都十分重视的问题，不断增强创业精神，可以释放我国民营企业活力和经济活力。为了激励和发展企业家精神，国家努力为企业家提供良好的营商环境，不断为其提供法律法规的保护，对于企业家精神的发展起到重要作用。这种制度环境的安排，为企业家精神的积极发挥提供了稳定的预期，也掀起了实践者的热潮。许多学者认为，企业家精神可以提高企业绩效，企业家的结构权力与企业的成长有一定的正向关系，结构权力越大，企业的成长越快。

民营企业价值观念主要包括企业文化和企业道德观念。对任何一家民营企业来说，企业文化尤其重要。实现企业管理目标依靠企业各个部门之间密切、协调的合作。不断完善企业内部之间的联系，优化企业内部结构，有效利用现有资源，才能提高工作效率，使得人力资源得到充分的利用，在投资额最小的情况下，为企业赢得最大的经济效益。但是在企业内部结构整改时，要注意各个部门和各个人员要素之间的联系，避免出现内部结构的断层和空缺。因此，对企业的人力资源保障部门提出了新的挑战，在改革的过程中，要充分考虑人员的利用率，保证员工的专业素养和证件学历等要素的真实性，确保在公开公平公正的前提下，对员工做出客观的评价。这一措施能够保障员工资源的高效利用率，在一定程度上保证了良好的工作氛围，为企业的发展提供有力保障。鉴于此，在价值观的构建过程中，应坚持系统优化升级，不断完善内部结构，使整体功能大于部分功能之和。通过不断整合民营企业的各个运营组织，努力使民营企业组织的系统化、流程化成为发展的核心，不断完善组织体系的改革和建设。企业的组织结构是按照流程化的方式构建的，在熟知各个部门情况的基础上，能够最大程度地明确各个部门的任务。不仅将各部门之间的信息高效地进行输入和输出，还能够明确各部门服务的精准度，例如，将服务的对象、内容、方式和规范有序地安排。由此可见，企业所建立的流程化结构，在很大程度上提高了企业内部的办事效率。它还将极大地减少企业中无合作共赢、竞争意识、以自我发展为中心的不良现象，在系统化、流程化的引导下，不断提高企业管理的能力，致力于企业价值的提高和财富的累积。由此看来，企业的整体发展意识，在一定程度上影响着企业文化，影响企业绩效提升。

5.3　环境治理 PPP 项目民营企业绩效计划

5.3.1　绩效计划原则

实施绩效管理的首要任务是制定绩效计划，制定过程必须全程遵循绩效管理体系的修订原则，各部门的管理人员要与普通员工进行深入沟通，将企业的总体目标彻底分解并落实到各个部门，进而落实到全体员工的工作实践中，完成关键绩效计划的制定，杜绝指标委派现象发生。在该流程中，需要积极参加工作目标的分析与确定，时刻与评价人员保持联系，最后对绩效目标与评价准则达成共识，并不是被动地接受考核。绩效目标一般情况下要遵照 SMART 原则，也就是目标具体、可衡量、可实现、现实且有时限。在公司的实际运作中，一般使用关键绩效指标法（KPI）来构建绩效指标体系，用来确定绩效指标的真实性和考核的可操作性。

SMART 原则：

S（specific）具体的：绩效计划要具体细化到企业甚至项目上，让 PPP 项目与民营企业都清楚知道绩效计划是什么；

M（measurable）可衡量的：绩效计划可视可衡量，利用数理统计方法量化总体计划，实现可操作的目的；

A（achievable）可实现的：绩效计划必须是能实现的，同时也需要具备一定的挑战性，体现项目及民营企业的专业素养；

R（realistic）现实的：绩效计划是真实有效的，且能同时聚焦项目及民营企业绩效目标；

T（timely）有时限的：绩效计划应该设置时间限制，环境治理 PPP 项目虽具备周期长等特性，但民营企业也需在相应的时间完成相应的任务。对民营企业来说，时间限制仍是有必要的。

5.3.2　绩效计划内容

绩效计划是评估方与被评估方对员工应当达到的工作成效进行交流，并将最终的交流结果落实到正式的书面协议，这个协议被称为绩效合同，是两方在明确责任、权利与利益的前提下达成的内部协议。设计绩效计划通常从公司高层开始，然后向各个子公司与各个部门划分，最终落实到个人。站在民营企业的角度来讲，该步骤就是经营业绩计划流程，对于员工来说，是绩效计划过程。一般情况下绩效计划是由人力资源部开始进行编制，最后由签署绩效合同和备案两个环节来完成，其主要工作是运用多次交流来达成共识互惠，确定公司、部门、个人的关键绩效计划。民营企业通过对该流程的运用便可以明确其经营规划与战略目标，确定员工的绩效目标、约定员工的成功准则，保证每一个员工都能够确认自己的绩效目标与应担责任。从本质上来说，就是设计公司战略的路径，将其传递给部门和个人，同时也是引导整个绩效管理工作向前发展的关键。

基于民营企业绩效的四种驱动因素，环境治理 PPP 项目共生网络背景下的民营企业在进行绩效计划时，需时刻注重经济利益、生态环境、利益相关者及企业家文化，而利益相关者及企业家文化又可归类为社会方面。就参与项目的本质来看，民营企业将经济利益看作第一绩效无可厚非；从环境治理 PPP 项目来看，民营企业本就在进行环境保护方面的项目活动，故生态环境绩效是计划中的重中之重，加上国家政策对生态环境的重视，在此背景下民营企业对环境的保护也是承担社会责任的表现；在共生网络中同为共生单元的政府、民营企业及社会公众都是项目的利益相关者，民营企业的绩效计划离不开其他参与成员的利益，企业家精神贯穿了包括绩效计划的整个绩效管理过程，企业文化在企业内部也引领着全体员工对绩效计划实施的执行力，这两种驱动因素直接影响了民营企业社会方面绩效计划的考量。

5.4　环境治理 PPP 项目民营企业绩效实施路径影响分析

5.4.1　共生网络与多元共治维度划分

5.4.1.1　共生网络维度划分

PPP 项目共生体系是由具有互补性、双方存在共生关系，并可以发生共生效应的机构联合起来，通过互利共存来形成具有相同目标的利益共生体。政府—民营企业—群众的共同治理是各个主体之间的互动治理过程，并不是孤立存在的，而是构建在项目成员之间密切联系与交流的基础上，项目参与方形成的共生网络会对 PPP 项目内的企业造成直接或间接的影响。共生关系和共生环境是共生理论的三要素其中之二，PPP 网络规模越大，民营企业获得的相关信息越多，越能够达到更好的学习成效，进一步提升企业绩效。所以，本书的共生理论在经济领域发展的基础上，整合其他学者对网络规模的相关研究，将环境治理 PPP 项目共生网络分为三个维度：网络关系、网络规模、网络环境。

（1）网络关系

网络关系以企业为视角，对互惠预期而发生的双边关系进行研究，与网络结构维度相对比，其属于微观方面，主要强调 PPP 项目构成成员之间的关系特征。运用共生网络的方式，民营企业能够与政府、公众等其他机构达成资源、信息的互换，并以互利共生的关系来加快获取知识，提升企业内部业绩。

（2）网络规模

由于环境治理 PPP 项目持续时间过长以及强外部性，需要大量的优秀合作伙伴，PPP 项目的网络规模越大，其获取信息的能力就越强，越有利于获得较高的学习收益，以提高项目绩效和民营企业绩效。

（3）网络环境

借鉴经济学中的视角分析 PPP 项目共生网络，本书研究强调的是网络所处的各类环境，包括政治、市场、地理及人文环境。错综复杂的环境给整个网络带来了不可预测的风险，稳定的网络有助于 PPP 项目朝着政府所倡导的方向发展，带动参与进来的民营企业稳定发展。

5.4.1.2　多元共治的维度划分

奥斯特罗姆夫妇（Elinor Ostrom and Vincent Ostrom）共同创建了多中心理论，将其导入社会公共管理方面，其观点是多中心理论运用交叉管辖与权力分散能够填补单中心体制的缺点，可以增强民间自主管理的秩序与力量，强调了多元主体之间的交流沟通与承担责任。全球治理委员会将治理定义为各类公共或私人进行管理事务的方式的集合，是缓解互相冲突的持续过程。从这一定义可以看出治理主体是多元的，治理过程的基础不是控制，而是协调、互动与合作。谌杨（2020）认为创建一个能够应对三者主观过激型原生缺陷的限制与制衡机制和配合与协作机制来制约躲避失范风险，保证国内环境多元共治体系的平稳运行。以此为基础，本书将环境治理 PPP 项目共生网络多元主体共治的维度划分为契约治理与学习治理。

（1）契约治理

契约治理是指在双方签订协议的基础上，协调和发展双方的交易关系。这一行为可以为网络成员和民营企业建立一定的合作基础，大大降低网络交易的风险，为双方提供良好的交易环境，同时也有效地避免了一些企业由于合作信息不完善使他人有机可乘。通过契约治理，可以促进民营企业对资源的整合，从而提高了各大民营企业的资源整合能力。除此之外，民营企业与网络合作伙伴签订合作契约，也可以为双方的进一步合作与发展提供有效保障。在分歧冲突发生时，可以以合同为依据进行协商解决，有利于对各种活动进行协调和控制，提高了整个环境 PPP 项目共生网络的协调能力。

（2）学习治理

环境治理 PPP 项目共生网络中的共生单元具有相互依存的利益联系。从知识角度来看，共生网络相当于一个知识的集合体。共生网络的形成和建立需要知识资源，网络成员通过合作联结在一起，网络合作的稳定性也依赖于知识的异质性。在此基础上，学习治理可以为企业处理资源问题，提高民营企业的生产效率。民营企业通过学习治理可以进一步了解市场环境，加强对合作伙伴的了解，学会处理在合作过程中出现的各种问题，提高了企业的网络协调能力；在共生网络中，不同网络成员通过学习与创新机会，不仅能够发现、获取网络资源中现有的知识，还可以对知识进行整合、创新，探索新的知识，进一步提高了民营企业的网络学习知识能力和 PPP 项目共生网络的知识创造能力。

5.4.2　研究假设与模型建设

5.4.2.1　共生网络与多元共治

（1）网络规模与多元共治

多元共治是环境治理 PPP 项目共生网络建成的初衷，是提高项目落地完成目标的有利前提，也是提高企业业绩的关键因素。对民营企业来说，网络规模的大小对项目相关成员之间的相互交流、分析、知识共享起着关键性作用，不同的网络规模对成员获取的资源也会产生一定的差异，影响网络内的合作治理。网络中合作企业的数量越多，将越有利于企业的发展。一般来说，规模较大的 PPP 项目共生网络拥有更多的企业及参与成员，对于置身其中的民营企业、政府及公众而言，一起共事的成员越多越有利于信息资源的全面交互，避免出现信息不全和不对等的局面，加快信息传递的速度，提高信息传递的稳定性，越能够发现和解决复杂问题，这无疑对 PPP 项目多元主体进行合作治理是有利的。基于此，提出如下假设：

H1a：网络规模正向影响契约治理。

H1b：网络规模正向影响学习治理。

（2）网络关系与多元共治

环境治理 PPP 项目网络关系能够实现信息的交互与资源共享，合理利用两者之间相互作用、相互依存的关系促使项目成员共同治理的形成，提高项目解决问题的能力。随着互联网的普及，通过网络关系可以转移复杂的知识，提高学员们的学习能力，加大合作力度，吸引更多的人加入网络项目合作。人们通过网络平台进行交流、沟通，相互分享各自的资源和所学知识，实现网络资源共享，同时也可以进一步加深双方的合作关系，促进合作双方的共同进步。稳定的网络关系有助于项目多元主体展开更加稳定更加深入的合作治理。基于此，提出如下假设：

H2a：网络关系正向影响契约治理。

H2b：网络关系正向影响学习治理。

（3）网络环境与多元共治

环境治理 PPP 项目共生网络多元共治是在内外部环境下进行的，治理活动与环境是相互作用、相互影响的关系。社会经济、政策法律、环境行业制度、政企关系、民众参与度等共同形成了网络环境，错综复杂的网络可以使参与其中的项目成员接触到更多更广的信息资源，结交不同领域的合作伙伴，稳定的网络环境对成员间的合作治理具有推动作用，网络环境随着时间的推移变得更加适用于环境治理 PPP 项目的特性趋于稳定，多元共治也随之愈加稳定。基于此，提出如下假设：

H3a：网络环境正向影响契约治理。

H3b：网络环境正向影响学习治理。

5.4.2.2 多元共治与民营企业绩效

（1）契约治理与民营企业绩效

契约治理机制能够为共生网络的建立与维护提供有利条件。制定契约不仅是为了保证民营企业与网络合作伙伴在交易过程中沟通与协商，更是为了保证各方的利益。一方面，契约能够约束网络成员之间进行信息和资源的共享与讨论，能够促使合作双方都投入经济资源；另一方面，双方签订契约，能够确保在合作过程中及时公平公正地解决交易过程中出现的问题，使得双方合作继续进行下去。综上所述，建立契约能够在一定程度上保障民营企业进行稳定的绩效管理活动。基于此，提出如下假设：

H4a：契约治理正向影响民营企业绩效。

（2）学习治理与民营企业绩效

在多个项目成员形成的多元共治模式下，加剧了各机构间的信息资源交流，由于政府、民营企业和公众的知识具有异质性，合作方既是在共事活动，也是在相互交流学习，民营企业因此能够获得更多源于政府与社会的信息资源，这有利于民营企业进行更加全面的绩效管理活动，继而获得更高的绩效成绩。基于此，提出如下假设：

H4b：学习治理正向影响民营企业绩效。

5.4.2.3　共生网络与民营企业绩效

具有网络规模、网络关系和网络环境优势的 PPP 项目可以为民营企业带来有利的资源信息、政策利好与公众反馈，有助于项目成员间的协同治理，由此提高民营企业绩效。

（1）网络规模与民营企业绩效

一般来说，较大的合作网络更能够将企业的时效性信息体现出来，这不仅仅促进了企业的发展，还对创新能力的发展有着十分重要的引导作用。随着时代的发展，网络规模越来越大，其包含的企业也越来越多，政府及其他机构更容易寻找到在 PPP 项目中进行合作的伙伴，使网络的发展得到创新，促进了共生网络行为的构建与发展。随着共生网络的规模逐渐扩大，其内部成员间的知识传递也逐渐丰富起来，可以实现更大范围的知识共享。

（2）网络关系与民营企业绩效

保持良好的网络关系使 PPP 项目成员之间的多元共治得到了保障，网络关系变得日益密切，并为未来知识创新意识的形成奠定了基础。网络在不断发展，越来越多的民营企业选择打造一个优势网络关系，使其与其他机构的交流越来越密切，协同治理的关系也变得越来越稳定，有助于民营企业绩效的提高。

（3）网络环境与民营企业绩效

环境治理 PPP 项目共生网络为参与主体提供不同领域的信息资源，实现多元主体间的知识共享。作为提供社会资源的民营企业，不同于政府和公众，既能享受政府提供的政策红利，又能及时获取公众反馈，有促进自身运营管理的优势，能够有效保障民营企业的绩效管理。基于此，提出如下假设：

H5a：网络规模正向影响民营企业绩效。

H5b：网络关系正向影响民营企业绩效。

H5c：网络环境正向影响民营企业绩效。

5.4.2.4 多元共治的中介作用

在以上分析的基础上，可以看出 PPP 项目共生网络、多元共治与民营企业绩效三者间有着非常紧密的关联。PPP 项目共生网络能够促进成员间的信息交互，以促进更好的共同治理。共生网络的建立对于抱团合作的民营企业来说能够获得不同领域的技术与管理方法，基于共生网络的多元共治也为民营企业提供了更为平稳的平台，有助于其实现相应的绩效目标。基于此，提出如下假设：

H6a：契约治理在网络规模和民营企业绩效之间具有中介作用。

H6b：学习治理在网络规模和民营企业绩效之间具有中介作用。

H6c：契约治理在网络关系和民营企业绩效之间具有中介作用。

H6d：学习治理在网络关系和民营企业绩效之间具有中介作用。

H6e：契约治理在网络环境和民营企业绩效之间具有中介作用。

H6f：学习治理在网络环境和民营企业绩效之间具有中介作用。

基于以上假设，得到表 5 - 1。

表 5 - 1　　　　　　　　　　研究假设汇总

假设	内容
H1：PPP 项目共生网络规模正向影响 PPP 项目多元共治	
H1a	网络规模正向影响 PPP 项目契约治理
H1b	网络规模正向影响 PPP 项目学习治理
H2：PPP 项目共生网络关系正向影响 PPP 项目多元共治	
H2a	网络关系正向影响 PPP 项目契约治理
H2b	网络关系正向影响 PPP 项目学习治理
H3：PPP 项目网络环境正向影响 PPP 项目多元共治	
H3a	网络环境正向影响 PPP 项目契约治理
H3b	网络环境正向影响 PPP 项目学习治理

续表

假设	内容
	H4：PPP 项目多元共治正向影响民营企业绩效
H4a	契约治理正向影响民营企业绩效
H4b	学习治理正向影响民营企业绩效
	H5：PPP 项目共生网络正向影响民营企业绩效
H5a	网络规模正向影响民营企业绩效
H5b	网络关系正向影响民营企业绩效
H5c	网络环境正向影响民营企业绩效
	H6：多元共治在 PPP 项目共生网络和民营企业绩效之间具有中介作用
H6a	契约治理在网络规模和民营企业绩效之间具有中介作用
H6b	学习治理在网络规模和民营企业绩效之间具有中介作用
H6c	契约治理在网络关系和民营企业绩效之间具有中介作用
H6d	学习治理在网络关系和民营企业绩效之间具有中介作用
H6e	契约治理在网络环境和民营企业绩效之间具有中介作用
H6f	学习治理在网络环境和民营企业绩效之间具有中介作用

5.4.2.5　理论模型的提出

基于前文的理论分析和研究假设推演，为了更深入地探究环境治理 PPP 项目共生网络、合作治理和民营企业绩效三者的关系，构建了 PPP 项目共生网络—多元共治—民营企业绩效理论模型，如图 5-2 所示。

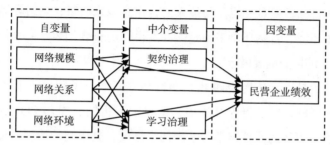

图 5-2　PPP 项目共生网络—多元共治—民营企业绩效理论模型

5.4.3　量表设计与问卷设计

5.4.3.1　量表设计

（1）民营企业绩效测量量表内容

在对民营企业绩效的研究中仅仅用单一指标是不够的，所以学者们通常使用多个指标测量创新绩效。本书参考了田虹、王宇菲等（2019）的量表，再结合前文提及的民营企业绩效分为经济、环境和社会三方面绩效，经济方面通过企业运营收益能力体现，环境方面通过社会公众对企业运营的反应体现，而社会方面通过政商关系体现，开发设计的量表如表5-2所示。

表5-2　　　　　　　　　　民营企业绩效测量量表

测量变量	测量题项具体内容	变量符号
民营企业绩效	民营企业投资收益率达到期望	JX1
	民营企业获得了社会公众的良好反应	JX2
	民营企业获得良好的政商关系	JX3

（2）共生网络量表内容

环境治理PPP项目共生网络分为网络规模、网络关系及网络环境三个维度。参照胡海、庄天慧等（2020）的量表，结合环境治理PPP项目特性将网络规模通过融资金额、项目成员及时间跨度来衡量；网络关系通过项目成员的沟通目标、信息交流及与他人的合作意识来衡量；网络环境通过政策法律、市场环境、自然环境来衡量，开发设计的量表如表5-3所示。

（3）多元共治量表内容

多元共治是连接环境治理PPP项目共生网络与民营企业绩效的中介桥梁。参照温晓敏、郭丽芳等（2020）的量表，再结合参与PPP项目的主体将多元共治分为契约治理与学习治理两个维度，其中契约治理通过项目成员间的信任度、合作风险及整体协调能力来体现；学习治理通过合作的稳定性、治理效率及创新能力来体现。开发设计的量表如表5-4所示。

表 5 - 3　　　　　　　　　　　　　PPP 项目共生网络测量量表

测量变量	测量题项具体内容	变量符号
网络规模	融资所获得资金数量大	GM1
	PPP 网络参与方分布范围广	GM2
	项目时间跨域广	GM3
网络关系	项目目标明确且参与方一致认同	GX1
	参与方之间资源信息交流强度高	GX2
	参与方为他方提供便利以及解决突发情况的意愿强烈	GX3
网络环境	政策法律环境稳定	HJ1
	经济市场环境稳定	HJ2
	项目所在自然环境稳定	HJ3

表 5 - 4　　　　　　　　　　　　　　多元共治测量量表

测量变量	测量题项具体内容	变量符号
契约治理	PPP 网络成员的合作意愿和信任度高	QY1
	PPP 网络合作治理风险降低	QY2
	责权分明提高 PPP 网络协调整合能力	QY3
学习治理	知识的异质性和交互保证了合作治理的稳定	XX1
	提高 PPP 网络各参与方的治理效率	XX2
	PPP 网络创新能力提升	XX3

5.4.3.2　问卷设计

由于采用一般获取方法得到准确的环境治理 PPP 项目主体的数据十分困难，而通过问卷调查法得到的数据有一定的参考性和准确性，所以选择用问卷调查的方式进行数据采集。

本书的实证研究从问卷设计开始，满足需求的问卷设计提升了数据和分析结果的可信度。使用多题项量表进行测量是达到内部一致性的保障。这些问卷设计的目的是了解环境治理 PPP 项目共生网络、多元共治和民营企业绩效的情况，并获取结构方程模型涉及变量所需数据，所以共设计了两个部分。

第一部分为调查对象基本情况，包含调查对象所在单位的类型、参与PPP项目工作的时间、工作需要交流沟通的单位类型及参与过的环境治理PPP项目类型等相关问题；第二部分为环境治理PPP项目共生网络、多元共治和民营企业绩效的情况。环境治理PPP项目共生网络情况从网络规模、关系和环境三个维度进行问题设置。多元共治情况从契约治理和学习治理两个维度进行问题设置，民营企业绩效情况主要包括投资收益率、公众评价和良好的政商关系。本调查问卷的题项均采用李克特5级量表，1分、2分、3分、4分、5分分别依次表示无影响、影响较小、有影响、影响较大、影响强烈。

共发放问卷300份，剔除全部题项选择同一答案、作答时间过短、重要信息明显缺失等明显不合格的网络问卷，回收有效问卷256份，问卷有效率为85.33%，达到研究所需要求。

5.4.4 问卷数据描述性统计

5.4.4.1 样本企业的描述性统计

样本企业选择问卷调查的方式进行取样调查，问卷总计300份，其中一些问卷不纳入统计范围。可以被采纳的问卷共有256份，有效率为85.33%。在对统计数据进行具体详细的分析后，发现所在单位的类型多样，成立年限长短不一，参与PPP项目工作的时间普遍较长，工作需要交流沟通的单位类型主要为政府和设计院，参与过的环境治理PPP项目类型为垃圾处理和污水处理，调查对象情况如表5-5所示。

（1）所在单位的类型

本次调查样本所在单位类型较为全面，最多的是民营企业，有96家，占总数的37.50%；其次为设计院，占总数的21.88%；之后是其他和政府部门，占比分别为12.89%和12.11%。咨询机构和科研机构最少，分别为22家和18家，占比分别为8.59%和7.03%。

（2）参与PPP项目工作的时间

78.52%的调查样本参与PPP项目工作的时间大于2年，其中参与时间为2~5年的最多，为83个，占总数的32.43%，参与时间为5~10年的有71个，占总数的27.73%。参与项目时间为2年以下和10年以上的样本企业最少。由于 PPP 项目大多数实施起来比较复杂，步骤多、耗时长，因此参与 PPP 项目工作的时间较长。

（3）工作需要交流沟通的单位类型

PPP 项目的实施主体为政府和企业，本次调查对象来自民营企业，需要和各方协调沟通，工作时主要沟通的对象为政府，占总数的 71.48%，其次是设计院和咨询机构，分别占 60.16% 和 52.73%。

（4）参与过的环境治理 PPP 项目类型

调查者参与过的环境治理 PPP 项目类型最多的是垃圾处理和污水处理，分别占总数的 68.75% 和 53.91%。水环境治理和垃圾处理与一般项目相比，系统更庞杂，实施难度也较大，因此运用 PPP 模式的项目较多。

表 5－5　　　　　　　　　样本企业基本情况（N＝256）

问题	调查情况	数量（个）	占比（%）（数量/总样本数）
所在单位的类型	政府部门	31	12.11
	设计院	56	21.88
	民营企业	96	37.50
	咨询机构	22	8.59
	科研机构	18	7.03
	其他	33	12.89
参与 PPP 项目工作的时间	2 年以下	55	21.48
	2～5 年	83	32.43
	5～10 年	71	27.73
	10 年以上	47	18.36
工作需要交流沟通的单位类型	政府部门	183	71.48
	设计院	154	60.16
	民营企业	85	33.20
	咨询机构	135	52.73
	科研机构	49	19.14
	其他	7	2.73

续表

问题	调查情况	数量（个）	占比（%） （数量/总样本数）
参与过的环境治理 PPP 项目类型	污水处理	138	53.91
	环保综合治理设施	96	37.50
	水利设施	114	44.44
	垃圾处理	176	68.75
	景观绿化	88	34.26
	电厂设施	47	18.52
	低碳能源	21	8.33

注：表中占比之和存在大于 100% 的情况是由于调查对象可能参与过不止一类环境治理 PPP 项目或工作需与不止一类单位交流沟通。

5.4.4.2 变量的描述性统计

通过描述性统计方法有效检查出了测量指标的差异以及在分布上的特点。问卷存在着多个潜变量，分别为网络环境、契约治理、学习治理和民营企业业绩。潜变量都拥有与之相匹配的测量指标，并采用把字母和数字组合起来的方式来替换测量指标的名称。在对变量的差异值以及分布特点进行多次研究之后得到了测量指标的一般态度趋向，从表 5-6 可以看出，共生网络、多元共治、民营企业绩效的样本均值在 4 左右，数值十分相近，这说明样本企业间存在的一些差异能够被接受。综上所述，此项研究满足需求并且符合研究内容，为下一步的统计分析打下坚实的基础。

表 5-6   描述性统计分析

变量符号	平均数	极大值	极小值	标准差	方差
GM1	3.777778	5.0	1.0	1.084427	1.175983
GM2	3.907407	5.0	1.0	1.153382	1.330290
GM3	3.879630	5.0	1.0	1.050049	1.102603
GX1	3.953704	5.0	1.0	0.726584	0.527924
GX2	3.898148	5.0	1.0	0.67668	0.457896

续表

变量符号	平均数	极大值	极小值	标准差	方差
GX3	3.972222	5.0	1.0	0.779993	0.608389
HJ1	4.018519	5.0	1.0	0.845211	0.714382
HJ2	3.925926	5.0	1.0	0.783979	0.614623
HJ3	4.055556	5.0	1.0	0.785143	0.616450
QY1	3.842593	5.0	1.0	0.756388	0.572122
QY2	3.861111	5.0	1.0	0.925741	0.856996
QY3	3.712963	5.0	1.0	0.674231	0.454588
XX1	3.657412	5.0	1.0	1.289723	1.663386
XX2	3.962963	5.0	1.0	0.846732	0.716956
XX3	3.851852	5.0	1.0	0.871204	0.758996
JX1	3.870370	5.0	1.0	0.908033	0.824524
JX2	3.879630	5.0	1.0	0.918843	0.844272
JX3	3.953704	5.0	1.0	1.210424	1.465126

5.4.5　信度分析与效度分析

5.4.5.1　信度分析

李克特 5 级量表的信度分析采取克隆巴赫系数（Cronbach's α）检验。基于问卷调查得到的样本数据进行检验。检验的系数取值范围以及所表示的信度关系如表 5 − 7 所示，信度呈现出较高的状态。

表 5 − 7　　　　　　　　信度检验中克隆巴赫系数取值标准

信度范围	参考标准
[0.9, 1)	非常好，可信
[0.7, 0.9)	好，可信
[0.35, 0.7)	一般，可信
(0, 0.35)	不好，不可信

为衡量问卷的可靠性、一致性与稳定性，采用信度检验进行检验。克隆巴赫系数是目前最常用的信度系数。结果如表 5 - 8、表 5 - 9 所示，整体性信度检验符合要求。潜变量网络规模、网络关系、网络环境、契约治理、学习治理和民营企业绩效基于标准化项目的克隆巴赫系数依次为 0.874、0.849、0.882、0.865、0.851、0.896，说明各项测量指标存在一致性，所使用的数据具有良好的信度。

表 5 - 8   总体克隆巴赫系数

克隆巴赫系数	基于标准化项目的 克隆巴赫系数	项数
0.858	0.860	18

表 5 - 9   潜变量的克隆巴赫系数值

潜变量	克隆巴赫系数	基于标准化项目的 克隆巴赫系数	项数
网络规模	0.873	0.874	3
网络关系	0.846	0.849	3
网络环境	0.880	0.882	3
契约治理	0.864	0.865	3
学习治理	0.854	0.851	3
民营企业绩效	0.896	0.896	3

5.4.5.2 效度检验

效度分析能够有效反映出测量结果与实际状况之间的吻合程度，二者表现出显著的正相关关系。为了判断观察指标是否能准确测量潜变量，需要对其展开效度检验。针对所选择的样本数据实施 KMO 与巴特利特（Bartlett）球形检验，假设 KMO > 0.7 同时巴特利特检验统计值的显著性概率低于显著性水平，则意味着其满足展开因子分析的条件。分析结果如表 5 - 10 所示：KMO 值等于 0.879，同时 P < 0.001，这意味着不同变量之间存在较高

的相关性，可以进行因子分析工作。

表 5 – 10　　　　　　　　　　　KMO 和巴特利特球形检验结果

变量	KMO 和巴特利特球形检验		
总量	取样足够度的 KMO 度量		0.879
	巴特利特的球形度检验	近似卡方	1546.868
		df	153
		Sig.	0.000

　　针对潜变量观测指标展开研究，引入了主成分与最大方差正交旋转的方法，同时将所提取的 6 个公共因子的最小特征值设置为 1，方差的累积贡献率则为 63.538%（见表 5 – 11）。经过旋转操作所得的因子载荷矩阵如表 5 – 11 和表 5 – 12 所示，由此不难得出：经过旋转后的观测变量，其因子载荷系数全部超过 0.5，这意味着各个潜变量都具有合格的结构效度，量表通过检验。

表 5 – 11　　　　　　　　　　　公共因子解释的总方差

成分	起始特征值			摄取平方和载入			旋转平方和载入		
	合计	变量（%）	累加（%）	合计	变量（%）	累加（%）	合计	变量（%）	累加（%）
1	8.925	35.774	35.771	8.916	35.765	35.765	3.505	12.239	12.239
2	1.423	7.262	43.033	1.417	7.264	43.029	2.792	11.241	23.480
3	1.284	6.580	49.612	1.282	6.576	49.605	2.654	10.766	34.246
4	1.147	5.961	55.561	1.140	5.957	55.562	2.462	10.065	44.311
5	1.042	5.540	61.104	1.044	5.541	61.103	2.386	9.854	54.165
6	1.024	4.441	65.542	1.023	4.435	65.538	2.294	9.373	63.538
7	0.901	4.402	69.937						
8	0.633	3.801	73.740						
9	0.594	3.341	77.072						
10	0.541	3.053	80.126						
11	0.480	2.832	82.951						
12	0.393	2.764	85.724						

成分	起始特征值			摄取平方和载入			旋转平方和载入		
	合计	变量（%）	累加（%）	合计	变量（%）	累加（%）	合计	变量（%）	累加（%）
13	0.374	2.592	88.318						
14	0.352	2.482	90.796						
15	0.311	2.491	93.283						
16	0.282	2.442	95.724						
17	0.252	2.341	98.062						
18	0.213	1.940	100.000						

表 5 - 12　　　　　　　　　　　　旋转成分矩阵

项	成分 1	成分 2	成分 3	成分 4	成分 5	成分 6
GM1	0.725	0.123	0.201	0.260	0.279	0.251
GM2	0.841	0.215	0.236	0.243	0.217	0.251
GM3	0.710	0.259	0.204	0.070	0.214	0.156
GX1	0.171	0.713	0.229	0.159	0.269	0.123
GX2	0.068	0.782	0.128	0.087	0.197	0.265
GX3	0.313	0.746	0.107	0.171	0.103	0.184
HJ1	0.216	0.146	0.736	0.159	0.193	0.103
HJ2	0.164	0.193	0.699	0.271	0.215	0.142
HJ3	0.165	0.218	0.775	0.146	0.184	0.195
QY1	0.173	0.223	0.198	0.716	0.231	0.154
QY2	0.156	0.188	0.242	0.710	0.248	0.164
QY3	0.131	0.178	0.097	0.762	0.216	0.185
XX1	0.109	0.226	0.189	0.189	0.683	0.117
XX2	0.203	0.134	0.172	0.206	0.695	0.214
XX3	0.157	0.181	0.135	0.213	0.716	0.257
JX1	0.159	0.159	0.164	0.176	0.015	0.728
JX2	0.232	0.154	0.172	0.141	0.100	0.693
JX3	0.179	0.220	0.140	0.227	0.046	0.671

注：提取方法：主成分。旋转法：具有 Kaiser 标准的正交旋转法。

5.4.6　结构方程模型分析

基于上述所有假设，根据网络规模、网络关系、网络环境、契约治理、学习治理和民营企业绩效这 6 个潜变量之间的内在联系，构造初始模型如图 5 - 3 所示。

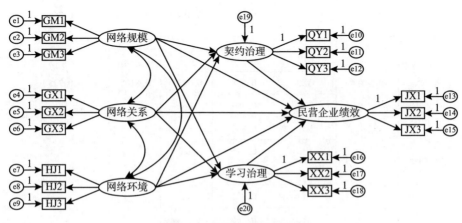

图 5 - 3　结构方程模型路径

5.4.6.1　模型拟合与评价

基于已设定的模型，并通过 AMOS 软件实现对路径图的创作，实现对图形的拟合。在初步完成运行操作以后，对所构建模型的拟合效果进行衡量，由此来判断此结构方程模型是否满足相关条件。为保证被测变量的实际因子结构与理论预设相符，在探索性因子分析之后，还应对被测变量做验证性因子分析，以判断实际数据是否适配理论结构。验证性因子分析如表 5 - 13 所示，可以看出各变量因子载荷均满足大于 0.6，AVE 均大于 0.5，克隆巴赫系数均大于 0.7，CR > 0.8，均满足条件，量表通过检验。

对于模型优劣性的衡量，模型整体拟合度指标是其中至关重要的因素之一。值得注意的是，由于可供选择的拟合指标相对较多，因此通过查阅与之相关的理论研究资料，选择了 10 个常用的评价指标对模型进行衡量，得到结果如表5-14所示。可以看出：绝大部分的指标都处在理想的范围之内，比较拟合指数 CFI 接近 0.9，可接受，这意味着模型整体具有良好的适配性，并且理论模型能够与样本数据实现有效拟合。

表 5-13　　　　　　　　　　　验证性因子分析

一级变量	二级变量	测量指标	标准载荷	AVE	CR	克隆巴赫系数
共生网络	网络规模	GM1	0.786	0.5547	0.8265	0.765
		GM2	0.821			
		GM3	0.855			
	网络关系	GX1	0.718	0.5821	0.8105	0.775
		GX2	0.858			
		GX3	0.799			
	网络环境	HJ1	0.842	0.6021	0.8457	0.812
		HJ2	0.815			
		HJ3	0.876			
		QY1	0.851			
		QY2	0.785			
		QY3	0.738			
		XX1	0.867			
		XX2	0.751			
		XX3	0.742			
		JX1	0.798			

表 5-14　　　　　　　模型拟合度评价指标值以及判断标准

拟合指标	中文名称	标准	拟合数据	拟合结果
X^2/df	卡方自由度比	<3	2.319	理想
RMSEA	近似误差均方根	<0.05	0.040	理想
GFI	拟合优度指数	>0.9	0.921	理想
AGFI	调整拟合度指数	>0.9	0.912	理想
NFI	规范拟合指数	>0.9	0.925	理想

续表

拟合指标	中文名称	标准	拟合数据	拟合结果
TLI	非规范拟合指数	>0.9	0.906	理想
IFI	增值拟合指数	>0.9	0.941	理想
CFI	比较拟合指数	>0.9	0.897	可接受
PNFI	节俭规范拟合指数	>0.5	0.825	理想
PCFI	节俭拟合指数	>0.5	0.814	理想

5.4.6.2　模型参数估计及检测结果

内部参数拟合度指的是通过使用极大似然估计展开模型运算，所得结果如表 5 – 15 所示，所构建中介模型契约治理←网络规模这一路径的 C. R. 值不足 1.96，这意味着在 $p = 0.05$ 的水平下，此路径并不具备统计显著性。而除此之外的路径则全都通过了 5% 的显著性检验。

表 5 – 15　　　　　　　　　模型参数估计及检测结果

路径	Estimate	S. E.	C. R.	p
结构模型				
民营企业绩效←网络规模	0.176	0.165	2.273	0.005 **
民营企业绩效←网络关系	0.272	0.049	5.534	***
民营企业绩效←网络环境	0.183	0.139	2.032	0.058 *
民营企业绩效←契约治理	0.261	0.046	6.453	***
民营企业绩效←学习治理	0.187	0.058	5.109	***
契约治理←网络规模	0.595	0.045	0.572	0.237
契约治理←网络关系	0.456	0.158	4.372	***
契约治理←网络环境	0.443	0.058	2.372	0.006 **
学习治理←网络规模	0.624	0.145	2.372	0.043 *
学习治理←网络关系	0.285	0.045	4.372	***
学习治理←网络环境	0.172	0.034	2.636	***

注：* $p < 0.1$，** $p < 0.05$，*** $p < 0.001$。

5.4.6.3 模型的中介效应检验

假设变量 X 与 Y 之间存在对应关系，同时受变量 M 的影响，二者之间产生了一定关系，那么可以将 M 看作是中介变量。其效应便是中介效应，具体内容如图 5 - 4 所示。

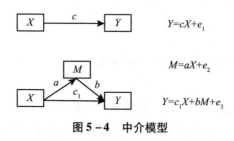

图 5 - 4　中介模型

通过引入 Bootstrap 方法，针对多元共治的中介效应展开针对性检验。通过运用重复随机抽样法针对研究样本进行了 5000 次的有放回重复抽样，设定偏差矫正（Bias - corrected）的置信度水平为 95%，同时基于运行结果对间接效应置信区间的上下限进行了核对。假设在中介效应 95% 的置信区间当中并不含有 0，则意味着其效应显著。

所得结果表明，民营企业绩效←契约治理←网络规模的中介效应的 bootstrap95% 置信区间的 Boot CI 上限和 Boot CI 下限包含 0，因此民营企业绩效←契约治理←网络规模路径不成立。

网络关系和网络环境对民营企业绩效的直接效应及契约治理的中介效应的 bootstrap95% 置信区间的 Boot CI 上下限当中全部都不存在 0，这意味着三者一方面能够对民营企业绩效产生直接影响，另一方面也能够通过契约治理的中介作用影响民营企业绩效，因此民营企业绩效←契约治理←网络关系、网络环境路径成立。

网络规模、网络关系和网络环境对民营企业绩效的直接效应与学习治理的中介效应，其 bootstrap95% 置信区间的 Boot CI 上限和 Boot CI 下限均不包含 0，表明网络规模、网络关系和网络环境不仅能够直接影响民营企业绩效，而且能够通过学习治理的中介作用影响民营企业绩效，因此民营企业绩效←学习治理←网络环境、网络关系、网络规模路径成立。

总结实证结果，共生网络、多元治理对民营企业绩效的影响路径及影响效应如表 5 – 16、表 5 – 17 所示。

表 5 – 16   **中介效应检验**

路径	效应值	Boot 标准误	95% 偏差矫正的置信区间	
			Boot CI 下限	Boot CI 上限
民营企业绩效←契约治理←网络规模	——	0.02	– 0.05	0.16
民营企业绩效←学习治理←网络规模	0.44	0.03	0.57	0.71
民营企业绩效←契约治理←网络关系	0.46	0.02	0.49	0.58
民营企业绩效←学习治理←网络关系	0.45	0.02	0.49	0.58
民营企业绩效←契约治理←网络环境	0.37	0.04	0.47	0.57
民营企业绩效←学习治理←网络环境	0.41	0.03	0.48	0.53

表 5 – 17   **中介效应统计**

路径	直接效应	间接效应	总效应
民营企业绩效←契约治理←网络规模	0.176	不显著	0.176
民营企业绩效←学习治理←网络规模	0.176	0.117	0.293
民营企业绩效←契约治理←网络关系	0.272	0.119	0.391
民营企业绩效←学习治理←网络关系	0.272	0.053	0.325
民营企业绩效←契约治理←网络环境	0.183	0.116	0.299
民营企业绩效←学习治理←网络环境	0.183	0.030	0.213

5.4.6.4 结构方程模型路径分析

使用 AMOS 软件对 SEM 模型进行分析，结果如图 5 – 5 所示。网络规模对契约治理这条假设路径不成立，网络规模对民营企业绩效路径成立，但契约治理作为中介因素时路径却不成立，除此之外，其余假设路径均成立。

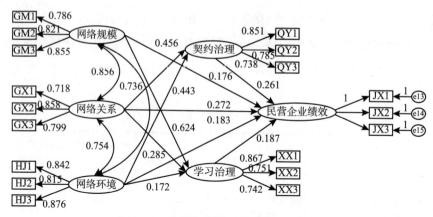

图 5 - 5　结构方程模型估计参数及路径

5.4.7　结果分析

检验结果汇总如表 5 - 18 所示。

表 5 - 18　　　　　　　　检验结果汇总

假设	假设关系	检验结果
H1a	契约治理←网络规模	不成立
H1b	学习治理←网络规模	成立
H2a	契约治理←网络关系	成立
H2b	学习治理←网络关系	成立
H3a	契约治理←网络环境	成立
H3b	学习治理←网络环境	成立
H4a	民营企业绩效←契约治理	成立
H4b	民营企业绩效←学习治理	成立
H5a	民营企业绩效←网络规模	成立
H5b	民营企业绩效←网络关系	成立
H5c	民营企业绩效←网络环境	成立
H6a	民营企业绩效←契约治理←网络规模	不成立
H6b	民营企业绩效←学习治理←网络规模	成立

假设	假设关系	检验结果
H6c	民营企业绩效←契约治理←网络关系	成立
H6d	民营企业绩效←学习治理←网络关系	成立
H6e	民营企业绩效←契约治理←网络环境	成立
H6f	民营企业绩效←学习治理←网络环境	成立

通过对 256 份有效样本的统计分析，对前文提出的相关研究假设结果基本满意。本章通过对环境治理 PPP 项目民营企业绩效实施路径影响的结构方程模型检验，假设 H1a 和 H6a 未得到证实，其中网络规模对契约治理的影响路径不成立，规模越大成员越多，形成契约治理的难度也就越大，表明环境治理 PPP 项目的规模过大并不一定有利于成员间形成良好的契约。而基于此路径的民营企业绩效影响的中介机制也并不成立，得出结论为环境治理 PPP 项目规模对契约治理无正向影响，导致此路径下的民营企业绩效影响不成立。

其余假设均通过检验，由此得出以下结论：在环境治理 PPP 项目建设与管理过程中，环境治理 PPP 项目共生网络可以直接对民营企业绩效产生影响，参与者形成的多元共治模式能够提升民营企业绩效同时也起到了中介调节作用，两者之间具有显著的正相关性。在环境治理 PPP 项目建设与管理过程中，项目成员之间的共生网络能够直接对民营企业绩效产生影响，且共生网络中的网络关系和网络环境能够通过契约治理的间接作用对民营企业绩效产生影响，共生网络中的网络规模、网络关系和网络环境均能通过学习治理的间接作用对民营企业绩效产生影响。这表明，环境治理 PPP 项目共生网络对民营企业绩效有正向积极影响，民营企业绩效实施路径离不开共生网络大环境。

5.5　本 章 小 结

本章主要对在环境治理 PPP 项目共生网络中的民营企业绩效管理进行

了分析。从分析企业绩效管理思维与方法的崛起，引入国内现在较受欢迎的战略绩效管理，从企业经济、生态环境、利益相关者和企业家及企业文化四个方面分析了民营企业绩效管理的驱动，进而从驱动因素出发遵循 SMART 原则设置民营企业绩效计划；通过引入统计软件 SPSS 与 AMOS，围绕 PPP 项目共生网络作用于民营企业的影响机制进行针对性的剖析，将契约以及学习治理作为中介变量来搭建能够体现民营企业绩效、多元共治以及共生网络之间关系的结构方程模型，与此同时，针对所提出的假设进行了逐一验证，绝大多数路径通过了证实。研究发现环境治理 PPP 项目共生网络对民营企业绩效实施路径有正面积极影响。

第6章 公众参与环境治理 PPP 项目共生关系的中介效应

多元环保主体在长期环境保护模式转换后，也在不断地变化和丰富。仅靠行政和经济手段不足以保证社会成员的生活质量。公众环境行为受多种因素共同影响，导致公众参与环境治理的行为类型多种多样，根据受害程度和受害距离的不同，公众采取公益性个体参与或集体抗争等参与方式，充分弥补正式环境保护机制的不足。环境治理 PPP 项目是在多元主体的交互共生关系中运行的，各共生单元发挥对应的节点功能与其他共生单元进行资源交换，共生体整体通过从共生环境中获取的资金、劳动力和基础设施等方面的投资开展环境污染治理活动，对生态环境产生实质性改善，环境治理效率直接反映环境治理主体的治理能力，只有维持协调稳定的主体共生关系，才能提高环境合作治理的效果。环境治理 PPP 项目共生关系受多种因素共同作用影响并进化，公众作为社会治理主体的一部分，在其中发挥着至关重要的作用。将公众环境行为解释为中介参与，公众通过参与生态环境治理过程维护自身环境权益，间接调节各主体间的异化冲突，权衡各方利益诉求，实现对环境污染的有效控制，承担着受害者、参与者、监督者和享有者的多重身份与职能，是十分强大的组织群体。明晰公众参与的中介作用可以加快实现生态建设民主化进程。

6.1 基于计划行为理论的公众参与环境治理可行性

6.1.1 利益相关者的身份定位为公众正向的态度倾向提供基础

环境问题具有开放性，治理主体、受害者与旁观者均为利益相关者。利益相关者作为管理学概念，在国内外专家学者的拓展下，广泛应用于各学科研究。弗里曼（Freeman，1984）从广义上对利益相关者进行了界定，他主张利益相关者是会影响实现组织目标的所有个人和团体的总和，这一理论在企业经营过程中多有提及，由于企业活动面广，交易过程繁琐，某一产品的生产需要企业内各部门合作和企业与其他企业的资本交易。

如果公众被确定为利益相关者，它将脱离社会客体成为环境治理工作的直接参与者，当环境遭到破坏，居民的自身利益就会受到侵害。环境保护和生态恢复将得到公众的承认，从而引发环境连锁反应，这将为在环境治理领域的意图和行动奠定基础。

6.1.2 制度倡导和社会规范推动公众形成一定的规则意识

如前所述，主观规范对环境行为意图的影响包括其他重要的组织、制度和人的压力，现有法律和决策报告中积极提倡社会力量。根据系统规范，通过长期公共宣传和教育活动，确立了"环境保护，人人责任"和"环境保护，从我做起"的主体意识，储存于公众的意识。虽然这种责任意识尚未明确，但是施加额外压力，更明确地规定责任后，公众群体之间迅速建立联系，责任主体身份更加明确。

经过专家实际调查发现，除了特定的法规和行政文件外，社会道德规范也对行为规范起到了隐形的管制并且发挥法律制度无法替代的作用。通常对两方面进行规定，首先是人们一般会做什么，包含日常生活中的常规行为；其次是怎样做是正确的，怎样做是错误的，泛指对社会产生的影响。举例来说，对于前者，人们不能随地乱扔垃圾，对于后者，人们不应该随地乱扔垃圾。现在许多环保活动已经得到广泛认可，是社会意识的实践、社会规范的形成，或者被视为他人行为压力，影响环境意识的形成和环境行为的实施。

6.1.3　制度承认和空间设置为公众控制能力的提高提供机会

从"社会管理"到"社会治理"已成为趋势，当前国家层面已经开始逐步实施，格里·斯托克（Gerry Stoker，1998）指出，治理的概念是结构或秩序，要建立的制度或秩序不能由外部所强迫，其作用取决于不同行为者之间的相互作用。社会治理的提出是现代社会的一种新的体制选择和模式。

根据治理理论本身，一些学者强调政府不是环境管理的唯一行动者，而是在社会层面强调了公众的合法性，根据全世界的方法经验，成熟的民间社会对促进环境治理起着根本作用，大众作为行为者和推动力对我国日益增长的环境福利和环境利益重视的作用不可忽视，促进催生环境治理公众领域的崛起，为我国公众参与环境治理扩展丰富的发展空间。

2014 年 5 月原环境保护部印发的《关于推进环境保护公众参与的指导意见》中提出大力推行环境法规和政策制定、环境决策、环境监督、环境影响评价和环境宣传教育五个重点领域的公众参与。2014 年修订的《中华人民共和国环境保护法》第五章"信息公开和公众参与"中，第五十三条规定"公民、法人和其他组织依法享有获取环境信息、参与和监督环境保护的权利"。2015 年 9 月 1 日起施行的《环境保护公众参与办法》，作为环境管理的重要组成部分，建立了专业的法规和管理结构。

从治理的内涵和实际模式的角度来看，它赋予公众作为行动者的平等地位，我国相关法律体系的完善是在制度层面给予公众参与环境治理的回应，而且在法律上承认了公众参与具有普遍性，因此公众应该成为参与环境管理的重要力量，并积极推动提升公众控制能力和参与积极性。

6.2　公众参与环境治理计划行为意愿研究

公众参与往往是从群体角度体现其整体行为模式和行动效果。生态环境质量属于公共资源，不可竞争且不可替代。在环境的治理上，公众参与将提升其治理水准。但公众参与环境治理存在以下两方面的问题，首先是存在负外部性的影响，基于公众都是理性人的假设，并且生态资源的获取上不用支付任何费用，行为主体受到各自面临的"囚徒困境"的影响，将采取对自己有利的行为，但这些行为对于环境治理来说是不利的。其次是公众参与环境治理尚且停留在理论上，在实践上没有可行的方案，具体来说在责任的界定方面，没有明确地界定公众参与治理需要进入的广度和深度，边界不够清晰。在绩效方面，公众有效地参与环境治理后，不能得到相应的激励，无效的参与也没有相应的惩罚，而对这些行为进行监督的人的绩效同样得不到保障。这样将对公众参与的积极性产生负面的影响，也就是说，不参与或者消极参与的公众能够获得和积极参与的公众同样的资源，长此以往，将产生"公地"效应。基于以上分析可以知道，公众参与环境治理具有集体属性，因此有必要从"集体行动"的角度进行分析。

6.2.1　公众参与环境治理的行为态度正向驱动

行为态度是指个体对于某一现象或某种行为的发生表达的看法或意见。个人的主观规范是指当出现某一行为时，主体被传递了其他人或群体对于这一行为的建议或认知，当主体理解这一群体的意见时，对其自身产生的主观上的影响，也就是他的精神层面从外部感受到的外生压力。感知行为控制是个体根据其掌握的生活经验或知识积累进行状况判断的能力。行为意向是指一个人在采取某一具有针对性的行为时对执行该行为可能产生的正面或负面影响进行判断的直接倾向。行为控制是指一个人执行该行为的过程。

精神价值观作用于态度的表达，进而产生积极或消极行为，是人类活动的内在驱动力。从基本价值观看，王国猛（2010）等研究指出，价值观和环保态度在本质上的内涵界定完全不同，价值是否产生或产生价值的质量高低可以产生截然不同的个体态度，而环保态度又能促进消费者的环保支付行为。盛光华（2019）等研究消费者的绿色购买意愿，指出生态价值观主要通过两个因素——态度与主观规范，对其产生积极的影响。王世进（2010）等认为积极的公众环境价值观有助于形成绿色消费模式。

公众参与环境治理意愿因地域而异，在地理空间上可表现为特定的模式，具有空间异质性。艾奇森（Ajzen，1991）的研究表明公众的正向态度偏向能提高其参与环境保护的意愿。如果行为主体的环境保护意识较强，同时愿意参与环境治理，存在各行为主体间不平等的状态，或者受到外界的限制，如信息缺失或技术鸿沟的情况，这种态度的影响表现将更加明显。普梅斯（Postmes，2002）发现，行为主体在参与环境活动的时候，其行为结果通常能够通过环境态度进行预测。乐国安等（2014）用实践案例验证公众态度会经历从保持个体理性到产生集体认同的演变过程。

6.2.2　公众参与环境治理的主观行为规范积极影响

在计划行为理论中，主观规范强调在受到社会压力的推动下，个体对某些行为的表现意愿。朱正威等（2014）在研究社会稳定风险评估的影响因素时，发现在参与社会风险评估时，公众的参与意愿会受到主观规范的影响，并且这种影响是正向的。主观规范表现在现实生活中，在行为主体选择行动时，由于主观规范的作用，行为主体身边重要的人的选择或者建议会对主体的行动产生影响。例如，行为主体在参与社区活动时，当行为主体的参与意愿并不是很强烈，处于犹豫期时，如果行为主体身边重要的人有推动的作用，行为主体会表现出积极的参与意愿。尤其是行为主体缺乏信息，无法独立判断时，根据逻辑上的推理，会对重要的人的选择具有依赖性或遵从性，表现出从众行为。在我国的历史文化传承中，儒家文化影响深远，它强调大家长制度，普通个体习惯于服从更高层的人的意见。在这种文化的影响下，个体的意见的影响被缩小，集体中重要的他人意见被放大，主观规范发挥者会更加强烈地影响个体的行为意愿。受到个人主义文化影响的行为主体，其行为主要受来自个人的态度和观点的制约，而受到集体主义文化影响的行为主体，集体中的每个个体或每一环节的关系结构都会对其产生作用。

6.2.3　公众参与环境治理的知觉行为控制自我效能

知觉行为控制是行为主体对实施某种行为的可完成度的一种判断。班德拉（Bandura，1977）表示，要预测行为主体的行为方式，只是了解行为主体所拥有的知识、技能等真实能力并不足够，即使是拥有相似能力的行为主体，在面对相同的行为活动时也会呈现不同的表达方式。在这种情况下，就需要了解行为主体对于自己能力的感知情况。同时，班德拉认为自我效能（self-efficacy）会影响行为主体的活动，当行为主体感知某个行动成功概率更大时，会更倾向于把努力放在这些行动上。当行为主体拥有更高的效能观时，面对困难通常会选择挑战，而非躲避。

自我效能是行为主体对自身能力的信心，体现在对于活动的计划与执行，或者任务的完成、问题的解决上，将影响其最终行为选择。自我效能在水平、一般性和强度三个维度上存在差异。水平主要是用来指导人们认为已经完全可以接受的各种困难任务；一般性主要是泛指人们认为自己有效参与的活动领域；强度主要是用来指导人们对于执行某项任务所需要的自我信心水平，尤其是在特殊的任务中，较高层次水平的自我效能表现为它会显示出更多的能动性和自信，并且很有可能会极大地增加对于个人的行为意图。将自我效能具体应用于环境行为的管理方面，个人对于环境管理方面的自我效能意味着一个人基于自我拥有能力和力量的信心所做的行动。一些研究发现，环境自我效能会直接影响人们的生态环境行为。自我效能推动了公众资源的回收行为。自我效能的产生会直接促使人类利用节电行为和其他各种形式的环保性行为，从中也可以清楚地看出，假设某人认为自己已经有了改善生态环境的能力，那么他参与环保的意愿就一定会得到提高。基于计划行为理论的公众参与环境治理计划行为意愿逻辑如图 6-1所示。

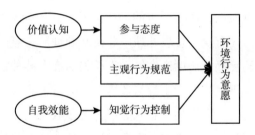

图 6 - 1　公众参与环境治理计划行为意愿逻辑

6.3　公众参与环境治理核心诱导因素分析

公众对环境问题的态度经历了由忽视到认识再到参与的转变，在不同阶段所采取的行为方式也不同，由此引发了学者对于公众意识和公众行为之间关联度的研究。综合公众心理、人文素质和社会环境等方面因素的影响，以时间线为分析界面，以空间距离为切入角度，分析受害相关、环境知识和环保使命三个核心诱导因素对公众环境行为的综合性作用效果。

6.3.1　受害相关

作为影响公众环境行为类型的决定性因素，其确定来源于日本公海环境问题爆发阶段所兴起的受害结构理论，该理论指出公众的受害程度和受害水平主要引导了公众在应对环境污染时走向不同路径，对公众群体的影响越深，公众愿意介入环境治理工作的意识越强烈。当然，同一位置的环境污染物聚集区对不同距离的受害群体也会产生不同程度的影响，境遇不同行为态度也会随之不同。学者们针对污染物危害分布情况的测量方法，主要从空间单位分析法水平过渡到距离分析法，再进化到风险/暴露分析法。

经过国内外相关领域学者的实践研究发现，大多数工厂为避人耳目选择人员居住率低的区域和穷人聚集的区域作为核心厂址，这就使得这些地区的污染物产生量远高于其他地区，并且由于当地居民的环境意识不高，自我权利意识不明晰，抵抗程度弱，无法对排污企业的违法行为产生抵抗反应，从而加大了受害的可能性，面临严重的健康问题。还有研究发现在教育水平、生活水平低的农村建有众多垃圾处理厂和废水处理厂，会产生重大的风险问题。除此之外，诱导环境态度产生的受害相关因素在某种情境下会激发受害公众的自我效能意识，从而产生参与环境治理的行为意愿。

环境污染问题的负面影响具有时滞性，大多数公众在污染源出现时并不一定会产生环境行为，只有当这一现象触发了公众利益并达到一定临界程度时，公众才会产生危机意识，被动承担起保护环境的责任。然而这样的责任行为是受自身利益驱动产生的，并非出于对生态环境的保护和对社会责任的主动承担，是自私自利的行为。还有研究表明，这一系列现象的产生是不连贯的，有的公众群体即使因为环境污染产生了巨大损失也不会产生抗争行为，甚至会沉默和不作为，选择搬离污染区域。这表明受害距离并不是公众环境行为产生的唯一要素，这其中掺杂着其他因素形成了复杂的关系网。综上所述，公众的环境行为随着受害距离的不同存在明显差异。

6.3.2　环境知识

作为引导公众环境治理行为路径走向的核心因素，环境知识产生环境意识的根本性要素，间接地影响公众的环境行为。环保知识涉及面广，复杂多样，对环境行为的影响程度也参差不齐。根据经验积累，我国的学者按照获取来源将环境知识分为主观环境知识和客观环境知识，其中主观环境知识是公众产生环境治理行为意愿最主要的影响因素，公众自身在生活中通过经验积累的环保知识属于日常环保知识，也是普遍了解的常识性知识，公众还可以通过参与环保组织机构的知识宣传会等方式获得日常生活中不可获得的专业环保知识，具有严格的科学依据性和复杂性。不同种类和不同渠道来源的环保知识具有同样的职能作用，环保知识越丰富，采取环保行为的意愿越强烈，环保行为效果也就越显著。

经过研究者实际调查发现，在环境污染现象发生时，大多数公众能够在第一时间运用自己所拥有的日常环保知识采取私人环境行为，虽然这是受私人利益驱使，但是也实现了环保知识到环保行为的有效转化和利用。专业环保知识只能在产生较大影响的环境污染问题中发挥作用，这种问题脱离了日常生活的领域，无法运用日常环保知识进行改善，公众专业环保知识越匮乏，在环境污染事件中受到的危害程度越大。在环境污染物排放集中地区周边生活的居民大多不了解相关知识，无法判断自身生活是否受到污染的侵害，并且与社会连接度不高，社会关系疏松，更加减少了相关环保知识的获取渠道，不能辨别权益是否受到损害，而受污染程度较轻的地区公众则更愿意选择沉默。同时，受害群众缺少有效的维权平台使得公众不能便利地维护自己的权利。环保相关知识根据知识程度可以分为低层次环保知识和高层次环保知识。低层次环保知识可以解决日常生活中的环境问题。高层次环保知识一般以群体形式传播，更加专业化。

6.3.3　环保使命

环境治理工作陷入中止困境是组织结构和主体心理共同作用的结果，并且会对公众环境治理工作产生的实质性效果形成直接影响。为摆脱"理性经济人选择"和"搭便车"现象发生，必须实现从自由无序到有组织的有序行为的升级，在宏观层面体现环境治理问题是公共治理的一部分，将所有利益相关者统一起来。公共环境行为必然从个体的无序参与走向有组织的有序行动，从而避免了"理性经济人选择"和"搭便车"困境，这是公共环境问题的公共属性和利益相关性的体现。资源配置和行为规则由差序格局结构决定，环境受害个体更倾向于自力更生，而不是持续地组织起来，对宏观环境问题缺乏关注。

有学者研究发现，公众对垃圾问题表现出兴趣的原因是为了满足自己"良心"上的安慰，但这种安慰是受公众对环境治理的认知水平影响的，不能简单以私人利益或公共利益划分某一公众个体是否真正关心环境污染问题。不管扮演什么角色的主体在进行环境治理活动时都应对其进行法律层面的衡量，在保证公众进行合理行动的前提下传递环境公益话语，有序引导公众从私域层面进行环境治理转变到公域范畴的环境治理活动中，增强公众的大局意识，实现个体价值可持续发展，发挥治理效果的空间溢出性。公众参与以环境社会组织为载体，以追求公共利益为导向，是一种长远的而非短视的自我利益，以实现眼前利益为表象但最终会回归到个人利益。

公众参与环境保护的行为选择与类型是在多种因素共同作用下确定的，在不同治理周期展现出不同变化特征。综合考虑公众参与环境治理复杂多变的影响因素的交错关系，确定公众参与环境治理实践呈现两大行动逻辑，如图6-2所示。

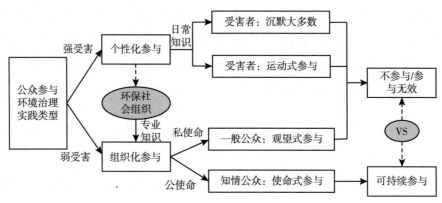

图6-2　公众参与环境治理类型分析框架

6.4　多元主体共生关系下环境治理效率测度

环境治理PPP项目是在多元主体的交互共生关系中运行的，各共生单元发挥对应的节点功能与其他共生单元进行资源交换，共生体整体通过从共生环境中获取的资金、劳动力和基础设施等方面投资开展环境污染治理活动，对生态环境产生实质性改善。本书使用环境治理效率作为衡量环境治理PPP项目共生关系的指标，探究环境治理PPP项目主体间共生效果，实证考察各省、区、市环境治理效率，比较环境治理共生关系的区域差异性。

6.4.1　数据包络分析法相关概念及模型

6.4.1.1　基本概念

数据包络分析（data envelopment analysis，DEA）的理论与模型最早是

由查尔斯和库珀等（Charnes and Cooper，et al.）在 1978 年建立和发展起来的，是运用数学工具评价经济系统生产前沿面有效性的非参数方法，它适用于多投入多产出的多目标决策单元的绩效评价。这种方法以相对效率进行测算，根据多项指标投入与多项指标生成的结果，对相同类型的决策单位进行效率评价。这种模式中最为核心的设计思想是把每一个被认为是评价目标的单元都界定为决策单元，通过所有决策单元的投入—生产关系来确定代表有效的生产前沿面，最后通过比较决策单元所在的位置和生产的前沿所在位置的差距值来判断其是否有效。

（1）决策单元（DMU）

在 DEA 方法分析中，将每个评价对象看作是一个决策单元，用 DMU 表示，因此对评价对象的效率测度就转变成对所有决策单元的效率评价。依据当前的市场政策和评价对象的内部经营方式，评价对象为在某方面实现经济效益和社会影响制定相应的投资计划和实施准则，通过投入资金、劳动力和基础设施等方式获得预期的物质回报和隐性回报，这一过程会产生不同程度的实践效果。

（2）生产可能集

决策单元在投资过程的投入向量集合 $X = (x_1, x_2, \cdots, x_m)$，对应的产出变量集合为 $Y = (y_1, y_2, \cdots, y_s)$，该决策单元的所有可能组合行为记为 (X, Y)。因此，集合 $T = \{(X, Y) |$ 从投入 X 到产出 Y$\}$ 表示所有决策单元的可能性生产活动，称为生产可能集。

6.4.1.2　传统 DEA 模型

（1）CCR 模型

DEA 理论假设所有决策单元的规模报酬不会因环境因素发生变化，各个决策单元的生产效率假设生产可能性集合中有 n 个评估单元，每个评估单元是由 m 个投入和 s 个产出组成的生产系统，其中，$x_{ij}(i = 1, 2, \cdots, m)$ 表示第 j 个评价单元 DMU_j 的第 i 种投入指标值，$y_{rj}(r = 1, 2, \cdots, s)$ 表示第 j 个评价单元 DMU_j 的第 r 种产出指标值；$v_i(i = 1, 2, \cdots, m)$ 表示对生产可能集第 i 种投入指标的度量，$u_r(r = 1, 2, \cdots, s)$ 表示对生产可能集第 r 种产出指标的度量。对评价单元 DMU_{j0} 的效率构建 DEA – CCR 模型为：

$$\max \sum_{r=1}^{s} u_r y_{rj_0} / \sum_{i=1}^{m} v_i x_{ij_0} \qquad (6-1)$$

$$\text{s.t.} \quad \sum_{r=1}^{s} u_r y_{rj} - \sum_{i=1}^{m} v_i x_{ij_0} \leq 0, \ j = 1, 2, \cdots, n \qquad (6-2)$$

$$u_r \geq 0, \ i = 1, 2, \cdots, m \qquad (6-3)$$

$$v_i \geq 0, \ r = 1, 2, \cdots, s \qquad (6-4)$$

借鉴查尔斯和库珀提出的线性变换，将上述非线性规划模型转化为一个与之等价的线性规划模型。即令 $t = \dfrac{1}{\sum\limits_{i-1}^{m} v_i x_{ij_0}}$，$\mu_r = t u_r$，$\omega_i = t v_i$，从而得到：

$$\max = \sum_{r=1}^{s} \mu_r y_{rj_0} \qquad (6-5)$$

$$\text{s.t.} \quad \sum_{r=1}^{s} \mu_r y_{rj} - \sum_{i=1}^{m} \omega_i x_{ij} \leq 0, \ j = 1, 2, \cdots, n \qquad (6-6)$$

$$\sum_{i=1}^{m} \omega_i x_{ij_0} = 1 \qquad (6-7)$$

$$\mu_r \geq 0, \ i = 1, 2, \cdots, m \qquad (6-8)$$

$$\omega_i \geq 0, \ r = 1, 2, \cdots, s \qquad (6-9)$$

根据线性规划的对偶性原理，得到对偶形式如下：

$$\min \theta$$

$$\text{s.t.} \quad \sum_{j=1}^{n} \lambda_j x_{ij} + s_i^- = \theta x_{ij_0}, \ i = 1, 2, \cdots, m \qquad (6-10)$$

$$\sum_{j=1}^{n} \lambda_j y_{rj} - s_r^+ = y_{rj_0}, \ r = 1, 2, \cdots, s \qquad (6-11)$$

$$\lambda_j, \ s_i^-, \ s_r^+ \geq 0, \ j = 1, 2, \cdots, n \qquad (6-12)$$

其中，当其最优值为1时，表明决策单元是技术有效的；当其最优值小于1时，表明决策单元技术无效。对于式（6-11），当其最优值为1时，决策单元 DMU_{j0} 是弱技术有效的；当其最优值为1且满足条件时，决策单元 DMU_{j0} 是强技术有效；如果最优值小于1，决策单元 DMU_{j0} 技术无效。

（2）BCC模型

假设决策单元规模报酬不变的CCR模型考虑了规模因素对效率的作用效果，为了消除技术水平中规模因素对效率结果可能造成的影响，构建报酬可变BCC模型：

$$\max\left(\sum_{r=1}^{s} u_r y_{rj_0} + \mu_0\right) / \sum_{i=1}^{m} v_i x_{ij_0} \tag{6-13}$$

$$\text{s. t.} \quad \sum_{r=1}^{s} u_r y_{rj} + \mu_0 - \sum_{i=1}^{m} v_i x_{ij_0} \leqslant 0, \ j = 1, 2, \cdots, n \tag{6-14}$$

$$u_r \geqslant 0, \ i = 1, 2, \cdots, m \tag{6-15}$$

$$v_i \geqslant 0, \ r = 1, 2, \cdots, s \tag{6-16}$$

其中，μ_0 为规模要素，反映了决策单元的规模效率影响程度。

利用查尔斯和库珀变换，把以上的非线性计划模型转换为一种和它具有相同含义的线性计划模型，即令 $t = 1/\sum_{i=1}^{m} v_i x_{ij_0}$，$\mu_r = tu_r$，$\omega_i = tv_i$，$\eta_0 = t\mu_0$ 从而得到：

$$\max\left(\sum_{r=1}^{s} \mu_r y_{rj} + \eta_0\right) \tag{6-17}$$

$$\text{s. t.} \quad \sum_{r=1}^{s} \mu_r y_{rj} + \eta_0 - \sum_{i=1}^{m} \omega_i x_{ij} \leqslant 0, \ j = 1, 2, \cdots, n \tag{6-18}$$

$$\sum_{i=1}^{m} \omega_i x_{ij_0} = 1 \tag{6-19}$$

$$\mu_r \geqslant 0, \ i = 1, 2, \cdots, m \tag{6-20}$$

$$\omega_i \geqslant 0, \ r = 1, 2, \cdots, s \tag{6-21}$$

根据线性规划的对偶理论，得到上述模型的对偶形式如下所示：

$$\min\theta \text{ s. t.} \quad \sum_{j=1}^{n} \lambda_j x_{rj} + s_i^- = \theta x_{ij_0}, \ i = 1, 2, \cdots, m \tag{6-22}$$

$$\sum_{j=1}^{n} \lambda_j x_{rj} - s_r^+ = y_{rj_0}, r = 1, 2, \cdots, s \tag{6-23}$$

$$\sum_{j=1}^{n} \lambda_j = 1 \tag{6-24}$$

$$\lambda_j, \ s_i^-, \ s_r^+ \geqslant 0, \ j = 1, 2, \cdots, n \tag{6-25}$$

以上述模型为基础，用规模效率、技术效率和纯技术效率对结果进行表达，反映决策单元是否达到有效，其中纯技术效率为前两者的乘积。

6.4.1.3　SBM 模型

在测度决策单元的效率方面，数据包络分析（DEA）的测度模型按照是否径向和是否角度可以分为四类。"径向"主要取决于决策单元的投入与产出变量是否以相同程度变化从而达到有效,而"角度"表示更侧重于对投入还是产出的控制。传统 DEA 模型（如 BCC 模型、CCR 模型）大多没有充分考虑过程中的松弛性变量对测算结果造成的误差。因此,采用托恩（Tone,2001）提出的 SBM 模型测算环境治理效率。

将每一个省份看作一个决策单元（DMU）,假定每个省份都拥有如下向量:投入（包括资源类投入和非资源类投入）和产出,其元素可表示成 $x \in R^m$,$y^g \in R^{s_1}$,定义矩阵 X、Y^g 如下:$X = [x_1, \cdots, x_n] \in R^{m*n}$,$Y^g = [y_1^g, \cdots, y_n^g] \in R^{s_1*n}$,其中,$x_i > 0$,$y_i^g > 0$。

生产可能性集合为:

$$P = \{(x, y^g, y^b) \mid x \geqslant X\lambda, \ y^g \leqslant Y^g\lambda, \ y^g\lambda, \ \lambda \geqslant 0\} \tag{6-26}$$

其中,λ 是权重向量,若其和为 1 表示生产技术为规模报酬可变的（VRS）,否则,表示规模报酬不变的（CRS）。

依照托恩提出的 SBM 处理方法,评价 DMU 效率的 SBM 模型可写成:

$$\rho^* = \min \frac{1 - \dfrac{1}{m}\sum_{i=1}^{m}\dfrac{s_1^-}{x_{i0}}}{1 + \dfrac{1}{s_1}\sum_{r=1}^{s_1}\dfrac{s_r^g}{y_{r0}^g}} \tag{6-27}$$

s. t.

$$x_0 = X\lambda + s^-, \tag{6-28}$$

$$y_0^g = Y^g\lambda - s^g \tag{6-29}$$

$$s^- \geqslant 0, \ s^g \geqslant 0, \ \lambda \geqslant 0 \tag{6-30}$$

其中,s 表示投入、产出的松弛量;λ 是权重向量。目标函数 ρ^* 是关于 s^-,s^g 严格递减的,并且 $0 \leqslant \rho^* \leqslant 1$。对于特定的被评价单元,当且仅当 $\rho^* = 1$,即 $s^- = 0$,$s^g = 0$ 时是有效率的。如果 $\rho^* < 1$,则说明被评价单元是无效率的,存在投入产出上改进的必要。上述模型是非线性规划,可以通过查尔斯和库珀的方法转换为如下线性规划问题:

$$\tau^* = \min\left(t - \frac{1}{m}\sum_{i=1}^{m}\frac{S_i^-}{x_{i0}}\right) \tag{6-31}$$

s. t.

$$1 = t + \frac{1}{S_1} \sum_{r=1}^{s_i} \frac{S_r^g}{y_{r0}^g} \qquad (6-32)$$

$$x_0 t = X\Lambda + S^- \qquad (6-33)$$

$$y_0^g t = Y^g \Lambda - S^g \qquad (6-34)$$

$$S^- \geq 0, \ S^g \geq 0, \ \Lambda \geq 0 \qquad (6-35)$$

$$t > 0$$

6.4.2　环境治理效率测算指标选取与数据来源

选取 2011～2018 年我国 31 个省（区、市）的年度数据，基于 SBM 模型计算各地区环境治理效率。环境治理效率的测算包括投入变量和产出变量。使用工业污染治理效率作为环境治理效率代理变量，资金投入选择环境污染治理投资总额，基础设施投入选择工业废水治理设施与工业废气治理设施总数；以工业废水治理能力、工业废气治理能力和工业固体废弃物综合利用量作为产出变量。

根据杜立民研究我国二氧化碳排放的影响因素，参照联合国政府间气候变化专门委员会（IPCC，2006）以及国家气候变化对策协调小组办公室和国家发展和改革委员会能源研究所（2007）使用的估算方法，将化石能源燃烧和水泥生产过程排放的二氧化碳排放量加总作为研究基础，以煤炭、焦炭、汽油、煤油、柴油、燃料油和天然气 7 种能源作为估算化石能源燃烧排放二氧化碳的基础，计算公式为：

$$EC = \sum_{i=1}^{7} EC_i = \sum_{i=1}^{7} E_i * CF_i * CC_i * COF_i * \frac{44}{12} \qquad (6-36)$$

其中，EC 表示各省份估算的全部能源燃烧产生的二氧化碳排放总量，EC_i 表示各省份估算的各种能源燃烧产生的二氧化碳排放量，E_i 表示各省份第 i 种能源的消费总量，CF_i 表示第 i 种能源的发热值，CC_i 表示第 i 种能源的碳含量，COF_i 表示第 i 种能源的碳化因子。$CF_i * CC_i * COF_i$ 被称为第 i 种能源的碳排放系数，$CF_i * CC_i * COF_i * 44/12$ 被称为二氧化碳排放系数。

环境治理效率指标体系具体情况如表 6-1 所示。

表 6-1　　　　　　　　　　　环境治理效率指标体系

类别	一级指标	二级指标	单位
投入指标	资金投入	环境污染治理投资总额	亿元
	基础设施投入	工业废水、废气治理设施总数	套
产出指标	治理成效	工业废水治理能力	万吨/日
		工业废气治理能力	万立方米
		工业固体废弃物综合利用量	万吨
		工业碳排放总量	万吨

资料来源：历年《中国环境年鉴》《中国环境统计年鉴》和《中国统计年鉴》。

6.4.3　环境治理效率测算结果与分析

将所选 31 个省份面板数据进行统一分析，不考虑环境变量和随机误差的影响，运用 Matlab 软件对国内各省份环境污染治理投资效率的评价结果如表 6-2 所示。

表 6-2　　　　　　　　　　2011～2018 年各省份环境治理效率值

省份	2011 年	2012 年	2013 年	2014 年	2015 年	2016 年	2017 年	2018 年	平均值
北京	0.326	0.290	0.324	0.261	0.298	0.277	0.254	0.251	0.285
天津	0.535	0.432	0.472	0.377	0.437	0.566	0.566	0.590	0.497
河北	1.000	1.000	1.000	1.000	1.000	1.000	1.000	1.000	1.000
山西	1.000	1.000	1.000	1.000	1.000	0.749	0.852	0.801	0.925
内蒙古	1.000	1.000	1.000	1.000	1.000	0.720	1.000	0.869	0.949
辽宁	1.000	0.811	0.803	0.982	0.974	1.000	1.000	1.000	0.946
吉林	0.712	0.847	0.740	0.798	0.741	0.444	0.655	0.662	0.700
黑龙江	0.868	1.000	0.688	0.772	0.888	0.410	0.749	0.942	0.790
上海	0.472	0.647	0.549	0.562	0.575	0.256	0.518	0.322	0.488
江苏	0.702	0.545	0.581	0.641	0.629	0.683	0.683	0.682	0.643
浙江	0.761	1.000	0.449	0.370	0.375	0.392	0.396	0.562	0.538

省份	2011 年	2012 年	2013 年	2014 年	2015 年	2016 年	2017 年	2018 年	平均值
安徽	0.824	0.929	0.928	0.856	0.905	0.583	0.888	0.982	0.862
福建	0.502	0.997	0.552	0.545	0.452	0.404	0.498	0.453	0.550
江西	0.553	0.635	0.779	0.845	0.579	0.386	0.650	0.645	0.634
山东	0.984	0.914	0.894	0.976	0.920	1.000	1.000	1.000	0.961
河南	1.000	1.000	0.799	0.817	0.765	0.611	0.777	0.926	0.837
湖北	0.886	1.000	0.704	0.766	0.788	0.296	0.763	0.795	0.750
湖南	0.673	0.777	0.758	0.885	0.905	0.735	1.000	1.000	0.842
广东	0.834	0.835	0.633	0.735	0.706	0.563	0.563	0.529	0.675
广西	0.869	0.883	0.721	0.752	0.905	0.525	0.861	0.797	0.789
海南	0.820	0.420	1.000	1.000	0.613	0.324	0.453	0.516	0.643
重庆	0.449	0.419	0.461	0.470	0.521	0.256	1.000	0.323	0.488
四川	0.906	0.767	0.593	0.500	0.494	0.354	0.512	0.603	0.591
贵州	1.000	0.953	0.821	0.692	0.932	0.712	0.805	0.882	0.850
云南	0.928	0.989	0.709	0.750	0.656	0.674	0.674	0.535	0.739
西藏	1.000	1.000	1.000	1.000	1.000	1.000	1.000	1.000	1.000
陕西	0.546	0.507	0.748	0.686	0.744	0.420	0.924	0.621	0.649
甘肃	0.805	1.000	0.698	0.774	0.724	0.340	0.602	0.301	0.655
青海	1.000	1.000	1.000	1.000	1.000	1.000	1.000	1.000	1.000
宁夏	1.000	0.929	1.000	1.000	0.829	0.335	0.766	0.415	0.784
新疆	0.801	0.557	0.866	0.744	0.941	0.390	0.850	0.461	0.701

6.4.3.1　环境治理效率时间特征

根据表 6-2 中数据计算可知，2011～2018 年我国环境治理效率均值为 0.7 左右，较为稳定。环境治理效率在时间上也存在较大差异。2011 年我国有 9 个省份环境治理效率达到了生产前沿面，为 1。2012 年有 10 个省份达到生产前沿面。2013 年、2014 年有 7 个省份达到生产前沿面。2015 年、2016 年有 5 个省份达到生产前沿面。2017 年有 8 个省份达到生产前沿面。2018 年有 6 个省份达到生产前沿面。2012 年最多，2015 年和 2016 年最少，恰好与环境治理效率值的峰值相对应。其中，河北、西藏和青海环境治理效率平均值为1，达到相对有效，说明这几个省份的环境治理PPP共生关系协调稳定，可能是由于环保相关制度体系完善的原因，对环境工作的改善具有很大作用。

图6-3以折线形式展示了2011~2018年各省份环境治理效率平均值。

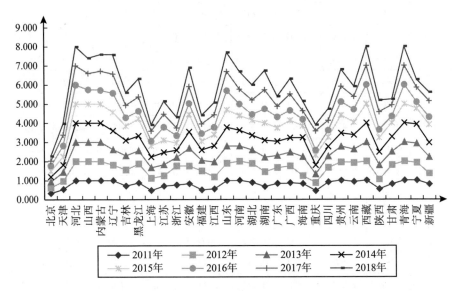

图6-3　2011~2018年各省份环境治理效率平均值

可以看出，2012年治理效率相对较高，2016年各省份环境治理效率普遍低于其余各年效率，这一年各省份治理水平较低，废水、废气和工业固体废物没能得到有效处理，有可能是这一年的环境污染程度较大，环境治理主体无法针对极端事件有效调节治理模式，获取成正比的治理资源，多元主体共生关系链关联度低，不同主体之间不能进行及时的资源共享或转换，没能实现共生效果，导致环境治理效率总体偏低。其余各年的地区环境治理效率程度相当。

6.4.3.2　环境治理效率空间特征

环境治理效率在空间上存在较大差异，其中产业发展水平较高的省份总体偏低，说明这些地区环境治理效率偏低，说明其以环境污染为代价进行经济建设产生的环境问题较严重，同时环境治理方面投资不足，治理企业污染物处理效率低，产生的污染物不能及时得到处理，导致其环境治理效率低于其他地区。这也表明环境治理 PPP 项目多元主体间的共生关系不协调，无法实现资源的有效配置，没有达到环境治理共生关系要求的治理效果。不同共生单元间可通过资源共享开展合作，在保证环境治理成效的情况下适当降低政府和企业资金及设备的投入，实现共生主体的利益共享，促进环境污染的高效治理。河北、西藏和青海每年的效率值均为 1，是相对有效的，说明这些省份的环境治理工作效率较高，投入产出相对平衡，环境治理 PPP 项目共生关系产生了预期效果。

6.4.3.3 环境治理效率区域差异性分析

图 6 - 4 以折线形式展示了 2011~2018 年区域环境治理效率平均值差异。

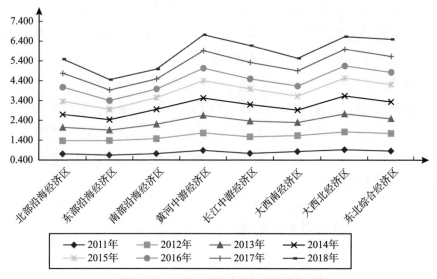

图 6 - 4 区域环境治理效率平均值差异

由图 6 - 4 可知，2016 年总体环境治理效率明显较低，其余各年水平相当，各区域平均环境治理效率存在较大空间差异，其中大西北经济区效率最高，说明该区域总体环境治理水平高，资金投入与污染治理成果相对平衡；也可能是该区域以畜牧业为主，对环境产生的人为破坏较小，环境污染排放量少，治理难度不大，同时多元主体间形成了良好的合作共生关系，能很好地解决环境治理过程中的异质难题；东部沿海经济区最低，该区域在工业快速发展的背景下，在污染物处理方面很大程度采用污染物直接排入海中的方式，不能实现共生体内部的资源循环，导致其环境治理效率低下。黄河中游经济区和东北综合经济区环境治理效率相当，仅次于大西北经济区。另外，随着年份的增长，各区域产业快速发展，随之而来的代价是大量工业废物的产生，加之环境污染治理资金等投入不足，导致多数地区环境污染治理效率并没有随之提高。

6.5 公众参与环境治理 PPP 项目共生关系的中介效应

环境治理 PPP 项目共生关系复杂多变，主体禀赋差异明显，其中任何一个环节的变化都会在共生体内产生蝴蝶效应，因此，环境治理 PPP 项目共生关系受多种因素共同作用影响并进化，公众作为社会治理主体的一部分，在其中发挥着至关重要的作用。公众通过间接参与生态环境治理过程维护自身环境权益，间接调节各主体间的异化冲突，权衡各方利益诉求，实现对环境污染的有效控制，承担着受害者、参与者、监督者和享有者的多重身份与职能，是十分强大的组织群体。明晰公众参与的中介作用可以加快实现生态建设民主化进程。

6.5.1 中介效应分析方法

英果尔德（Ingold，1934）提出中介理论，用以说明用经典结构式不能圆满地描述的某些分子的化学行为。他认为在常态下具有不饱和体系的分子中存在着电子转移，由这种电子转移所产生的效应称为中介效应。

中介效应，指的是 X 对 Y 的影响可以通过中介变量 M 实现，也就是说 M 是 X 的函数，Y 是 M 的函数（Y－M－X）。考虑自变量 X 对因变量 Y 的影响，如果 X 通过 M 影响变量 Y，则称 M 在这一影响过程中发挥中介作用。

进行中介作用分析时，有两种常见做法，第一种：因果逐步回归检验法；第二种：乘积系数检验法。采用乘积系数检验法进行分析，其原理是检验 $a*b$ 是否呈现出显著性，使用当前较为流行的检验方法为 Bootstrap 抽样法，其检验功效相对较高，并且对于中介作用抽样分布并不进行限制，因此使用情况越来越多。

6.5.2 研究假设

环境公共资源产品具有不利的市场竞争性和不良的非排他性，这种公共环境产品的特性是其造成环境市场机制功能失灵的一个重要因素，导致了各种负面和外部性的环境污染现象产生。为了充分满足当前现代社会人们对环保的迫切需求，环境规制应运而生。起初，环境规制是政府制定明文法规进行强制性管理，强调政府"有形之手"的作用。但随着实践中市场化规制工具的应用，市场"无形之手"也开始对环境资源进行规范治理。命令控制型环境规制主要由政府通过制定实施法律规章约束企业的污染排放，经济激励型环境规制利用市场力量进行环境管理，相较于命令控制型，其赋予企业更多的自主选择权进行环境污染治理投资，且对不同的企业有相异的效果，公众参与型环境规制不是强制性的措施规定，来源于社会公众及组织对政府和企业的压力。

公众逐渐形成了绿色消费意识，在日常生活中，消费者更倾向于选择奉行环境保护公司所产出的绿色产品。为迎合消费者需求和塑造良好的公众形象，企业会有更高的自觉性，将环境保护和绿色生产融入企业宗旨中，以期形成"品牌效应"，提高经营业绩。这样，一方面有利于绿色技术的研发和创新，另一方面获得了消费者的认可，提高产品的销售额和市场占有率，期望产出指标得到提高，全要素生产率增加。同时，企业也会吸引或培育有环保意识的员工，为企业在绿色生产和技术创新方面积累经验，进而提高整个环境治理过程的绿色效率。

路径假设 1：公众参与可以有效地促进环境治理体系中环境规制对环境治理的影响作用。

马克思、恩格斯关注资本主义生产方式，先是揭示了在资本主义社会制度下，一味追求资本的累积不能实现社会的可持续发展，资本的反生态性导致了严重的生态环境问题，继而阐发了马克思主义生态自然观，为我国生态环境治理奠定了科学的理论基础。20世纪90年代，美国的大气环境学家格罗斯曼和克鲁格（Grossman and Kruege，1992）和社会经济学家沙菲克和班迪奥帕迪亚（Shafik and Bandyopadhyay，1992）分别在深入细致研究多种类型大气中的污染物与其国家经济发展水平的相互作用平衡关系时，发现它们二者之间竟然呈现出一种类似于倒"U"型的相互作用平衡关系。在我国市场经济的发展初期，环境经济状况随着国家经济的社会发展逐步改善而逐渐恶化，但是当国家经济社会发展达到了某一阶段或更高水平后将会出现一个拐点，之后的社会环境经济状况也一定会随着国家经济社会发展而逐步改善，两者就等于实现了互利共赢。经济发展水平较高的地区往往在环境保护方面也能取得较好的治理效果，治理设施的完备能够刺激治理主体的积极性，激发行为热情，降低环境治理效果。

路径假设2：公众参与可正向促进经济水平对环境治理效率的影响程度。

纵观国内外经验，一个国家或地区和国外资本的合作不仅要看国家环境，还要关注该地区是否拥有良好的投资环境。贸易有益论认为，各国之间商品、资源和劳动力的交易往来也会对广大地区的公共环保产品生产造成技术创新推动，而且国际技术市场的连通引起的产业结构变动也会对环保领域产生正向溢出效应。贸易有害论指出，环境污染物的大量产生正是不受本国环境规制限制的国家交易行为造成的，这无疑增加了环境治理项目的难度。贸易中性论则就贸易开放对环境的影响问题持不确定态度，这一理论的代表专家按规模、结构和技术三类标准对国际贸易对环境的影响效应进行分类，这三类效应对环境影响的方向和程度各异，难以确定贸易开放与环境污染之间的关系。

路径假设3：公众参与在对外开放程度与环境治理效率之间发挥中介作用。

以上述路径假设为基础，构建公众参与环境治理PPP项目共生关系中介效应分析框架（见图6-5）。

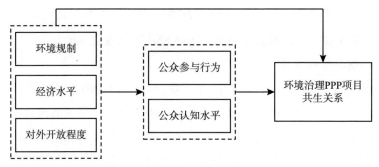

图 6 - 5 中介效应分析框架

6.5.3 实证模型设计

6.5.3.1 回归方程

为研究环境规制经济水平和对外开放程度对环境治理效率的影响中公众参与的中介效应，引入被解释变量的滞后一期 $Effi_{i,t}$，使用动态估计方法。同时，环境规制、经济水平和对外开放程度可能通过公众参与对环境治理效率 Effic 产生间接影响，借鉴温忠麟（2004）的中介检验方法，以公众参与行为、公众认知水平下的 5 个二级指标作为中介变量 $M_{i,t}$，最终形成 3 个方程：

$$Effi_{i,t} = cX_{i,t} + \sum year_t + \varepsilon_{i,t} \tag{6-37}$$

$$M_{i,t} = aX_{i,t} + \sum year_t + \varepsilon_{i,t} \tag{6-38}$$

$$Effi_{i,t} = c'X_{i,t} + bM_{i,t} + \sum year_t + \varepsilon_{i,t} \tag{6-39}$$

式（6-37）为自变量 X 对因变量 Effic 的影响分析，c 为总效应值；式（6-38）为自变量 X 与中介变量 M 的影响分析，a 为中间效应过程值；式（6-39）为自变量 X 中介变量 M 对因变量 Effic 的影响分析，c′为直接效应值，b 为中间效应过程值；$\varepsilon_{i,t}$ 为随机误差项。

6.5.3.2 变量与数据

（1）被解释变量

环境治理 PPP 项目共生关系。我国环境治理 PPP 主要以政府投资补偿，企业治理展开共生联系，以环境治理效率（Effic）作为环境治理PPP项目共生关系的体现，研究自变量对其影响路径和影响效应。

（2）核心解释变量

① 环境规制（X_1）。环境规制是以保护环境为目的，对各种污染生态环境、社会环境的行为进行的强制性管制，属于社会性规制的内容范畴。环境污染是社会进步、经济发展所产生的负外部性现象，要想限制这种行为首先要从法律层面对污染物制造主体进行行为约束，将因环境污染对社会产生的负面影响反作用于污染物产生主体本身，其次也可通过正面激励的方式对表现良好的组织或个人进行表扬和奖励，最后还可以将监督任务转移给环境污染的直接受害者——公众，通过社会公众积极参与监督的方式给其加压。主要以命令控制型环境规制为研究指标，参考以往研究的衡量标准，以现行有效的地方性法规与规章总数表示。

② 经济水平（X_2）：经济水平一方面体现地区产业发展产生的经济效益，另一方面体现地区在环境治理方面可投入资本的能力。经济的发展普遍以生态环境的破坏为代价，地区发展越迅速，经济发展越迅速，相对应产生的环境代价也就越高，公众对环境质量的敏感度加大，公众环保需求也随之体现。在推动环境保护与治理工作开展的同时，也有利于更大规模的资金和社会人力资本投入，提高了环境保护与治理的效率，促进了生态和社会经济的共生发展。以区域生产总值占全国生产总值比重来体现各地区经济水平。

③ 对外开放程度（X_3）：一个地区或者一个城市的对外开放程度既可以表示该地区或者城市积极参与各种国际经济和社会活动的程度，也可以表示该地区或者城市在境内吸引外商直接投资的能力，这会改变该地区产业发展体系的构成，同时影响环境治理PPP项目共生关系的结构。选择贸易依存度来衡量对外开放程度，即进出口贸易总额与区域GDP的比值。将当年货物进出口总额的单位转换成人民币，并计算出该数据占当年全国生产总值的比重。所占比重越大，表示该地区的引资开放程度越高。

（3）中介变量

① 公众参与行为。公众对环境问题提出建议或抗议的渠道多种多样，其中正规方式主要通过投诉建议体现，环境问题相关来信数是公众参与环境

治理的直观体现，公众针对环境问题的信件越多，表示当地公众对环境问题关注度越高，并愿意通过投诉建议的方式行使自己的权利参与对环境问题的监督；习近平总书记在参加十三届全国人大二次会议内蒙古代表团审议时强调，要保持加强生态文明建设的战略定力。政协提案数则代表了一定数量公众群体的思想，更能体现公众参与环境治理问题的决心。从这三个方面入手反映公众监督环境治理的行为，即公众环保来信总数（M_1）、环保方面的人大建议（M_2）、环保方面政协提案数（M_3）3 项指标。

② 公众认知水平。公众的知识水平越高，对环境状况的关注程度越高。公众认知指标选取 15 岁及以上的人口文盲率（M_4）和人均可支配收入（M_5）作为代表性变量来衡量。文盲率越低，说明公众受教育水平越高，环保知识就越丰富，能够有效地达到环境保护的效果。人均可支配收入越高，公众可以在生活得到满足的基础上，有更多的精力和物质参与改善周围的生存环境，提高环境治理效率。各指标变量具体情况如表 6 - 3 所示。

表 6 - 3　　　　　　　　　中介作用分析指标变量

变量类型	一级指标	二级指标	单位
被解释变量	环境治理 PPP 项目共生关系	环境治理效率（Effic）	—
核心解释变量	环境规制	现行有效的地方性法规与规章总数（X_1）	件
	经济水平	区域生产总值占全国 GDP 比重（X_2）	%
	对外开放程度	进出口贸易总额占全国 GDP 比重（X_3）	%
中介变量	公众参与行为	公众环保来信总数（M_1）	件
		环保方面的人大建议（M_2）	件
		环保方面政协提案数（M_3）	件
	公众认知水平	15 岁及以上的人口文盲率（M_4）	%
		城镇居民人均可支配收入（M_5）	元

资料来源：参见《中国统计年鉴》。

（4）主要变量描述性统计

表6-4展示了模型中主要变量的描述性统计。

表6-4　　　　　　　　　主要变量描述性统计分析

变量	变量名称	均值	中位数	标准差	最小值	最大值
Effic	环境治理效率（%）	0.731	0.764	0.232	0.077	1.000
ER	现行有效的地方性法规与规章总数（件）	21	19	12	2	60
GR	区域GDP占全国GDP比重（%）	3.420	2.590	0.263	0.120	10.930
DT	进出口贸易总额占全国GDP比重（%）	2.600	0.790	0.454	0.010	25.880
M_1	公众环保来信总数（件）	3650	2366	3250	16	16296
M_2	环保方面的人大建议（件）	235	193	174	11	761
M3	环保方面政协提案数（件）	309	255	219	11	815
M4	15岁及以上的人口文盲率（%）	6.14	4.77	6.22	1.23	40.18
M5	城镇居民人均可支配收入（元）	28966.9	27295.6	9267.3	14988.7	68033.6

注：样本数据量为248个。

中介变量 M1、M2、M3、M4 及 M5 的标准差分别为3250、174、219、6.22和9267.3，说明不同省份之间公众参与程度存在较大差别；变量 X_1 的最大值和最小值存在差异，说明不同省份的环境规制水平具有明显差异；区域GDP占全国GDP比重和中位数较小说明区域经济水平高的地区较少，区域生产总值占全国GDP平均比重仅为3.420%；进出口贸易总额占全国GDP比重的最大值和最小值差异较大，说明各地区对外开放程度区别较大；环境治理效率水平极端。

6.5.4　测算结果分析

对数据进行标准化处理，应用 SPSS 软件进行中介回归分析，使用 Boot-strap 抽样法进行检验，得到中介作用检验结果如表 6 – 5 所示，中介作用效应量如表 6 – 6 所示。

表 6 – 5 中介作用检验结果汇总

项	c	a	b	a * b	a * b	c′	检验结论
	总效应			中介效应	（95% BootCI）	直接效应	
X1 = > M1 = > Y	0. 318 **	1. 247 **	0. 214 **	0. 267	0. 022 ~ 0. 293	0. 204	完全中介
X1 = > M2 = > Y	0. 318 **	1. 004 **	0. 248 **	0. 249	0. 131 ~ 0. 313	0. 204	完全中介
X1 = > M3 = > Y	0. 318 **	1. 546 **	0. 166 **	0. 257	0. 105 ~ 0. 314	0. 204	完全中介
X1 = > M4 = > Y	0. 318 **	1. 062	0. 142 **	0. 151	0. 017 ~ 0. 263	0. 204	完全中介
X1 = > M5 = > Y	0. 318 **	0. 576	0. 185 **	0. 292	0. 125 ~ 0. 331	0. 204	完全中介
X2 = > M1 = > Y	0. 323 **	0. 725 **	0. 304 **	0. 221	0. 123 ~ 0. 284	0. 183	完全中介
X2 = > M2 = > Y	0. 323 **	1. 314 **	0. 226 **	0. 297	0. 104 ~ 0. 312	0. 183	完全中介
X2 = > M3 = > Y	0. 323 **	1. 232 **	0. 218 **	0. 269	0. 186 ~ 0. 302	0. 183	完全中介
X2 = > M4 = > Y	0. 323 **	1. 865 **	0. 114	0. 213	0. 037 ~ 0. 249	0. 183	完全中介
X2 = > M5 = > Y	0. 323 **	1. 177 **	0. 096 **	0. 113	0. 150 ~ 0. 246	0. 183	完全中介
X3 = > M1 = > Y	0. 304	1. 238 **	0. 017 **	0. 021	0. 021 ~ 0. 261	0. 093 **	部分中介
X3 = > M2 = > Y	0. 304	1. 502	0. 108 **	0. 162	0. 144 ~ 0. 327	0. 093 **	部分中介
X3 = > M3 = > Y	0. 304	1. 44	0. 199 **	0. 287	0. 039 ~ 0. 341	0. 093 **	部分中介
X3 = > M4 = > Y	0. 304	1. 775	0. 102 **	0. 181	− 0. 008 ~ 0. 072	0. 093 **	中介作用 不显著
X3 = > M5 = > Y	0. 304	1. 472 **	0. 188 **	0. 277	0. 019 ~ 0. 293	0. 093 **	部分中介

注：* 表示 p < 0.05，** 表示 p < 0.01。

表6-6　　　　　　　　　　中介作用效应量结果汇总

项	检验结论	c 总效应	a*b 中介效应	c' 直接效应	效应占比计算公式	效应占比（%）
X1 => M1 => Y	完全中介	0.318	0.267	0.204	-	100
X1 => M2 => Y	完全中介	0.318	0.249	0.204	-	100
X1 => M3 => Y	完全中介	0.318	0.257	0.204	-	100
X1 => M4 => Y	完全中介	0.318	0.151	0.204	-	100
X1 => M5 => Y	完全中介	0.318	0.292	0.204	-	100
X2 => M1 => Y	完全中介	0.323	0.220	0.183	-	100
X2 => M2 => Y	完全中介	0.323	0.297	0.183	-	100
X2 => M3 => Y	完全中介	0.323	0.269	0.183	-	100
X2 => M4 => Y	完全中介	0.323	0.213	0.183	-	100
X2 => M5 => Y	完全中介	0.323	0.113	0.183	-	100
X3 => M1 => Y	部分中介	0.304	0.021	0.093	a*b/c	6.91
X3 => M2 => Y	部分中介	0.304	0.162	0.093	a*b/c	57.41
X3 => M3 => Y	部分中介	0.304	0.287	0.093	a*b/c	30.59
X3 => M4 => Y	中介作用不显著	0.304	0.181	0.093	-	0
X3 => M5 => Y	部分中介	0.304	0.277	0.093	a*b/c	91.12

注：遮掩效应时效应占比为：中介效应/直接效应的比例。

6.5.4.1　环境规制影响

由表6-5可知，自变量X_1对环境治理效率的回归系数为0.318，是显著的，表示没有中介作用参与下环境规制正向影响环境治理效率，环境规制程度越高，环境治理效率越高；其中自变量X_1对M_4、M_5的回归系数分别为1.062、0.576不显著，表明环境规制对人口文盲率和城镇居民人均可支配收入影响效果不明显，环境规制不能很好地促进公众认知水平的提高，但M_4、M_5对Y的回归系数分别为0.142、0.185显著，说明公众认知水平对环境治理效率存在影响效应，且a*b的95% BootCI不包括数字0（显著），c'为0.204不显著，则公众认知水平在这一影响路径下存在完全中介作用，可正向促进环境规制对环境治理 PPP 项目共生关系的影响作用。

另外，自变量 M_1 对中介变量公众参与行为的回归系数显著，中介变量对环境治理效率的回归系数也显著，c' 不显著，说明环境规制通过公众参与行为正向影响环境治理 PPP 项目共生关系。

6.5.4.2　经济水平影响

自变量 X_2 对环境治理效率的回归系数为 0.323 显著，表示没有中介变量作用下，地区经济水平越高，环境治理效率越高，环境治理 PPP 项目共生关系越有效；其中自变量 X_2 对 M_4 的回归系数为 1.865 显著，表明经济水平可正向影响人口文盲率，经济发展水平越高，该地区人口知识水平也越高，但 M_4 对 Y 的回归系数为 0.114 不显著，说明人口文盲率对环境治理效率影响效应不明显，且 a * b 的 95% BootCI 不包括数字 0（显著），c' 为 0.183 不显著，则人口文盲率在这一影响路径下存在完全中介作用。其余各中介变量也可正向影响经济水平对环境治理 PPP 项目共生关系的提高，故公众参与行为和公众认知水平在这一影响路径下存在完全中介作用。

6.5.4.3　对外开放程度影响

自变量 X_3 对环境治理效率的回归系数为 0.304 不显著，表示没有中介变量参与下，对外开放水平对环境治理 PPP 项目共生关系影响效果小；其中 X3 对 M4 的回归系数 a 为 1.775 不显著，a 和 b 中有一个不显著，且 a * b 的 95% 的置信区间为 −0.008 ~ 0.072 包括数字 0（不显著），则表示中介作用不显著，人口文盲率在对外开放程度与环境治理效率间不存在中介作用。其余各中介变量 a 和 b 中有一个不显著，且 a * b 的 95% BootCI 不包括数字 0（显著），c' 为 0.093 显著，a * b 与 c' 同号，则为部分中介作用，表明对外开放程度对环境治理 PPP 项目共生关系进行影响时一部分是通过公众参与行为和城镇居民可支配收入来体现，选的中介变量并不发挥完全的中介作用。

6.6 本 章 小 结

　　本章从利益相关者、制度规范和空间制度三方面对公众参与环境治理的可行性进行分析；基于计划行为理论剖析公众参与环境治理的态度—主观行为规范—知觉行为控制的行为意愿影响路径和基于受害相关—环境知识—环保使命的公众参与环境治理类型分析框架，并分析公众环境行为的阶段性差异特征；在对环境治理 PPP 项目共生关系进行分析的基础上，以环境治理效率作为环境治理 PPP 中多元主体共生关系程度及成果的体现，基于 DEA – SBM 模型法，选取 2011 ~ 2018 年我国 31 个省份环境治理相关的面板数据，分析环境保护的治理效率并分区域对其进行差异分析，探索不同区域环境治理 PPP 共生关系程度；以公众参与作为中介变量，假设其在环境规制、经济水平和对外开放程度对环境治理效率影响过程中产生的作用；以公众参与行为和公众认知水平为代理变量，建立中介效应模型并进行实证检验，确认中介效应是否存在，说明公众参与在环境治理共生关系中发挥的中介作用，明确公众参与环境行为的实践效果，促进生态环境可持续发展。

第 7 章

环境治理 PPP 项目共生关系与结构构建

前文对环境治理 PPP 项目主体共生关系进行分析，为本章提供了理论和研究基础。本章对环境治理 PPP 项目内部复杂的层级利益关系进行解析，并探讨环境治理 PPP 项目共生关系的"四个统一"特性。环境治理要求合作治理参与环境的可持续，主体通过协同作用建立网络关系；主体作为网络节点，关系形成网络链条，通过建立邻接矩阵进而构建网络内公私合作环境治理共生关系结构，同时基于三个层面建立各主体网络间的共生超网络。

7.1 环境治理 PPP 项目层级利益关系

7.1.1 多层次利益关系

PPP 模式的最终目标是各主体互利共生、协调发展，实现各主体独立利益的最大化，即建立多层次的社会利益分配关系。与人体在现代生物科学研究中的群体共生活动机制相似，PPP 项目中各主体利益共生共存，若相互分离，都无法实现自我生存。PPP 项目一方面需要充分实现社会和企业资本的盈利性，另一方面也需要充分兼顾社会和民间服务的公开性，这两个方面的目标都是为了使它们在政策上能够同时得到有效执行，并且需要多层次的利益相关者之间相互配合，共同发挥作用。公众参与环境治理 PPP 项目层级利益关系结构如图 7 - 1 所示。

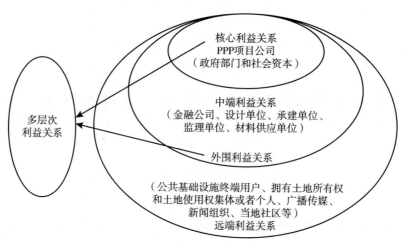

图 7-1 利益关系结构

从实际 PPP 项目的角度进行具体分析，项目立项之初政府针对 PPP 模式进行了融资，与所有人员以及其他参加项目建设的企业等进行了全方位的谈判，将项目建设全过程的目标都进行了分解，即前文所述的盈利性目标和公开性目标，促进利益相关方共同管理，有效执行。首先，地方政府及其他企业牵头组建项目有限责任公司，对项目总体目标进行分解，多层次实施管理。其次，项目有限责任公司通过融资等方式筹集资金，完成资金准备。同时，着手准备公共基础设施的建设，依据其管理职能，建设期内将创新的技术与管理方式贯穿整个建设工作，完成项目的建设任务，为客户提供公共产品和服务。此外，项目企业还可以通过向终端客户购买公共服务，或者政府采取购买等形式来实现对客户的成本回收和获取利润。不同治理主体如果不能跨层级满足合作主体的利益诉求，可能会使共生关系管理丧失公共管理的本质特性，无法获得集体效益。

7.1.2 核心利益关系

PPP 项目管理公司由各级政府的公共事务治理部门和其他企业的私营或非商业性的 PPP 管理公司共同参与设立。一方面，通过资源投资对项目进行开发、建设、运行和维护等工作，以经济利润方式获得绩效反馈；另一方面，践行项目建设理念，改善环境恶化状况，实现绿色生态环境和健康社会环境的和谐，承担社会责任，提供公共产品或服务，一举两得，实现企业的全面化发展，在共生结构中占据着核心地位。PPP 项目能够顺利进行就必须正确处理好这些与项目公司相关的问题：选择合适的项目公司，拥有有效的运行监督管理机制，保障企业的回报率，承担社会责任的意志和能力。在我国当前体制下，项目公司的领导地位尤为重要，更加突出了项目公司在 PPP 利益关系中的核心作用。

7.1.3　外围利益关系

7.1.3.1　中端利益关系

在一家由中端项目管理公司自主组织的一个 PPP 中端项目正式投入使用并初始开展项目运营的整个发展过程中，会不断地有其他的中端市场主体由于战略合作伙伴关系或其他的战略合作伙伴关系而开始参与其中，依据市场参与广泛程度和市场重要性将其关系称为中端的市场利益分配关系。

中端利益关系能够不断努力推动建设项目的发展加快建设施工进度，完善项目运行机制，实现项目风险管理担保等，同样也是项目利益分配关系管理框架里面最不可忽视的。例如，PPP 广州项目经营管理有限公司在项目进行时要统筹安排工程项目各个环节的施工时间，要合理地安排选择一批国有资金综合力量强和实力雄厚、相关企业项目经营管理人员工作经验丰富、施工管理技术和经营管理制度先进、具备高度负社会责任的良好经营企业管理文化的专门技术人员队伍来负责承担工程项目各个施工阶段的设计施工、运营，项目的具体进度和重要节点按时间和顺序设计完成，施工过程质量也就最终达到了最优，这些施工结果都将直接影响整个项目的售后服务质量指标、社会经济和公共利益。

7.1.3.2　远端利益关系

远端利益关系主要是泛指某主体间接介入或参加项目的建设、运营或者其他任何阶段，其实际行动也会对项目产生促进或抑制作用，改变环境治理共生系统的组织结构。这类主体虽然不是环境治理项目的直接实施者和公共产品的直接生产者，但行使着社会监督权，是公共产品的使用者。公共设施的建设位置与公众生活区域密不可分，同样是环境治理的主体、生态共生系统的共生单元，与其他共生单元构成远端利益关系。此外，广播媒介和新闻机构也会间接影响环境治理项目的资金流入、公共利益和项目成果。

7.2 环境治理 PPP 项目共生关系结构特征

7.2.1 价值网络与责任网络的统一

环境治理主体共生是价值内化与社会责任的共同促进，行为主体在不同共生单元进行协同合作与统一行动，追求环境治理 PPP 项目价值最大化和责任明确化，获取最大经济效益的同时，使得环境生物多样性获得保护，居民生产生活环境得以提升，产生积极的生态效益与社会效益。多元行为主体关键利益诉求相驳，政府主张环境利益最大化，企业主张自身利润最大化，公众主要追求生活环境舒适化，在不同主张输出的同时拥有共同的价值追求，基于多元主体共生合作与价值共创进行组织资源共享。从内在属性来看，多元主体以达到最大生态价值为共同追求，针对城乡环境、土壤破坏、垃圾处理、水资源污染与大气污染等生态环境问题进行生态保护，强化生态资源整合，降低生态资源盲目开发，共同承担生态社会责任。从外在属性来看，获取最大的经济效益是多元共生主体的共同追求，主张环境治理 PPP 项目的经济价值增值，在不损害自身经济价值的前提下承担环境治理的生态价值保护责任，并厘清生态资源的履约责任，实现多元主体之间共担责任、共创价值和共享利益的互动共赢的局面，使得人与自然能够和谐相处。因此，应该合理分配环境治理 PPP 项目中权利、责任与利益之间的关系，强化主体责任意识，明确主体权责关系，实现环境治理项目的价值共创与责任共担。

7.2.2 集聚共生与虚拟共生的统一

生态环境集聚的本质是共生，通过环境治理多元主体分工合作形成共生网络，集聚生态环境原动力，体现生态环境集聚发展的有效模式，实现环境治理主体集聚共生与生态环境集聚发展资源再生的价值转移。环境治理 PPP 项目的共生单元通过合作互惠的共生关系在社会环境与内部环境同时进行的价值共创行为引导着生态环境集聚共生的发展方向，合理的任务分工与合作极大提高了共生系统的资源凝聚力，共生界面的物质交换与信息交流促进了环境治理 PPP 项目的正常运行，为生态环境集聚共生发展提供动力能量。在以生态功能空间为依托的共生网络，其网络密度较低，城乡环境污染问题结合虚拟技术、互联网创造全新的社会环境和生存空间，打破区域、资源、环境等限制，辐射共生网络空间活力性，多元利益主体在共生网络空间的网络效应、跨域网络效应为环境治理提供了全新的"共生体"，实现了在线时空与物理时空并存、虚拟环境与自然环境共生的和谐局面以及跨域合作和虚拟运营的协同共生。因此，生态环境的集聚发展与虚拟生存是环境治理项目全过程共生治理的统一，环境治理共生网络是以保证生态环境质量为目的而形成的有具体功能的区域，不仅体现了环境治理多元主体共生发展的有机合作，也出现了不同层级间的相互包容和配合。

7.2.3 稳健性与脆弱性的统一

环境治理共生在生物角度上指不同产品生产过程中产生的污染物在其他产业可以重新利用形成的共生系统，由于人们发现在污染物中存在许多可以重复利用的资源，如手机、电脑和电视等电子产品中可以产生一些可再次利用的稀有金属，此外，聚乙烯和聚苯乙烯等通用塑料和工程塑料也可以从不同材质的混合塑料分离提取，将这些再生资源作为原料进行进一步加工处理形成一条完整的再生资源产业链，提取出高品质、多品种的再生资源。基于此，环境治理共生结构牢固，共生关系稳定性能好，当某段产业链中断或失败时，可迅速进行关系重组生成更加牢固的二代产业链，然而各治理主体对二次利用资源要求较高，无法 100% 实行资源转化，合作网络具有弹性但有限，只有在一定程度的政府政策支持和技术进步下才能推动产业的深化，但一般情况下难以满足，具有明显的脆弱性。除此之外，共生单元之间存在着权责利矛盾，使得共生过程产生的效益不能合理公平地进行分配，以及共生单元之间在政策、市场、技术等方面无法拥有同等程度的信息资源，这也使得共生关系更加不稳定。

7.2.4 自组织性与主体建构性的统一

对生态环境产生危害的污染物类型复杂，治理共生体内部具有多个共生节点，各主体因缺乏有效的沟通体系无法准确高效地进行资源互动，不利于多元主体共同发展，共生网络内部混乱脆弱。在这种情况下，共生单元不能在复杂多变的共生环境中灵活改变关系结构，受个体理性影响，自组织能力的高低决定了共生关系的进化速度，自组织能力越高，共生单元就能越快地形成适应新环境的动态共生关系。但由于共生单元的异质性，共生体内部存在多种利益诉求，这些利益诉求交错影响形成多层次的利益共生关系，在组织内部技术更新或政策激励的条件下便会触发利益协调系统，促进有序利益共生关系的形成。目前我国环境治理共生网络正处于发展阶段，仅依靠共生单元的自组织能力对抗污染物暴增等环境问题难度巨大，此时多方的协同参与和集体配合显得尤为重要，政产学研一齐发力，依靠多方配合、协作治理破解污染物暴增问题才是关键。因此，环境治理共生既要实现自组织又要达到主体建构的目标，从内外两方面展开系统维护才能保证共生关系的稳定性。

7.3 环境治理 PPP 项目共生关系网络结构建立

借助物理学原理及社会网络将环境治理 PPP 项目通过"链"连接各个节点形成共生网络。共生网络就是通过不同的节点相互联系分析建成更有利于研究的网络结构，从而探究其项目主体关系的规模、形式。"点"意味着项目各主体，如政府、企业或者公众；主体之间的连接关系意味着多元主体的联系，比如沟通交流的内容，或者在实际情况中的行为关系。

7.3.1 环境治理 PPP 项目共生网络节点和链的设立

环境治理 PPP 共生网络中的"点"即是网络的主体成员，或指系统内的政府、企业和公众等部门，也可以具体到某个具体的管理人员等。例如，企业作为节点，将与其他节点进行连接，建立合同、资金和能量关系等多种元素构成的多维连接路线，其各线路连接方式、线路承载元素各不相同，而各种元素所占比重各有偏差，因此连接线路结构各有差异。当边界被切断时，可能对系统或其他的核心部分产生极其严重的破坏，对周围边界产生较小的破坏。在这种背景下，政府、企业和公众之间的共生网络模式无法得到很好的反映。当把具体合同关系、资金或能量关系当作节点时，其功能相对不是很复杂，可以进一步表示节点与结构的关系。

共生网络中主体的沟通合作可以叫作关系，包括合同、资金和能源流动等多条链路，或者是具体的物质交换与转移，因此环境治理 PPP 共生网络通过节点相互连接形成。

节点度可以反映网络共生结构的特性，也可以表示不同主体中的直接耦合程度。节点度也叫相关性，是代表与节点相联系的边数。在定向图里，节点能够化成入点和出点，入点深度代表了链点数，出点代表了节点开始的链数。在有网络的情况下，当节点存在互相连接情况时，节点的级别不等于输入和输出的总和。如果节点和节点相互的边界为单向，节点值就是输入加上输出值。节点度 0 为极低值，代表与环境治理 PPP 项目共生网络没有直接关系，不能包含在结构特性中；节点越大（即 $N-1$），节点在共生网络中的位置越聚集，越能改变整个网络的结构和稳定性。

7.3.2 环境治理 PPP 项目共生网络的邻接矩阵

在环境治理 PPP 共生网络模型中，环境治理 PPP 项目内共生网络不同的节点还有它们的相互联系所形成的集合可以记做邻接矩阵 B。邻接矩阵 $B = \{b_{i,j}\}_{N \times N}$ 是一个方阵，矩阵元素 $b_{i,j}$ 表示环境治理 PPP 共生网络中节点 u_i 和 u_j 之间的联系。若节点 u_i 和 u_j 之间存在关联关系，不论是保持何种关系，则记为节点 u_i 和 u_j 之间有边连接，此时 $b_{i,j} = 1$；若两个节点之间没有直接的联系，则记为节点 u_i 和 u_j 之间没有边连接，此时 $b_{i,j} = 0$。对于不同主体 u_i 与 u_j 之间的关联性，也可以用矩阵元素 $b_{i,j}$ 来表示，当 $b_{i,j} = 1$ 时，主体 u_i 与 u_j 之间存在边连接。

通过研究系统关键节点之间的关系，可以得到共生网络的邻接矩阵。此时，矩阵 B 是非负矩阵。由于物质或动力的改变，共生网络的链存在着征服趋向。然而在其他情况影响时，无论下边的节点是什么样的情形，上边的节点依然会被影响，紧接着干扰共生网络的运行。因此，本书在设立共生网络结构时忽视节点方向。

7.3.3　构建环境治理 PPP 项目共生关系网络结构模型

环境治理 PPP 共生网络和其他的网络发展有着相似的性质，具体的形式如下：首先是有着比较多的节点，因此造成网络结构具有多元性的特性；其次是节点本身的多元性，环境治理 PPP 共生网络里它既意味着合约及资金等具体品，也意味着政府和企业等节点；再其次链也是多元化，具有自己的规模和空间特性，使共生网络变得愈发混乱；最后共生网络具有动态复杂性，节点和侧部的状态会随时间而变化，从而导致网络结构的连续演化（或退化）。

在环境治理 PPP 共生网络里，节点与节点通过风险共担、物质转移等形式构造变为链或进化演变为网，进而展现成为网络性特征。在确定环境治理 PPP 项目中的相关成员加上它们之间的关联，建立该共生网络相应的邻接矩阵。在环境治理 PPP 共生网络模型中，把环境治理 PPP 共生网络概括为拓扑图 $G = (U, E)$，其中 $U = \{u_1, u_2 \Lambda u_n, x_1, x_2 \Lambda x_n, y_1, y_2 \Lambda y_n\}$ 代表模型中主要节点的集合，E 代表模型中各节点间链的集合。图 7-2 为环境治理 PPP 共生关系网络随机图模型。

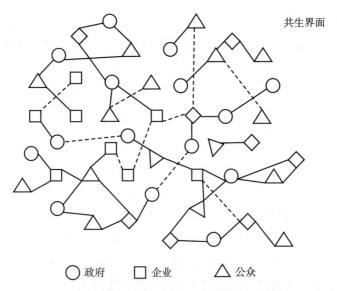

共生界面

○ 政府　　□ 企业　　△ 公众

图 7-2　环境治理 PPP 共生关系网络随机图模型

7.4　环境治理 PPP 项目共生超网络结构形成

近年来，超网络作为一种研究复杂系统的新思路，受到越来越多的关注。20 世纪后期，生物学和技术学中都提出了"超网络"的概念，这通常意味着多节点和多网络的形式。随后，引入了"超级网络"一词，来说明它的性质和结构。也就是说，由于超级网络的多层面、多层次和多空间特性，解决了一般网络不能完全描述网络真实特性的缺点，并且广泛用于生产和社会等领域。

前文已经对环境治理公私合作的相关主体进行了分析，并构建了网络内部的相关关系网络结构，本部分基于不同主体的分层，划分出政府网络、企业网络及公众网络，并构成环境治理公私合作共生超网络。

一是企业网络。在共生超网络中，企业不仅与政府和公众有多重物质的相互关联，企业之间在各种物质上也要保持关联，且不同的企业还可能需要竞争，也就是竞合关系。竞合关系对任意两个企业是相互的，以不同企业为

结点，可构建企业网络，记为 $G_p = (P, E_{p-p})$；其中 P 为企业集合，$E_{p-p} = \{(P_i, P_j) | \theta(P_i, P_j) = 1\}$ 为企业相互关联的集合，P_n 意味着企业保持了各种联系。

二是政府网络。与企业网络情况大同小异，政府部门之间相互关联，所以把政府当成点，进而把相互联系形成边，从而形成政府网络，记为 $G_c = (C, E_{c-c})$；其中 C 为政府的集合，$E_{c-c} = \{(C_i, C_j) | \theta(C_i, C_j) = 1\}$ 为政府竞合关系集合，$\theta(C_i, C_j) = 1$ 表示政府之间存在竞合关系。

三是公众网络。把公众及其组织当成点，进而把相互联系形成边，从而形成公众网络 $G_d = (D, E_{d-d})$；其中 D 为公众组织集合；$E_{d-d} = \{(d_i, d_j) | \theta(d_i, d_j) = 1\}$ 为公众竞合关系集合，表示公众组织存在竞合关系。

根据企业、政府及公众情况，三层网络间通过沟通交流得到了超网络，称为环境治理公私合作共生超网络（EISS），如图7-3所示。

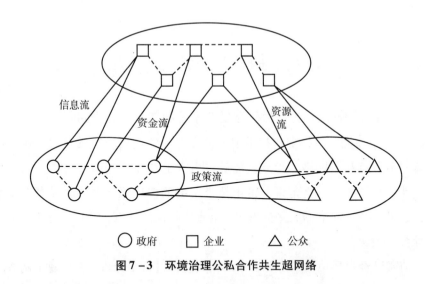

图 7-3　环境治理公私合作共生超网络

根据前文研究以及共生网络的相关性质，能够形成企业网络、政府网络及公众网络间的映射关系。

一是企业网络与政府网络。企业与政府进行沟通交流时有各种情况，而它们每个不同的种类就是它们的映射关系。假如把这些有联系的成员通过无

向边组合，那么可以把企业网络与政府网络无向边的集合记为：$E_{p-c} = \{(p_i, c_j) | \theta(p_i, c_j) = 1\}$。

二是企业网络与公众网络。企业与公众进行沟通交流时有各种情况，而它们每个不同的种类就是它们的映射关系。因此企业网络与公众网络无向边的集合是：$E_{p-d} = \{(p_i, d_j) | \theta(p_i, d_j) = 1\}$。

三是政府网络与公众网络。公众与政府进行沟通交流时有各种情况，而它们每个不同的种类就是它们的映射关系。所以政府网络与公众网络无向边的集合是：$E_{c-d} = \{(c_i, d_j) | \theta(c_i, d_j) = 1\}$。

将企业网络、政府网络及公众网络根据所分析的关系来交相联系，能够得到 EISS 结构和功能的表达式，记为：EISS = (V，E)，V 为各主体集合，E 为各关系集合。

7.5　本 章 小 结

本章首先分析公众参与环境治理 PPP 项目共生关系结构的价值网络与责任网络的统一、集聚共生与虚拟共生的统一、稳健性与脆弱性的统一和自组织性与主体建构性的统一的"四个统一"特性，建立多元共生主体间多层次利益关系、核心利益关系和外围利益关系的利益关系结构；其次对环境治理 PPP 项目共生网络的节点和链进行了初步设立，通过对系统内主要节点之间的相互联系进行调查，建立共生网络的邻接矩阵；最后依据复杂网络系统的复杂网络特征构建环境治理 PPP 项目共生关系网络模型和共生超网络框架，为下文环境治理 PPP 项目共生网络稳定运行机制的构建奠定基础。

第
8
章

环境治理 PPP 项目共生网络稳定运行机制构建

　　通过提出公私合作环境治理共生关系网络结构与共生超网络模型，形成了基本的网络结构框架；结合前述相关内容，探究环境治理 PPP 项目共生网络结构演化机理。基于复杂适应系统理论，分析基本特征和机制，建立共生主体演化博弈，形成三方合作共生机制系统，分析三方共生、不共生和不同程度参与的情况；分析共生网络运行演化情况，共生单元通过合作与竞争来进行信息的传递与共享，引发共生网络的演化达到多元主体共赢的最终目标。基于共生网络来探究其韧性稳定，韧性是稳定性最重要的影响因素，是指在环境治理时，在面对外界干扰时可以积极面对外界破坏以至于复原、维系或增加原有系统特征和关键功能的性质；探究层级性、匹配性等影响因素，建立中性网络、同配网络和异配网络，进行仿真冲击测试分析韧性稳定情况，并根据结论进行项目探究。共生网络的稳定性含义为如果网络周边环境发生难以预估的变化，每个成员都可以保持现有的特点以维系网络和谐稳定运行。通过建立 Logistic 增长模型，对共生网络稳定性进行模拟仿真，进行稳定性分析进而开展相关探究；基于微观、中观和宏观方面，分别分析对共生网络稳定运行的影响情况，并建立对应的稳定运行机制，有利于 PPP 项目的可持续发展。

8.1　共生网络稳定性内涵解释及特征

8.1.1　稳定性及共生网络稳定性内涵

稳定性起初在欧美国家意味着毅力，这是一个理论或工程术语。每个领域中稳定性的含义不一致，其中最受学者最推崇的是基于系统方向相关的概念：如果物质在活动中遭受了一定扰动但是没有太大的改变，那么说明稳定性较好；相反，如果活动中受到轻微扰动的影响，却产生较大的改变，或者变得不受约束，那么稳定性较差。

自组织相关的概念里，稳定性表示了运动的结构或者组织在遇到扰乱时产生的保护反应，引起混乱的组织或结构逐渐偏向平衡状态；或者如果安静的结构或者组织，遇到扰乱时依然能够保护现在的情况。稳定通常包括以下可能性：静态和动态。第一种情况意味着与结构组织配合的主体帮助结构偏向于平衡状态，但是不意味着组织系统能够慢慢地趋向平衡点，甚至有可能会趋向反方向导致一定程度的波动。第二种情况主要与某个相对平稳的结构组织能否消除负面效果维系原有情况有关。

现在对于稳定性的相关研究逐渐深化，不过大家比较同意的是李雅普诺夫（Lyapunov，1992）的稳定性研究。在这个研究里，他将多重情况系统的稳定性变成以下情况：稳定、趋向稳定性和大规模稳定。

（1）起初有一个没有被扰动的数值 δ（$\delta \geqslant 0$）就是原点，此时的 x 值为零，假设有确切的时刻 t_0，任何数值在无论什么情况时完全符合 $|x_0| \leqslant \delta$，而且存有随机的 $t \geqslant t_0$，这个结构组织的发展情况符合 $x_0 \leqslant \varepsilon$，其中 ε 表示所有有意义的数值，那么说明它保持稳定；

（2）如果这个系统稳定，当时间逐渐趋于无限大时，存在主体慢慢趋向于零点，那么就说是趋向稳定的；

（3）如果是趋向稳定，那么时间慢慢趋向于无穷大之后，在这个结构组织的几乎所有主体都要偏向零点，就叫作大规模稳定。

所以，稳定性说明了结构组织在遭遇负面情况时可以对抗这种负面情况保持原有情形的性质。工程研究中，稳定性一般表示结构组织的平衡情况，并且结构组织处于适当的行为状态。结构组织能否正常变化，会被主体与主体的关系情况稳定与否所影响。各个主体的竞争与合作不只能够当成合理发展的机理，还是最合适的一种发展情况。

生物环境研究中，稳定性可以定义为在某种程度上，存在各式各样的未知因素，在遭受负面冲击后能变回原来情况的就是稳定；而出现相反的情况，无法回到其原始情况的叫作不稳定。从某种程度上说，生物主体中，甚至不同类别的生物里，各种情况都比较稳定，其组织结构也是稳定。所以说生物系统就是稳定的。

共生网络的稳定性含义为如果网络周边环境发生难以预估的变化，每个成员都可以保持现有的特点以维系网络和谐稳定运行。它需要表现在整体中并且是动态的。共生网络系统的稳定不应该是特定的节点或者特定关系的平衡，如果存在一个不为人知的情况发生问题，或许会引起共生网络的动荡从而引起结构损害，毕竟共生网络的发展需要很长的时间，组织组建然后形成网络。周围因素发生变化，或者成员的加入与离开都可能影响网络，倘若依然不会被破坏就说明现在维持了动态稳定。

8.1.2　共生网络稳定性特征

一是相对情况下的共生网络稳定。共生成员与环境形成共生网络，倘若这两个部分不存在时，那共生网络也没有意义，就会形成另一个网络。由于共生网络存在着各种未知的情况，或许对本身造成冲击，有可能冲击力度不够大，不会破坏网络结构本身。但是有的冲击力度比较强，从而带来较大的影响，使得网络不稳定。

二是动态稳定的共生网络稳定。根据马克思相关理论，世界没有完全静态的，共生网络也是如此。在这个网络中，旧的成员能够离开，新的成员也能够加入进去，所以成员在不断地流动中，组织也在改变中。平衡不代表暂停，在无序因素的影响下，就会影响结构的发展。因此成员、信息和资金等不断流通与发展，形成了新的网络。但是和先前的网络对应，主体或许一直存在,只是关系在变化。

三是开放的共生网络稳定。开放能够维系网络的持续进步和充满活力。主要是结构的开放和环境的开放。共生网络的稳定维护需要适当的帮助,如信息、资金。在这里可以容纳各种活动的出现,但是也存在着风险,同时,政府、企业和公众内的主体加入与离开形成了相对开放的结构。由于存在开放性,其他成员的所作所为都被尽收眼底。存在负面的情况进行扰乱,倘若没有开放性,会对网络造成比较大的冲击。所以,要确保各个成员在这种情况中持续发展,共生网络就可以持续进步并稳定运行。

四是有效的共生网络稳定。共生网络的目的是通过资源的有效整合,保障共生网络的可持续性,是比较重要的。如果环境比较复杂混乱,网络不能够持续发展,难以达到最基本的要求。通过资源的有效整合,满足每个成员的需要,提高适应性,最大限度地发挥自身利益和社会效益,使网络有效稳定。

五是波动的共生网络稳定。对抗与联系是每个成员必需的,它们争夺特定利益,实现共同目标。网络主体之间存在着对抗,不过不会影响共生网络最终的要求。成员间对抗与联系关系有助于网络的发展和平稳,而且不同的成员和波动的特点的主要因素并存,可以增强整个网络抵御威胁的本领。

8.2 环境治理 PPP 项目共生网络结构韧性分析

通过建立环境治理 PPP 项目共生关系网络结构,分析共生网络在环境治理 PPP 不同时期的演化机理,揭示了共生网络的目标、本质和演化适应情况,奠定了环境治理 PPP 项目共生网络的韧性及稳定运行研究基础;基于共生网络来探究其韧性稳定,韧性是稳定性最重要的影响因素,是指在环境治理时,在面对外界干扰时可以积极面对外界破坏以至于复原、维系或增加原有系统特征和关键功能的性质;探究层级性、匹配性等影响因素,建立中性网络、同配网络和异配网络，进行仿真冲击测试分析韧性稳定情况，并根据结论进行项目探究。

8.2.1 共生网络韧性理论基础

8.2.1.1 概念界定

依据前面章节的分析，并根据共生网络及相关问题的研究，对公私合作环境治理共生网络韧性进行概念界定。本书认为公私合作环境治理共生网络韧性是在进行公私合作环境治理中，共生网络在面对外界扰乱时，网络个体迅速做出反应并采取有效措施，应对外界的负效应，进而维系甚至发展之前的网络结构与相关性能的能力，韧性的研究是网络稳定性分析关键的一部分。

8.2.1.2 影响因素剖析

确定了共生网络韧性的相关含义，接下来需要在研究网络韧性的时候，探究网络结构的韧性相关属性，也就是分析影响共生网络韧性的相关指标。通过文献梳理韧性影响指标，发现有关韧性的文献大部分都在研究区域和城市。不同应用领域代表性韧性评价指标如表 8-1 所示。这里所叙述的共生网络韧性是一种手段，并不是传统的概念性分析，所以本书关于韧性的分析并不是数据，而是关注能力评价指标的层级结构和以标准水平为中心的因素。

韧性理论在不可预测的当今世界尤为关键，能够用来解决不同层面的问题。然而，正是由于韧性的强度，才产生了它的含义是否过于宽泛和无意义的问题，以及它是否真正是一个有效的方针和含义。为了加强开发评价体系，本书对多篇论文进行了分析，同时进行了分类，选择了多次出现的关键词进行检索和总结，并采用了简单化处理，对韧性要素概念的解读如表 8-2 所示。

表 8 - 1 　　　　　　　　　　　不同应用领域代表性韧性评价指标

分类	指标体系	内容	参考来源
区域韧性评价体系	社会基础设施韧性研究	冗余性、沟通能力	Zobel（2010）
		自组织能力、预测能力	张泉（2020）
		分散性、灵活性	白立敏（2019）
		调动资源能力	李亚（2016）
	韧性城市体系研究	多功能性、模块化	Jabareen（2013）
		生态多样性、社会多样性	许兆丰（2019）
		多尺度、网络连结性	陈利（2017）
	韧性社区评价体系	稳定性、适应性	Folke（2006）
		效率性、冗余性	杨雅婷（2016）
	区域韧性评价矩阵	准备韧性、绝对性和相对性	孙久文（2017）
		品质韧性、价值选择问题	Huggins（2015）
		空间维度、时间跨度	齐昕（2019）
	中国城市灾害韧性评估	经济、社会、环境韧性	Reinhorn（2007）
		基础设施韧性、社区韧性	李亚（2017）
灾害韧性评价体系	基础设施对地震的韧性评价	稳健性、迅速性	韩林（2021）方东平（2020）
		冗余性、谋略性	费智涛（2020）

表 8 - 2 　　　　　　　　　　　　韧性要素概念解读

编号	评价因子	解释
1	鲁棒性	抵抗部分灾害且自身能力不受改变
2	冗余性	以免自身被扰乱而产生问题的性质
3	适应性	系统需要许久才能根据环境的改变调整其形状、结构或功能，以适应环境
4	相关性	所有的成员可以相互沟通交流与合作
5	动态性	所有成员能够相互帮助，弥补各自不足
6	学习性	能够借助失败的情况来弥补不足从而产生新的动力
7	多样性	较多的功能族群和动态变化的性质

编号	评价因子	解释
8	自组织性	可以自我变化与发展来适应改变
9	转换性	特定的形式能够因外界而改变的性质
10	预测性	对将要发生的情况提前进行评判研究的性质
11	分散性	每个成员都是相对散乱的，不会聚集在一起
12	模块性	存在部分预留或者多余的模块

基于共生网络韧性分析的前期探索，可以通过不同的因素来分析共生网络的韧性，如主体间的相互关联，以及网络的性质和运行机理等。同时，研究得到影响网络的韧性有许多原因，如主体形态、网络异质性或者主体吸引程度等。基于此，本书将以上因素进行整合，将层级性、匹配性、传输性和集聚性归纳为共生网络韧性的关键点。

依照共生网络韧性的分析成果，共生网络韧性侧重于分析网络运作与威胁、网络特性和结构等。层级分布、时空位置、网络异构、网络通信和网络集中是影响网络韧性的关键情况。在这个基础上，下文所述的四个方面总体影响共生网络韧性。

8.2.2 主要影响因素解释

8.2.2.1 层级性

层级性是表现不同的城市所包含的政府、企业和公众的数量。层级性较小就是说明网络中从高等级到较低等级的级别差距更小。在环境治理 PPP 项目中，层级性的状态相对较差意味着政府、企业和公众的主要作用不太显著。同时，它们经常以各种形式存在于环境治理 PPP 中，沟通连接不同技术、特性和信息关系的其他主体，从而使得整个 PPP 项目偏向于聚集状态。第一，由于环境治理 PPP 共生网络存在关键的主体，因此产生程度有差异的韧性，从而有助于自身的稳定。同时，政府等关键主体能够管理协调其他的主体加入，从而提高共生网络的集中和竞争。第二，因为关键主体的管理协调，其他的主体会在各个方面产生依赖性，如果关键的主体退出或者由于其他情况出现问题，其他的主体便会选择离开该 PPP 项目，对环境治理 PPP 共生网络的韧性造成损害。由于环境治理 PPP 项目的层级性较差，关键主体的关联较弱，相对弱势主体的连接性可能大于关键主体。由于层级性较差，政府、企业和公众等主体没有明显的强势方，因此无论哪一个小的部分出现问题，对韧性的破坏都很小，共生网络依然正常发展。各个主体没有强势方，大家都可以相对平等地进行信息传递，稳定性相对来说比较强，这是一个优势。不过由于没有关键主体，也就不存在韧性和脆弱性。主要说明的是，倘若存在中心性则网络的稳定性有可能增强，因为此时各个主体分布平均，有一个主体的退出不会产生太大影响。

8.2.2.2　匹配性

匹配性代表了主体之间的相互联系。在环境治理 PPP 项目中，匹配性的基本思想是，如果企业趋向于同企业进行信息传递和交流，就称为同配网络，那么它们所表现出的性质为同配性；如果趋向于和政府或者公众联系就称为异配网络，那么它们所表现出的性质为异配性。

而这两种性质则会造成以下的情况：第一，中心节点间以及边缘节点间的联系。在同配网络中，主要参与者之间的互动和边缘节点的联系是两类有差异的路径。例如，企业与企业的关联能够促进网络之间的互动，但也会使该网络没有柔性。然而，这两类连接形式会导致网络的连接过于紧密，从而关闭其他的相互关联，这可能阻碍所有主体之间的交流。这种交流涉及共生网络之间和外部成员之间以及有差异成员内的接触。在这种情况下，每个节点对新要素的容纳情况以及发展创造的能力将会降低。如果外部出现特殊的事情或实体发生突发事件，该共生网络就因为封闭和强关联性而丧失积极应对和管理的能力，从而增强了风险。第二，中心节点与边缘之间的协作。异配网络不同于同配网络，不同的主体会因传统观念、财政情况和结构级别而不同，从而允许关键主体与其他成员进行联系合作。不同的主体独立于任何专门的实体和成员，每个主体都能充分展现其潜力，促进共生网络的健康发展。同时，还可以分享其长处，充分发展能力和资产效益，破坏网络的顽固性，帮助主体获取更多专业本领，提高网络的韧性和灵活性。

8.2.2.3 传输性

传输性是指共生网络中流的运行效率，包括资金流、信息流和技能流等，学者将其定义为网络路径长度。路径长度代表起始到最终节点进行交流中所必须跨越的节点个数。路径越短，代表节点与节点之间沟通交流的花费越少、成本越低。对于共生网络结构来说，共生网络的深度和广度可以用匹配性和层级性表示，共生网络的速度就可以用路径长度来表示。在环境治理公私合作共生网络中，传输的高效代表着共生网络主体之间交流的形式比较完整，知识获取、信息传递等各个活动花费较少的资金，财产、管理和信息可以短时间地补充且影响本来的价值创造、沟通关联或者信息交换等。这样可以保护共生网络的稳定性，抵挡外界可能产生的问题。假如网络路径长，传输的各种物质将会从初始节点流经多个主体，经过比较长的时间才能到达最终的节点，造成传输路径的各个节点对于特殊情况发生的反应不足，降低了共生网络的韧性，所以路径长度是评判网络韧性能力的一个关键因素。同时需要关心的是，网络结构特性存在相互关联、相互影响并相互参与，特性之间会相互改变对方。而传输性网络结构韧性的影响不同于其他性质，路径较短对于共生网络有着积极效果，可以提升网络资源整合效率，增加网络创新活动概率。

8.2.2.4 集聚性

集聚性意味着共生网络的聚集性。在共生结构方面，集中效果影响共生网络的结构强度。网络结构包括比较缺乏流通的展开结构和流通相对较多的闭合结构。展开形式的结构促进了网络主体的物质交流，加强了网络主体的合作、相互融合和创造，给每个成员带来开放的空间。而闭合结构可以通过相关政策来增加主体的沟通交流，然而会带来一些坏处，如固执、传统或者偏激等。

将社会网络概念应用于城市之间，使其具有空间意义。第一，基于相互信任的共生网络创新加强了资源共享和主体间的互动，但是也阻碍了外部因素的渗透。第二，共生网络不是封闭的，如果共生网络关系稳定，其主体可以成为一个群体结构，每个主体将开展交流，一起进步，但会被阻断而不能发挥全部能量，以获得定位效果，这导致了结构的关闭减少韧性。另外，倘若共生网络的每个主体相对开放，所以主体和主体可以从外部吸引其他的物质，如果遇到不利条件还能克服，可以维系共生网络的持续发展。高度集中表示了网络紧凑，资源整合的规模和效率可以快速传递和增加，而网络连接比较差说明没有这种好处。然而，当网络在一定程度上整合时，它们变得越来越单一，效率变得有限。

8.2.3　共生网络韧性稳定仿真

根据以上的因素研究可知，韧性的主要因素包括了各个方面，也影响着节点的选择方向。如果网络的主体与主体存在边缘连接，与其连接级别没有太大联系，并且没有加之其他特性，也就是挑选另一方向是不确定的，即网络没有程度连接或为中性的，就是 $p_{ij} \neq n_i n_j$，$\forall i, j$，其中，p_{ij} 是主体 i 与主体 j 有关系的可能性，n_i 和 n_j 是通过不确定挑选主体 i 与主体 j 的关联性；两个相对较强的主体偏向于关联，就叫作同配网络；如果较强的主体偏向于关联较弱的主体，就叫作异配网络。

8.2.3.1　复杂网络分析方法

复杂网络分析可以表示生物、政治或者工程之间的关系。基于物理学以及图像理论的复杂网络理论帮助学者探寻物质间的关系。复杂网络分析法可以探究和表达进化情况、运行情况、相关作为和系统功能。各种优势促进了该方法的进步。统计学上的图可以有助于研究复杂网络的特点和简单性。

大部分复杂网络分析相关学者考虑的是指标的运算或者是网络的维护和管控，也有一些学者通过复杂网络探究其他领域的理论。而社会网络分析方法则是建立相关结构对实际实践展开探索。

8.2.3.2　网络韧性冲击分析

前文已经将公私合作环境治理共生网络韧性定义为在进行公私合作环境治理中，共生网络在面对外界扰乱时，网络个体迅速做出反应采取有效措施，应对外界的负效应，进而维系甚至发展之前的网络结构与相关性能的能力。这种已经特定的网络，倘若有某个主体退出，那么也代表了和主体相对应的关系消失。倘若可以有一部分主体退出，但是剩余的很多主体还是保持关联性，就能够说是此连通性对应特殊情况产生韧性。

将损害分成两种：偶然损害和刻意损害。偶然损害指的是这种损害不针对特定主体，刻意损害指的是这种损害针对关键主体。中性网络受到其他损害的关联情况如图 8 – 1 所示。同配网络受到其他损害的关联情况如图 8 – 2 所示。异配网络受到其他损害的关联情况如图 8 – 3 所示。图 8 – 1 ~ 图 8 – 3 中空心圈是有较强关联意向的主体，实心点是有较弱关联意向的主体。

冲击前　　　　　　　　　随机故障　　　　　　　　　故意冲击

图 8 – 1　中性网络受到损害前后的连通状态

冲击前　　　　　　　　　随机故障　　　　　　　　　故意冲击

图 8 – 2　同配网络受到损害前后的连通状态

冲击前　　　　　　　　　随机故障　　　　　　　　　故意冲击

图 8 – 3　异配网络受到损害前后的连通状态

对比之后可以得出结论，偶然损害对这三类网络造成的影响并不很强烈，特别是偶然损害的网络主体数量不多时，对网络内部的关联并没有产生重大冲击。而刻意损害对网络形成的结果各不相同，这三种情况的网络之间相似程度较小，不管有多少网络节点受到刻意损害，它对全部的网络关系都有较强的改变。特别是同配网络即使是在受到攻击的结点数很少的情况下，仍对刻意损害表现出异常的脆弱性，而异配网络则在刻意损害下表现出较好的韧性。中性网络表现次之，对抗击刻意损害具有很大的不确定性。

这是由于在共生网络中，关联性强的主体在沟通交流中通常具有显著的作用，往往是共生网络的关键主体。当这些关键主体产生问题时，异配网络中关联性强的主体总是与关联性弱的主体相连，这样就必然造成关联性强的主体位置分散。此外，这些关联性强的主体往往能够找到其他主体代替来创建新的沟通交流路径，而不至于出现沟通交流路径暂断导致异配网络故障。因此，这种情况下异配网络中韧性较强。在同配网络中关联性强的主体总是与关联性强的主体相连，造成关联性强的主体位置集中。如果这些主体不起作用，则无法找到可以替换的主体，导致整个网络沟通交流失败，造成灾难性后果。

8.2.3.3　基于共生网络韧性的稳定性分析

通过变量梯度法对环境治理公私合作共生网络韧性下的稳定性展开探究。变量梯度对于公私合作环境治理的反映与其他情况不同，因此在研究韧性稳定时要表述具体的原理，就是把特定主体的关联性值的和定义为 $a_i X_i$，a_i 代表了主体周边节点的数目，X_i 代表了主体的关联性。

（1）中性网络的稳定性

通过中性网络相关研究把状态方程定义成 $X_{n+1} = X_n \pm 1$，是根据主体的关联度来设立的，但是该网络里关联度强的主体不一定选择强关联度的主体或者是弱关联度的主体，也有 $X_n = X_{n+1} \pm X_n = \pm 1$。紧接着探究梯度值，假定该网络的值为 $\nabla V_i = a_i X_i$，但是因为不知道关联度强的主体的选择性，那么它的变量梯度值为 $\nabla V = V_1 + \Lambda + V_n = a_1 X_1 \pm \Lambda \pm a_n X_n$；$V = (\nabla V)^T \cdot X = a_1 X_1 \pm \Lambda a_n X_n$。

可以看出，数值 V 始终为非负，不过公式中的 V 不能区分其数值，所以网络的韧性也难以衡量，需要分类进行概述。倘若 V 的数值为负，说明关联度强的主体选择偏于弱关联度的主体，网络的韧性比较强，就有公式 $a_1X_1 \pm \Lambda \pm a_nX_n \leq 0$，相反的就代表了韧性较差，V 就是整数。以上分析说明了中性网络何时能表现强韧性。

（2）异配网络的稳定性

通过异配网络相关研究，按照主体的关联性由强到弱进行划分，其状态方程定义为 $X_{n+1} = X_n - 1$，其中 X_n 表示为 n 类主体关联度，进一步考虑异配网络中关联性强的主体总是倾向于与关联性弱的主体相连，即 $X_n = X_{n+1} - X_n = -1$，则对于每一类主体，其网络值可以设置为 $\nabla V_i = a_iX_i$，按照变量梯度法的求解过程，其李雅普诺夫函数的变量梯度可设为：

$$\nabla V_i = \nabla V_1 \pm \Lambda \pm \nabla V_n = a_1X_1 \pm \Lambda \pm a_nX_n; \quad V = (\nabla V)^TX = a_1X_1 - \Lambda - a_nX_n。$$

由于满足了 $\partial(X_n)/\partial X_{n+1} = \partial(X_{n+1})/\partial X_n$ 这一要求，所以根据微积分来将 V 积分得出：

$$V = \int_0^{x_1(x_2\Lambda x_n=0)} \nabla V_1 dx_1 + \int_0^{x_2(x_1=x_1,x_3,\Lambda,x_n=0)} V_2 dx_2 + \Lambda$$
$$+ \int_0^{x_n(x_1=x_1,\Lambda,x_{n-1}=x_{n-1})} \nabla V_n dx_n$$
$$= 1/2a_1X_1^2 + 1/2a_2X_2^2 + \Lambda + 1/2a_nX_n^2 \geq 0 \qquad (8-1)$$

可以看到异配网络是慢慢地趋向平稳，而且当主体一直进入网络中，这个网络愈加呈现出强韧性。

（3）同配网络的稳定性

通过同配网络相关研究，按照主体的连接度由强到弱进行划分，其状态方程可设置为 $X_{n+1} = X_n + 1$，考虑到同配网络中关联性强的主体总是倾向于与关联性强的主体相连，即 $X_n = X_{n+1} - X_n = 1$，则对于每一类主体，其网络值可设置为 $\nabla V_i = a_ix_i$，按照变量梯度法的求解过程，其李雅普诺夫函数的变量梯度可设为：

$$\nabla V = \nabla V_1 + \Lambda + \nabla V_n = a_1X_1 + a_2X_2 + \Lambda + a_nX_n;$$
$$V = (\nabla V)^TX = a_1X_1 + a_2X_2 + \Lambda + a_nX_n \geq 0 \qquad (8-2)$$

由于满足了 $\partial(X_n)/\partial X_{n+1} = \partial(X_{n+1})/\partial X_n$ 这一要求，所以根据微积分来将 V 积分得出：

$$V = \int_0^{x_1(x_2\Lambda x_n=0)} \nabla V_1 dx_1 + \int_0^{x_2(x_1=x_1,x_3,\Lambda,x_n=0)} \nabla V_2 dx_2 + \Lambda +$$

$$\int_x^{x_n(x_1=x_1,\Lambda,x_{n-1}=x_{n-1})} \nabla V_n dx_n$$

$$= 1/2a_1X_1^2 + 1/2a_2X_2^2 + \Lambda + 1/2a_nX_n^2 \geq 0 \qquad (8-3)$$

由于同配网络的数值为非负，不过 V 的数值始终保持为整数，所以得出同配网络的韧性不是太强。

8.2.3.4　韧性仿真冲击测试

本书通过对这三种网络进行冲击（每个网络节点为上千个），做出仿真模拟实验，来探究这三个网络在遭受冲击时的韧性。

（1）形成所有主体的集合 M，它包括所有的主体和关联性，然后基于此设立关系矩阵 C_{ij}，进行解释：

$$C_{ij} = \begin{cases} 1, & \text{主体 } i \text{ 和主体 } j \text{ 有关联} \\ 0, & \text{主体 } i \text{ 和主体 } j \text{ 无关联} \end{cases}$$

（2）对 C_{ij} 进行偶然损害和刻意损害的模拟，进而设立被损害的 $N' = N' + \{c_{ij}\}$ 集合；其中 C_{ij} 与 C_{ji} 都定做零；

（3）分析生成的网络情况，倘若有新成分出现，就要重新进行计算，将新出现的部分剔除，即：

$$M_{\text{新最大连通子图}} = M_{\text{最大连通子图}} - M_{\text{新连通子图}}$$

（4）分析 D 和 H 值，最大连通子图 N，H = N，D = N'N；

（5）探究 C_{ij} 里所有的成分有没有零值或者 N' 与 N 的共同性，倘若满足其中一项，就继续进行，相反就要重新模拟；

（6）结束运算。D 值是遭受损害的主体与先前主体的比例，H 值是遭受损害最大连通子图主体与先前主体的比例。详情如表 8-3 所示。

表 8-3　　　不同类型网络受到冲击前后的连通状态值（D 值）

类型	1.0	0.8	0.6	0.4	0.2
同配网络随机故障	0	0.05	0.10	0.14	0.17
同配网络故意攻击	0	0.13	0.23	0.27	0.30

类型	1.0	0.8	0.6	0.4	0.2
中性网络随机故障	0	0.14	0.17	0.21	0.25
中性网络故意攻击	0	0.20	0.24	0.26	0.29
异配网络随机故障	0	0.23	0.27	0.30	0.38
异配网络故意攻击	0	0.25	0.29	0.34	0.41

根据模拟测试，偶然损害和刻意损害改变同配网络的主体关联度异质性比较大，然后就是中性，相比来说韧性最强的就是异配，因此分析结果就是关联度强的主体选择强偏于与弱关联度的主体沟通交流，其韧性更好。

8.2.4 仿真结论及探究

8.2.4.1 仿真结论

结合相关研究与上文的分析，可以得出，环境治理 PPP 项目共生网络中关联性强的主体与关联性弱的主体相连构成的异配网络韧性较强；关联性强的主体与关联性强的主体相连构成的同配网络韧性较差；中性网络不可以直接辨别韧性的好坏，需要研究共生网络中关联性强的主体的喜好，如果关联性强的主体选择与关联性弱的主体沟通交流，那么韧性相对较好，相反就是韧性较差。由于其关联性比较强，这些主体经常探寻相似主体来取代此主体以创建新的沟通交流路径，而不会暂停整个沟通交流，导致整个网络的故障。由此可以得出结论：共生网络中韧性对于维系稳定发展有重要影响。

8.2.4.2 实践探究

根据韧性仿真结论，可以对环境治理 PPP 项目共生网络进行实践探究。根据仿真结论，异配网络尤其是完全异配网络的网络韧性最好，具体表现为连接度大的主体更偏好增加集聚性，与连接度小的结点相连扩大竞争力。因此，在环境治理 PPP 项目中，发展较好的企业也倾向于拉拢其他企业形成合作从而进行恶意竞争，或者与较强企业合作形成垄断，都可能对环境治理

PPP 项目共生网络韧性造成破坏；政府也可能通过与较强企业合作获取高额利润或者通过违约减少自身损失，也不利于环境治理 PPP 项目共生网络的发展。

基于此有如下建议：第一，通过相关政策引导较大的企业与较小的企业进行合作，遏制恶意竞争与非法垄断；第二，促进发展相对稳定的政府与企业开展项目合作，或者政府补贴发展较弱的企业开展 PPP 项目；第三，政府建立相应的政策法规，监督并管理相关企业的合法公平竞争，引导公众的合法行为与 PPP 项目监督行为；引入相关契约机制，减少相关违约情况，保障企业与公众合法权益。

8.3 环境治理 PPP 项目共生网络稳定性模拟仿真

8.3.1 Logistic 增长模型

在生物学里，物种的发展情况可以用 Logistic 模型表示。起初速率开始增加，当它增加到确定值时，变化的速度就会下降，而在另一种情况下，它会下降到零，停止发展。这个模型也可以表述物种内的交流沟通，比如互惠、合作或者寄生等。对于环境治理 PPP 项目共生网络来说，和这个情况有很多相似的地方，所以可以用 Logistic 模型来反映环境治理 PPP 项目共生网络的发展运行。根据先前关于共生的概念理论，共生的形式有以下几种：依托型、依赖型、获利型以及平均型。然后以环境利益发展为基础继续开展研究。不过这种利益与环境发展的关联度，以及相关的变化能否满足 Logistic 模型，还需要进一步研究。

根据目前的研究，在社会发展中人数的增加、疾病的蔓延、科技的发展、生产的预估以及生产来源的增长等，都是相当复杂的。所以下述研究将企业或政府处于共生发展的改变叫作资源交换量，借助对资源交换量的分析研究来概括共生的动态演变过程：形成、发展和平稳运行。

8.3.2 环境治理 PPP 项目共生网络的仿真模型

8.3.2.1 提出假设

假设 1：$x(t)$ 意味着主体间的资源交换量，可以以财产的付出来表示，现在令该值随着时间的变化而变化。应当指出这一时间不只是指时间流逝，也指其他各项外部情况在发生改变，且这些外部情况也是根据时间的变化而变化的。所以，扩展时间的意义是有效的，这改变了其他情况的内生性。从这个情况上讲，依照时间的推移，环境管理公私伙伴关系的主体的各项活动是在逐渐适应；

假设 2：如果其他的负面情况不会发生，只有物质、资金或者政策等影响，这个数值存在极大化是 M，且不会因为时间变化而改变；

假设 3：将最大容纳的程度记作 $x(t)/M$，则这个程度对主体沟通的阻碍情况记作 $1-x(t)/M$；

假设 4：将活动的平均增加速度记作 r，且这个数值和其他没有关系，只对参与的主体有影响；

假设 5：刚加入的共生单元 2 的最大容纳对原有的单元 1 的积极影响程度记为 β。在环境治理 PPP 项目共生网络中，互惠共生表现出了最稳定性质，公私合作的主体倘若加入网络中期望获取某些效益，那么就能够将它称为"实惠系数"。假如 $β > 1$，则表明单元 2 对单元 1 的发展积极性大于自身的消极性。

8.3.2.2 模型建立

为了方便后续研究，模型设定环境治理 PPP 项目共生网络的参与主体为政府和企业，$x_1(t)$ 和 $x_2(t)$ 就是两者对应的资源交换量。在主体加入环境治理 PPP 项目前，两者产出为：

$$dx_1(t)/dt = r_1 x_1 (1 - x_1/M_1) ; \quad dx_2(t)/dt = r_2 x_2 (1 - x_2/M_2) \quad (8-4)$$

在主体加入环境治理 PPP 项目时，政府的参与有助于企业的发展。另外，本书假设政府和企业的沟通交流是平等的。所以现在两者的产出值是：

$$dx_1(t)/dt = r_1 x_1 (1 - x_1/M_1 + \beta_1 x_2/M_2) \qquad (8-5)$$

$$dx_2(t)/dt = r_2 x_2 (1 - x_2/M_2 + \beta_2 x_1/M_1) \qquad (8-6)$$

8.3.3　稳定性分析及探究

8.3.3.1　平衡点求解

设立微分方程表示主体沟通交流的平衡形式：

$$\begin{cases} f(x_1, x_2) \equiv dx_1(t)/dt = r_1 x_1 (1 - x_1/M_1 + \beta_1 x_2/M_2) = 0 \\ g(x_1, x_2) \equiv dx_2(t)/dt = r_2 x_2 (1 - x_2/M_2 + \beta_2 x_1/M_1) = 0 \end{cases} \qquad (8-7)$$

依照式（8-7），计算环境治理 PPP 项目平衡点为：

$$P_1(M_1(1+\beta_1)/1 - \beta_1\beta_2, M_2(1+\beta_2)/1 - \beta_1\beta_2), P_2(0, 0) \qquad (8-8)$$

然后进行泰勒级数展开为：

$$dx_1(t)/dt = r_1(1 - 2x_1/N_1 + \beta_1 x_2/N_2)(x_1 - x_1^*) + r_1 x_1 \beta_1 (x_2 - x_2^*)/M_2$$
$$(8-9)$$

$$dx_2(t)/dt = r_2(1 - 2x_2/N_2 + \beta_2 x_1/N_1)(x_2 - x_2^*) + r_2 x_2 \beta_2 (x_1 - x_1^*)/M_1$$
$$(8-10)$$

根据微分方程相关原理，分析得知 $P_2(0, 0)$ 不是平衡稳定点，但是 $P_1(M_1(1+\beta_1)/1 - \beta_1\beta_2$，$M_2(1+\beta_2)/1 - \beta_1\beta_2)$ 是稳定点的前提为 $\beta_1\beta_2 <$ 1。在稳定状态下，这两个主体的资源交换量分别计算得出 $M_1(1+\beta_1)/1 - \beta_1\beta_2 > M_1$ 和 $M_2(1+\beta_2)/1 - \beta_1\beta_2 > M_2$，都比原始有所增加，这印证了前文的说法。

8.3.3.2　稳定性分析

对于共生网络的发展运行，实惠系数不一定持续稳定在特定数值，是根据时间的发展和外界因素的影响而发生变化的。在运行的最开始，各个主体都在进行沟通交流与合作，不过相互间并没有完整的模式来进行竞合活动。此时主要借助外界资源进行发展，还是非对称性互惠共生的情况。此时不同主体间的互相帮助较少，所以实惠系数趋近于 0，与原有的资源相比，此时的共生单元的资源交换 $M_1(1+\beta_1)/1-\beta_1\beta_2$，$M_2(1+\beta_2)/1-\beta_1\beta_2$稍微好些，稳定性也不强。

不过共生网络慢慢发展，不再单单依靠外界资源，内部资源也在进行传输交流，各个主体逐渐开始连接与合作。此时实惠值就会增加，展现出了对称性互惠共生的状态，所以 $M_1(1+\beta_1)/1-\beta_1\beta_2$，$M_2(1+\beta_2)/1-\beta_1\beta_2$是各个主体能够得到的资源，比原有的多得多。再到后边发展，此刻有 $\beta_1\beta_2>1$，那么共生网络就会遭到破坏，进而形成另一个网络。

结合以上分析，可以得出实惠系数的路径如图8-4所示。

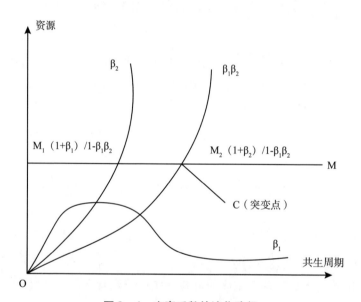

图8-4 实惠系数的演化路径

通过对稳定性的模拟仿真和演化路径可以看出，环境治理PPP项目共生网络的主体在进入共生网络后的资源交换量确实高于主体自身存在时的资源量，说明共生网络的形成对于各个主体都带来了积极的作用；但是随着共生周期的变化，其资源交换量也在逐渐改变，共生状态由最初的非对称性互惠共生或者偏利共生，逐渐到最稳定的互惠共生状态，但是周期的再次增加，其共生状态便会被打破，共生网络的稳定性受到冲击，这也说明了物极必反的原理。因此，对于环境治理PPP项目实践来说，应合理控制政府、企业和公众的资源交换程度以及共生合作的时间，可以通过建立相关政策法规或者设置准入退出制度，保障环境治理 PPP 项目共生网络的持续高效进行。

8.4 环境治理 PPP 项目共生网络稳定运行机制建立

根据前述对稳定性和影响因素的分析，可以将环境治理 PPP 共生网络的稳定运行分为微观、中观和宏观层面，进而构建从下到上的运行机制。

8.4.1 微观层面的稳定机制

对于环境治理 PPP 共生网络来说，其微观层面的稳定也就是政府、企业、公众及组织的稳定发展情况。

一是政府稳定运行机制。政府自身稳定的影响因素主要包括 PPP 项目效益、地区内部的经济发展水平、区域内部的和平与稳定以及政府管理制度。当环境治理 PPP 项目运营出现情况或者地区经济发展水平持续低下，其政府形式有可能出现动荡，当地区不和平或者利益出现矛盾冲突时也会影响政府稳定；同时，政府倘若没有良好的内部管理制度，也会造成内部腐败进而影响政府稳定。因此，经济良性发展、地区保持和平以及良好的政府管理制度都会维系共生网络中政府的稳定。

二是企业稳定运行机制。影响社会自身资本稳定的因素更加繁杂，有管理机制、企业内部权益问题、企业盈利效益以及风险防范能力等。首先它的机会主义意愿可能在一定情况下促进公司的关系链接，不过部门员工间的权益纠纷会激发并扩大矛盾；其次企业长期没有盈利效益，将会面临亏损甚至倒闭等结果；最后企业总是会面对各种风险，当风险出现或者企业内部出现紧急问题时，企业需要进行自我调节和应急处理。因此，企业内部的稳定离不开成熟的管理机制、良好的权益归属和盈利以及强大的风险防范能力。企业间影响因素主要是利益因素和成本因素，利益因素包括利益分配和效益拉动，成本因素包括交易费用和物流费用。公平、合理的利益分配是促进企业之间成功运作的基础,较低的成本费用也有利于共生网络中企业的稳定。

三是公众及组织稳定运行机制。影响公众稳定的因素主要是外部因素,包括公众情绪共振和公众组织管理。当环境治理 PPP 项目出现负面情况,公众个体的负面情绪对于稳定没有太大影响,但是个体聚集加上情绪共振情况,有可能扩大负面情绪进而影响共生网络下的稳定;公众间的组织或者团体出现管理不规范等问题,也会造成公众组织的动荡进而影响其稳定性。因此,积极的公众情绪和合理的公众组织管理有利于共生网络中公众及组织稳定运行。

8.4.2　中观层面的稳定机制

中观层面的稳定主要代表共生链条中三方主体的关系稳定,环境治理 PPP 项目共生网络稳定的关键是主体关系造成的网络链的变化。因此,下文基于主体关系链条研究中观层面的稳定机制。

一是共生链条内生动力机制。链条内生动力主要包括三个,即风险转移、信息共享、PPP 项目效率增加与效益提升。较大的环境治理 PPP 项目,存在着较大的经营风险,对于各个参与主体来说都难以独自承担未知的风险,因此通过共生网络有利于进行风险转移;公私合作专业化程度越高,各主体间的依赖程度越强,因此共生链资源共享或信息传递的意愿会增强,共享效率也会提升;通过共生增加 PPP 项目的效率,同时共享网络增值利益实现经济效益的提升,从而促进共生网络的稳定运行。

二是共生链条外生联动机制。环境治理 PPP 项目不同参与主体的目标保持一致,即在宏观政策的引导下,加上客观环境作用,达到主体关系效率增加与项目效益提升,进而实现 PPP 项目的高效可持续发展。PPP 项目主要是政府调控加上契约关系,因此其共生链条外生联动机制主要包括政府调控机制、契约机制以及信任机制。

环境治理 PPP 项目共生网络稳定运行与政府政策支持有比较大的影响。政府通过建立相对应的环境法规,改善现在的政治环境,在更大程度上提升了企业参与的积极性,并且带动各方公众积极加入环境治理公私合作的建设及运营中；各主体通过契约机制，在共同作用下互相监督、激励与惩罚，形成一种契约文化，从而保障了项目的稳定运行；主体间的信任代表着主体各方不会因为对方缺陷或者凭借风险来恶意获取收益，并且凭借信任传递可以与未合作的企业建立信任关系，扩大合作，稳定共生关系。

8.4.3　宏观层面的稳定机制

宏观层面的稳定取决于中观层面的稳定，其内部是指共生网络组织结构、管理模式或共生网络目标的稳定情况，其外部是指外部环境或市场环境的稳定情况。

一是宏观层面内部稳定机制。环境治理公私合作共生网络组织结构由多元主体、主体关系和规模分布组成，当组织结构出现问题，共生网络很容易受到其他环境的消极影响进而产生不稳定情况，如刚性结构的保守和僵化或者主体间协作不足产生的过度竞争情况；完善共生管理机制，减少机会主义行为、合理构建网络结构及管理各个主体关系，都会在很大程度上增加共生的稳定性；环境治理 PPP 项目共生网络各主体，或许有着不同的价值取向，但是最终的目标是一致的，如果主体间的目标存在着不协调因素，有可能产生主体间的冲突，进而引起共生网络不稳定情况。

二是宏观层面外部稳定机制。外部环境因素可以分为自然环境、中介机构环境和人才环境。企业必要的生产条件、政府发展以及社会的和谐都要以自然环境的稳定为前提；PPP 中介机构在项目的整个运作流程中可以统筹协调，帮助不同的利益相关者避免不必要的损失，从而保障 PPP 项目的可持续发展；良好的人才环境有助于环境治理 PPP 项目共生网络的稳定程度和发展水平，高素质人才会促进共生网络各主体在高水平层面的沟通，加强政府与企业合作以及互相的适应性。

上文从微观、中观和宏观层面分别阐述了环境治理 PPP 项目共生网络的稳定运行相关机制，其运行机制框架如图 8 - 5 所示。

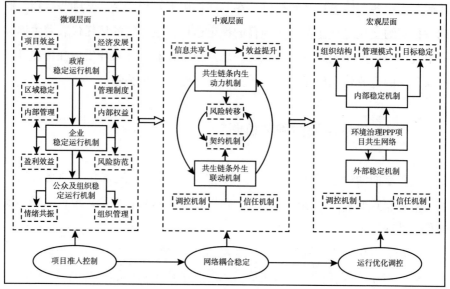

图 8-5　环境治理 PPP 项目共生网络稳定运行机制框架

8.5　本 章 小 结

　　本章首先对稳定性和共生网络稳定性进行内涵解释，剖析共生网络稳定性的特征，对共生网络韧性进行界定，同时剖析共生网络韧性的影响因素。其次对共生网络韧性的主要影响因素进行解释，包括层级性、匹配性、传输性和集聚性这四个层面。进行共生网络韧性稳定仿真实验，先是对共生网络的韧性冲击进行初步分析，包括中性网络、同配网络和异配网络，之后进行基于共生网络韧性的稳定性分析，同样包括中性网络、同配网络和异配网络，对不同形式的网络进行韧性仿真攻击测试，建立矩阵计算不同类型网络受到冲击前后的连通状态值，从而得出结论：在异配网络中，其网络的结构是大范围内稳定的；在同配网络中，其网络结构是不稳定的；在中性网络中，其网络结构不能简单判定为是否处于稳定状态。进行共生网络稳定性仿真实验，阐述 Logistic 增长模型，解释该模型的合理性；建立环境治理公私合作共生网络的仿真模型，提出假设建立模型；进而进行环境治理 PPP 项目共生网络的稳定性分析，对平衡点进行求解，得出实惠系数的演化路径。最后基于三个层面，微观层面包括政府、企业和公众的稳定运行，中观层面包括共生链条内生动力和外生联动机制，宏观层面包括内部与外部稳定机制，耦合形成共生网络稳定运行机制，促进环境治理 PPP 项目的稳定可持续发展。

第9章

环境治理 PPP 项目共生网络多案例分析

9.1 环境治理 PPP 项目政府隐性债务案例分析

由于难以获得地方政府债务问题的第一手资料，尤其是一些地方政府政务仅对外公开个别项目，本书在有限材料的基础上进行了相关推算。下文将对 A 区 S 项目的实例进行分析，S 项目是 A 区最大的 PPP 投融资项目，也是基础设施建设的主体，既有政府的大力支持，也有城市建设投资公司的担保，但与此同时，S 项目负债规模大，偿债压力大，债务风险高，是一个十分典型且具有代表性的案例。

9.1.1 案例分析

9.1.1.1 项目概况

A 区是 X 市直属辖区，目前有 3 个镇、7 个街道，面积约 400 平方公里，总人口数量约 60 万人。A 区的经济发展水平较高，经济实力稳步增长，2017 年整个地区生产总值达 635.31 亿元。据不完全统计，A 区政府的债务情况不仅个性化，同时也有地方政府债务的普遍特征。

作为 A 区主要的项目投融资服务平台，S 项目主要致力于保障性住房项目开发工作、安居型项目建设实施、合理开发土地工作以及城市内基础设施的建设等，到 2019 年底，S 项目业务可持续发展，一旦该项目圆满结束，将获得大规模的收益，公司在其他业务上也会获得相应的收益。

为保障 A 区城市化建设工作正常有序地开展，X 市政府委托 A 区公司完成棚户区改造、绿化等多项基础设施的修复，同时委托 A 区公司完成其他相关工程的建设工作。代建模式如下：A 区政府和 A 区公司签订项目委托协议，接受委托的公司开展 A 区城市化建设工作，修复 A 区的基础设施，工作完成后，双方按照相应的法律法规和行业标准进行协商，由 A 区政府进行验收。

9.1.1.2　S 项目债务现状分析

2018 年 10 月，国务院办公厅印发的《关于保持基础设施领域补短板力度的指导意见》明确提出，防范化解地方政府隐性债务风险和金融风险，严禁违法违规融资担保行为，严禁以政府投资基金、政府和社会资本合作（PPP）、政府购买服务等名义变相举债。总体政策环境管控对新增隐性债务的规定仍是 10% 的红线不变。

到 2019 年底，S 项目的资产负债率达到 62.57%，获得利润 7.49 亿元，较上一年增长了 1.98%，政府补助资金高达 3.1 亿元；有息债务较上年下降了 35.23%，占同年末负债总额的 51.29%，负债总额高达 166.17 亿元。其中，应付票据、短期抵押借款、一年内到期的负债贷款总额达到 33.75 亿元；短期应付债券和长期贷款总额分别达到 36.35 亿元、121.24 亿元，公司正面临偿还本息的处境。

9.1.2　项目债务治理途径

9.1.2.1　安排年度预算资金偿还债务

采取相关措施治理好存量财政资金，政府债务由财政结余资金和项目结转资金统筹偿还；结合已经颁布的政策，明确从 2020 年起坚持"收支两条线"管理，新报项目资金不能全部到位的，在 2020 年度预算安排的部门三公经费中压减 30% 以上，保证年度预算安排的地方政府债务化资金实现

"三个不超过"的要求，在新项目资金无法满足市委、市政府规定的条件的情况下，对已开工项目，要求暂停该项目的建设；禁止新增隐性债务项目，确保在 10 年内消除隐性债务。

9.1.2.2 出让政府股权偿还国债经营

推进清产核资的一系列工作，使行政事业单位的有效资产得到合理利用，国有企业可以引入部分资产，并按照资产评估价值化解一部分的政府债务。其中，对国有企业或者其他由行政机关和企事业单位直接管理的非经营性资产进行整合、盘活，将其全部转为国有企业的经营性资产；对由行政机关和企业管理的其他企业划分类别，将其产权交予国有企业；给予国有企业部分的市政公用事业经营权等。对于合法自主知识产权交易等适当给予支持，选择性地让出部分国有企业的政府股权，以此来偿还部分政府债务；或合理处置存量资产，部分闲置的国有资产需要全部转为经营性国有资产，再将这些资产合理出让来偿还债务。

9.1.2.3 利用结转资金偿还经营支出

加强对国有企业的体制机构改革，加快国有企业转型发展，加速国有企业的转型和市场化。加速对城市建设运营项目实施形式的改革，改变相关部门的管理范围，通过原各主管部门选择以下属企业运作、购买社会服务的方式来实施城市建设运营等公共项目，为了获得更多的盈利来保证现金的流通，选择实施国有企业市场化，用国有企业获得的盈利解决部分债务问题。这一方法的实施有两个重点，一是要帮助平台公司加速市场化转型，提高它的市场化经营能力；二是选择破产重整或清算，但该方式不能解决风险，因此并非首选。

9.1.2.4 政府债务合规转换企业债务

在实际工作中，要通过综合设计全面考虑政府的股权及经营性国有资产权益的出让等问题，对于条件较好的地方政府性债务项目，要充分吸收其他企业来帮助该项目的实施，条件允许的政府债务要逐步转为企业经营性债务。例如，PPP 项目会对政府部门产生影响，可能形成政府隐性债务。那么此类债务的处理方法是按照法律制度重组项目运作模式，转换成相对规范的 PPP 项目，并进行相应的程序处理，从而使此类隐性债务转变为企业经营债务。

9.1.3　债务风险防治存在的问题

9.1.3.1　投融资体制自身缺陷

融资体制不健全，项目决策机制不科学。各部门和地区上报政府投资计划，在发展和改革委员会统计汇总后，由政府负责审议，交给平台公司实施，这就使得融资主体、使用主体、建设主体和偿还主体发生了不协调，进一步导致了部门在安排项目时的争抢现象，表现出缺乏偿还意识的现象，加重了融资平台的负担。由于规划不准确，没有给予项目盈利足够的重视，也没有考虑融资平台的承受力，致使平台公司债务压力加大。

9.1.3.2　预算管理体制不健全

在当前中央削减税费和降低成本等诸多因素影响下，地方政府可以支配的财力大不如前，而且"保工资、保运转、保民生"等多个方面的刚性开支持续增长，其债务偿还能力明显不足。当前有关储备机构没有选择立即行动，储备部门的职责还没有真正落实，土地储备机构的职能发挥不足，储备职能不够集中，难以形成合力，各镇街也没有启动土地储备和房屋征收搬迁工作，这是由于储备资金规模有限、债券资金使用进度缓慢等原因造成的。

9.1.3.3　债务监管体制不完善

由于目前缺少国家层面指导实施的具体细则，各省份的政府债务合规转化为经营性债务的成熟模式和指导方案无法制定出来，省级部门对政府债务化解任务没有足够的重视，所以当前的状况就是地方政府仍处于探索将政府债务合规转化为经营性债务的道路中。为了改善中央和地方政府在存量隐性债务的抵押资产上的偿还压力和贷款利息负担，应该采取一定的措施来促进平台公司和其他金融机构的合作，并采取借新还旧、延期等手段，以适当金融工具代替隐性债务，降低存量隐性债务的风险。

9.2 环境治理 PPP 项目企业绩效评价实证分析

民营企业绩效管理过程中，实施过程基于绩效计划展开，在前文得到环境治理 PPP 项目共生网络对民营企业实施过程的绩效影响路径基础上，从民营企业内部利用 BSC + KPI 综合绩效评价法构造民营企业绩效评价体系，从财务、客户、流程及学习四个维度利用层次分析法得到绩效指标体系，结合 A 市水环境治理 PPP 项目中的 CT 公司出现的绩效评价问题进行实证研究，从绩效评价的角度更加全面地分析民营企业绩效管理，丰富了环境治理 PPP 项目共生网络中民营企业绩效管理的内容，以实现 PPP 项目共生网络和民营企业绩效评价之间的相互反馈。

9.2.1 案例分析

9.2.1.1 项目概况

水污染是当前环境污染最为突出的问题，因此，综合治理水环境是当前环保工作的重点。A 市政府在 2017 年实行"五水共治"政策，在市重点项目区域进行专项宣传，积极发挥民众在水环境治理方面的监督与反馈作用，营造全市努力整改水环境的氛围，积极打造 A 市全国文明卫生城市建设。为了解决政府资金链不足与技术储备不足等问题，A 市政府决定采用 PPP 模式实施水环境综合治理工作，这一计划得到了社会公众的强烈支持。经过一系列项目资格预审、采购及招标等过程，最终由 CT 公司成为企业进入该水环境治理 PPP 项目，出资运营解决技术难点痛点问题。

该 PPP 项目属于公益性水环境综合治理项目，其项目本身不会直接获得经济效益，从项目回报机制上看是政府付费项目。结合大量以往环境治理 PPP 项目实践经验和国家相关规定，决定采用 DBOT 模式。即设计—建设运营—移交模式，项目周期为 20 年。具体表现为由 CT 公司与 A 市政府共同出资成立项目公司，由两方代表共同管理项目公司，虽为共同设立但实际管理者与运营者仍为 CT 公司，A 市政府主要是作为监督者与参与者。项目公司负责与第三方合作机构签订投融资、设计、运营等合同，进行项目上的日常交互活动，直至该水环境治理 PPP 项目结束。在项目结束之后，项目公司将所有有形或无形资产移交给 A 市政府，接收后 A 市政府主要负责后续运维事项。整个项目实施下来，民营企业为主要"操刀手"，其绩效计划、实施和评价等无不与项目绩效的达成息息相关，欲要更加深层次了解项目的实施进展，CT 公司的内部绩效评价体系须设置得当。

9.2.1.2　CT 公司绩效评价问题分析

在众多 PPP 项目中，许多参与方与供应方将项目建设作为项目重点，却对项目的运营关注较少。A 市的水环境治理 PPP 项目周期长，日常运营内容繁冗，为保证项目公司在长达 20 年的项目周期内正常运转，对 CT 公司、政府和供应商提出更高的要求，尤其以 CT 公司为代表，在其绩效管理过程中，细微的决策失误都将影响整个项目绩效。CT 公司是一家成立已久的民营企业，主要从事环境治理方面的工作，具有十分成熟的市场经验和技术，但同时也存在着绩效评价方面的缺点，通过实地调研与企业员工采访等措施，得到 CT 公司现存的绩效评价问题，下面依次展开讨论。

一是绩效评价过于片面，只能反映 CT 公司最终的经营结果，这将不利于 CT 公司对于运营过程绩效管理的总结。过于注重结果的绩效评价体系势必会忽略公司的局部利益，可能会导致局部的绩效与企业的整体绩效相差甚远。同时，在运营过程中员工群体也是绩效中重要的一环，忽略掉该群体的利益，积极性受挫的情况对于整个 CT 公司绩效目标的达成是不利的。在运营期间的客户关系也是关系着整体绩效的重要因素，若只关注最终的经营绩效，客户资源的流失也会影响后续绩效目标的达成，产生长远的负面影响。

二是有迟滞的特征。目前 CT 公司所采用的绩效评价体系仍是多年前公司刚成立时所建立的，此套体系能够适应当时的社会和市场环境，但随着时间的推移，国家经济体系已从高速发展转变为高质量发展，该体系已经不再适应当下社会主流趋势。不成熟的绩效评价体系不能与 CT 公司的实际情况相结合，导致信息不匹配和效率低下等结果，更有可能干扰 CT 公司进行系统全面的资源配置，造成资金浪费和闲置。

三是唯财务经济至上。CT公司只注重不同季度的财务收入、成本和利润等，对很多非财务指标，如客户满意程度、员工满意程度和员工保留程度等没有关注。财务指标如收益、成本、利润等都属于静态指标，而CT公司在发展过程中所处的环境是动态变化的，只关注财务方面的绩效会导致CT公司做出不够客观、科学的绩效决策，继而影响公司后续的发展。

四是交流机制不健全。在CT公司现有的绩效评价体系中，许多管理者只重视项目完成的进度，而忽视了在项目推进过程中所做的努力，这很可能导致员工在以后的工作和项目中敷衍了事和有消极态度。与此同时，管理者的评分具有很大的主观性，很有可能发生部门下属贿赂上级领导以获得高分数的腐败事件，这种不健全的沟通机制会导致CT公司在进行绩效管理时出现信息失真的现象，影响后续展开的公司层面尤其是PPP项目层面的绩效管理事宜。

综上所述，CT公司在绩效评价方面虽然表现较为良好，但是为了长远的发展还有以上四点不足之处。基于此，使用BSC+KPI的绩效评价体系可以弥补CT公司的现有体系中的缺陷，预计可以达到更好的效果。

9.2.2　CT公司绩效评价体系设计

9.2.2.1　绩效评价体系设计目标

采用战略指引的思路平衡发展，坚持A市水环境治理PPP项目的五年战略发展目标，有效推动CT公司在项目中目标的实现，建立完善的绩效指标评价体系为主要思想的循环绩效评价路线，实现绩效管理中的绩效评价精细化管理。

9.2.2.2　绩效评价体系设计原则

（1）分类评价原则

基于CT公司自身发展情况及所处的市场环境，遵循市场发展机理和规则突出公司内部评价指标，分门别类突出重点，分别制定评价标准和监管标准，集中进行资源整合相互借鉴。

（2）灵活可变动原则

建立绩效评价体系时，应充分考虑 CT 公司的特点和行业发展情况，选择具有行业代表性和认可度高的关键指标，设计科学合理的指标计算公式，收集指标数据要方便，评价内容要简明扼要。对于设计出的关键指标，应能适时跟随 CT 公司经营状况做出调整，体现公司上下的绩效评价体系的人性化处理。

（3）可持续发展原则

CT 公司想要获得长久稳定的发展状态，必须基于 CT 公司长久发展目标，同时也不能忽视员工和项目上的评估内容。积极引导员工与管理层进行专项技能学习与训练，激发 CT 公司创造活力，不断获取知识方能立于知识技术竞争的不败之地。

（4）成本与效益原则

过于繁冗的绩效评价指标设置会增加绩效评价的综合成本，不利于 CT 公司效益的提高，影响 CT 公司财务方面的绩效。简单易操作的绩效评价体系可以让受众群体更容易接受。因此，在设计绩效评价体系时，需充分考虑成本效益与实际落地效果，促进绩效评价活动正常开展。

（5）统筹协调原则

全面、协调、可持续地发挥 CT 公司的综合协调功能，充分优化资源配置。企业内部指标的稳定性和各部门的协调发展是企业绩效评价指标规范化的重要保证。

9.2.2.3 绩效评价体系设计思路

首先，绩效评价体系必须是双向的，既包括企业也包括项目，它是主体和客体紧密关联并相互作用的一个有机整体；其次，绩效评价体系必须与环境治理 PPP 项目在结构上实现高度匹配，这种匹配度集中体现在公司组织架构的设计和项目评估指标体系的设计中；最后，绩效评价体系必须能最大程度地克服或缓解由于项目延伸带来的经济活动摩擦力，换言之，绩效评价体系必须精简高效，并体现过程控制。

9.2.3 CT 公司绩效评价体系构建

9.2.3.1 主要绩效评价方法——BSC

在环境治理 PPP 项目网络环境中，民营企业绩效评价体系的构建是一个复杂的系统工程，是一个循序渐进、逐步完善的过程，在具体设计上既要明确绩效评价的相关概念，又要分析运用绩效评价工具，同时要选择具体的操作模式、配套制度及其衔接和完善等，因此，构建民营企业绩效评价体系应选择合适的绩效评价方法，重点选择平衡计分卡（BSC）与关键绩效指标（KPI）来构建评价体系。

20 世纪 90 年代，哈佛大学教授罗伯特·S. 卡普兰（Robert S. Kaplan，2000）和诺顿研究院院长大卫·P. 诺顿（David P. Norton，2000）提出平衡计分卡方法，以平衡为核心理念，从财务、客户、内部流程及学习与发展四个维度考核与评价企业各层次绩效水平的战略管理工具。根据所提出的观点，平衡计分卡有以下特点：注重平衡的有效性、强调因果关系和以战略为核心。通过调研总结出主要绩效核心思想，对比各绩效指标的关联得出相对均衡的绩效战略。彭元（2011）以 XG 公司为研究案例，综合运用 BSC 和 KPI 方法对企业的绩效评价体系进行优化设计。通过运用 BSC 方法从财务、客户、流程与学习四个方面确立公司战略的关键绩效，再分别对这四个方面的绩效与 CT 公司实际发展情况结合能够衡量公司战略实施效果的关键绩效指标体系，建立真实有效的绩效评价体系。

平衡计分卡是一种能构建综合绩效指标体系的方法，它将企业的战略目标与绩效评价指标紧密联系在一起，将企业的战略分解为具体的绩效指标，指明了员工的工作方向进而实现企业的绩效目标。平衡计分卡在企业中应用的优势在于能把高层管理者、投资者与员工的利益有机结合在一起，促进企业上下团结文化的建立，更快更稳地开展企业绩效管理活动，对 CT 公司现存的绩效管理问题具有强烈的针对性。

9.2.3.2　绩效评价指标体系构建

关键绩效指标是通过对组织内部过程的输入、输出关键参数进行设定、采样、计算及分析等活动，从而衡量绩效的一种目标式量化管理指标，是将组织的战略目标分解成可操作的工具，是企业绩效评价的基础。关键绩效指标是用来衡量企业与员工业绩的量化指标，是绩效评价的重要组成部分。

在研读相关文献以及基于前文环境治理 PPP 项目共生网络对民营企业绩效影响路径的基础上，根据 CT 公司的实际情况，从 PPP 项目共生网络角度细化到 CT 公司内部，从经济财务方面绩效、生态环境方面绩效和社会方面绩效三维指标过渡到 BSC 所提倡的四维指标，更加具体地分析 CT 公司绩效评价体系的构建。通过对财务、客户维度、学习与成长以及内部业务流程这四大主要指标层面初步筛选，选出应用于 CT 公司的指标，分别展开阐述：

（1）财务指标

只将财务指标设置成评价指标具有太大的片面性，BSC 在衡量财务指标的同时也考虑了非财务指标，形成一套完整、系统的战略绩效评价体系。通过对两种理论的考量，选出了以下几个可以衡量企业财务维度的指标：

① 营业收入增长率：CT 公司包括投资收益在内的公司获利能力；

② 现金流量：CT 公司维持正常运营所拥有的现金；

③ 利润总额：CT 公司在单位时间内获取的所有利润；

④ 优化资源配置：CT 公司对手握的所有资源进行统筹优化配置。

（2）客户维度指标

客户维度确定了这些细分市场中的需求者。企业的财务目标是通过与客户的互动来实现的，通过对客户要求的满足来获取利润，因此企业需要考虑客户的需求。综合考虑之后选出了以下几个指标：

① 客户满意度：既有客户及潜在客户对公司的满意程度；

② 社会责任及品牌建设：CT 公司运维时对社会负有的相关责任；

③ 构建合作关系：CT 公司与政府、公众及其他机构的合作关系；

④ 解决问题效率：CT 公司遇到突发问题时与客户或者合作伙伴解决问题的态度及速度。

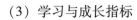

（3）学习与成长指标

企业与员工的学习与成长为其他指标提供了相应的知识基础，在一定程度上也是其他指标的动力来源。如今市场环境变化速率过快，企业与员工需要一直保持学习的状态才能使企业在技术资源上不落后，综合考虑 CT 公司的实际发展情况，学习与成长指标包括如下内容：

① 关键人才留职率：CT 公司关键员工对本公司的留恋程度；

② 培训合格率：CT 公司员工参加各种技能培训所达到的合格率；

③ 员工技能提升：CT 公司员工经常参加培训、学术交流、资格考试等职业技能方面的活动；

④ 公司文化认同度：CT 公司员工对公司文化的认同程度。

（4）内部业务流程指标、

企业在运营管理时，内部业务流程也是重要的一环，影响企业员工学习、与客户交流和对财务流水的关注，是企业正常展开各项绩效活动的保障，其评价指标一般包括：

① 优质服务：CT 公司对外对内提供高质量的服务及合作态度；

② 管理规范化：CT 公司内部制度及运营规范化；

③ 安全环保：CT 公司在进行项目活动时时刻注意安全与环保；

④ 生产效率：CT 公司进行产品研发和生产的效率。

综上所述汇总如表 9 - 1 所示。

表 9 - 1　　　　　　　　CT 公司绩效评价体系指标集

目标层	一级指标	二级指标
绩效评价体系总体战略目标（A）	财务（B_1）	营业收入增长率（C_{11}）
		现金流量（C_{12}）
		利润总额（C_{13}）
		优化资源配置（C_{14}）
	客户维度（B_2）	客户满意度（C_{21}）
		社会责任及品牌建设（C_{22}）
		构建合作关系（C_{23}）
		解决问题效率（C_{24}）

续表

目标层	一级指标	二级指标
绩效评价体系总体战略目标（A）	学习与成长（B_3）	关键人才留职率（C_{31}）
		培训合格率（C_{32}）
		员工技能提升（C_{33}）
		公司文化认同度（C_{34}）
	内部业务流程（B_4）	优质服务（C_{41}）
		管理规范化（C_{42}）
		安全环保（C_{43}）
		生产效率（C_{44}）

9.2.3.3　绩效评价指标权重的确立

权重确定方法有主观赋值法和客观赋值法。主观赋值法一般包括德尔菲法、二项系数法以及 AHP 法等。客观赋值法则根据指标自身的重要性进行赋值，主要包括成分分析法及因子分析法等。因 CT 公司项目周期长，数据波动较大，故拟采用主观赋值法中的 AHP 法确定平衡计分卡各项指标权重。AHP 法是一种同时运用定量与定性两种方法来进行决策的方法，其基本原理是将决策过程中与决策相关的因素分成目标、准则和方案三个层次，然后按照相对重要性原则，两两对比，得出一个影响决策的矩阵，进而求出特征值的最大权重系数。此方法作为一种确定权重的工具，既可靠，又能使一般员工和管理人员共同参与指标的制定，更适用于 BSC 绩效评价指标体系中权重的确定。

（1）构造层次结构分析模型

在对企业存在的问题进行深入探讨后，根据所得因素指标的前后关联将所设计的指标体系分解成若干体系，同一层的因素从属于上一层因素，同时又支配下一层因素，结构分析如图 9 - 1 所示。

（2）构造判断矩阵

在层次结构分析模型建立后，对指标体系各层元素进行两两分析比较，在此基础上构造判断矩阵，可得到表 9 - 2。

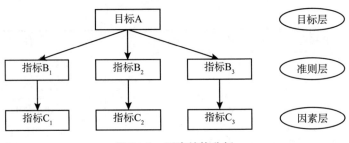

图 9-1 层次结构分析

表 9-2 判断矩阵

K	K_1	K_2	K_j	K_n
K_1	K_{11}	K_{12}	K_{1j}	K_{1n}
K_2	K_{21}	K_{22}	K_{2j}	K_{2n}
K_i	K_{i1}	K_{i2}	K_{ij}	K_{in}
K_n	K_{n1}	K_{n2}	K_{nj}	K_{nn}

其中，K_{ij} 表明因素 i 与因素 j 相对于目标层的重要值，通常在 1~9 及其倒数之间取值，标度值含义如表 9-3 所示。

表 9-3 指标标度及含义

重要性程度	定义
1	重要性相等
3	一个因素的重要性稍微高于另一个
5	一个因素的重要性比较高于另一个
7	一个因素的重要性十分高于另一个
9	一个因素的重要性绝对高于另一个
2、4、6、8	以上两两比较判断的中间值
以上数字的倒数	相邻两个因素交换次序比较的重要程度

（3）确定指标权重

采用和积法进行计算，步骤如下：

① 对矩阵元素进行正规化处理：

$$\overline{K_{ij}} = \frac{K_{ij}}{\sum\limits_{p=1}^{n} K_{pj}} \quad (i, j = 1, 2\cdots, n) \tag{9-1}$$

② 将正规化后的判断矩阵按行加总：

$$\overline{W_i} = \sum\limits_{j=1}^{n} \overline{K_{ij}}(j = 1, 2\cdots, n) \tag{9-2}$$

③ 将向量进行归一化处理：

$$\overline{W_i} = \frac{\overline{W_i}}{\sum\limits_{j=1}^{n} \overline{W_j}} \quad (i, j = 1, 2\cdots, n) \tag{9-3}$$

④ 计算矩阵最大特征值：

$$\lambda_{max} = \sum\limits_{i=1}^{n} \frac{(KW)_i}{nW_i} \quad (i = 1, 2\cdots, n) \tag{9-4}$$

（4）一致性检验

由于人们认知的模糊性，需要进行一致性检验以避免主观打分不合理现象，剔除明显矛盾的判断值，并重新进行相对重要性判断与赋值。具体公式为：

$$CI = \frac{\lambda_{max} - n}{n - 1} \tag{9-5}$$

CI 值越大说明一致性越差，CI 为零时表明一致性最好。计算出的 CI 需要与 AHP 方法提供的同阶平均随机一致性指标 RI 进行对比，比值用 CR 表示，即 CR = CI/RI。若 CR < 0.1，则表明层次分析结果具备较强的可用性，否则就需要重新调整取值，并进行下一次计算。

9.2.3.4　实证运行结果

通过向相关领域的专家、CT 公司高管和部分员工进行问卷调查及现场咨询，经过 SPSS 数据分析得到数据结果，逐步确定了每层指标的权重，结果如表 9 - 4 ~ 表 9 - 13 所示。

表9-4   **A - B 判断矩阵**

项	财务	客户维度	学习与成长	内部业务流程
财务	1.000	2.000	3.000	3.000
客户维度	0.500	1.000	2.000	1.000
学习与成长	0.333	0.500	1.000	0.500
内部业务流程	0.333	1.000	2.000	1.000

表9-5   **A - B 判断矩阵权重系数**

项	特征向量	权重值（%）	最大特征值	CI 值	RI 值	CR 值
财务	1.826	45.661				
客户维度	0.885	22.120	4.046	0.015	0.890	0.017
学习与成长	0.481	12.022				
内部业务流程	0.808	20.197				

表9-6   **$B_1 - C_1$ 判断矩阵权**

项	营业收入增长率	现金流量	利润总额	优化资源配置
营业收入增长率	1.000	1.000	0.667	5.000
现金流量	1.000	1.000	0.500	5.000
利润总额	1.500	2.000	1.000	6.667
优化资源配置	0.200	0.200	0.150	1.000

表9-7   **$B_1 - C_1$ 判断矩阵权重系数**

项	特征向量	权重值（%）	最大特征值	CI 值	RI 值	CR 值
营业收入增长率	1.079	26.979				
现金流量	1.007	25.180	4.016	0.005	0.890	0.006
利润总额	1.691	42.265				
优化资源配置	0.223	5.576				

表 9 - 8　　　　　　　　　　　　$B_2 - C_2$ 判断矩阵权

项	客户满意度	社会责任及品牌建设	构建合作关系	解决问题效率
客户满意度	1.000	1.111	1.000	2.000
社会责任及品牌建设	0.900	1.000	0.667	2.000
构建合作关系	1.000	1.500	1.000	3.333
解决问题效率	0.500	0.500	0.300	1.000

表 9 - 9　　　　　　　　　　$B_2 - C_2$ 判断矩阵权重系数

项	特征向量	权重值（%）	最大特征值	CI 值	RI 值	CR 值
客户满意度	1.141	28.537				
社会责任及品牌建设	0.973	24.317				
构建合作关系	1.396	34.902	4.023	0.008	0.890	0.009
解决问题效率	0.490	12.245				

表 9 - 10　　　　　　　　　　$B_3 - C_3$ 判断矩阵权

项	关键人才留职率	培训合格率	员工技能提升	公司文化认同度
关键人才留职率	1.000	1.429	1.667	0.333
培训合格率	0.700	1.000	1.000	0.200
员工技能提升	0.600	1.000	1.000	0.200
公司文化认同度	3.000	5.000	5.000	1.000

表 9 - 11　　　　　　　　　　$B_3 - C_3$ 判断矩阵权重系数

项	特征向量	权重值（%）	最大特征值	CI 值	RI 值	CR 值
关键人才留职率	0.743	18.570				
培训合格率	0.481	12.037				
员工技能提升	0.463	11.566	4.003	0.001	0.890	0.001
公司文化认同度	2.313	57.828				

表 9 – 12 $B_4 - C_4$ 判断矩阵权

项	优质服务	管理规范化	安全环保	生产效率
优质服务	1.000	1.000	0.333	1.250
管理规范化	1.000	1.000	0.500	1.429
安全环保	3.000	2.000	1.000	3.333
生产效率	0.800	0.700	0.300	1.000

表 9 – 13 $B_4 - C_4$ 判断矩阵权重系数

项	特征向量	权重值（%）	最大特征值	CI 值	RI 值	CR 值
优质服务	0.720	17.992				
管理规范化	0.823	20.582	4.014	0.005	0.890	0.005
安全环保	1.887	47.173				
生产效率	0.570	14.253				

由表 9 – 13 可知，CR < 0.1，一致性通过。由以上结果可知全部指标权重，得到表 9 – 14。

表 9 – 14   CT 公司绩效评价体系指标权重

目标层	一级指标	权重（%）	二级指标	权重（%）
绩效评价体系总体战略目标（A）	财务（B1）	45.66	营业收入增长率（C11）	26.98
			现金流量（C12）	25.18
			利润总额（C13）	42.27
			优化资源配置（C14）	5.58
	客户维度（B2）	22.12	客户满意度（C21）	28.54
			社会责任及品牌（C22）	24.32
			构建合作关系（C23）	34.90
			解决问题效率（C24）	12.25

续表

目标层	一级指标	权重（%）	二级指标	权重（%）
绩效评价体系总体战略目标（A）	学习与成长（B3）	12.02	关键人才留职率（C31）	18.57
			培训合格率（C32）	12.04
			员工技能提升（C33）	11.57
			公司文化认同（C34）	57.83
	内部业务流程（B4）	20.20	优质服务（C41）	17.99
			管理规范化（C42）	20.58
			安全环保（C43）	47.17
			生产效率（C44）	14.25

由表 9 – 14 可得出结论：CT 公司绩效指标中财务、客户维度、学习与成长、内部业务流程四个方面的权重分别为 45.66%、22.12%、12.02%、20.20%。

由上可知，CT 公司在 A 市水治理 PPP 项目中最看重自身经济收入，其中利润总额又是该公司主要追求的指标，对比之下，资源配置的优化显得没那么重要，这与该公司在 PPP 项目中承担的角色息息相关，作为项目主要承担运行者以及从企业的角度看待 CT 公司，参与项目的主要目的就是获得经济绩效。

客户维度方面的权重位居第二，这与 PPP 项目参与方异质性相关，政府作为监督者及合作者也是客户之一，处理好政企关系对整个项目的运行及公司的营商环境和内部绩效评价有着极大的帮助，其中构建合作关系和客户满意度也表明了 CT 公司想要与政府与其他机构甚至是公众形成良好的沟通与对话机制。

内部业务流程方面涉及 CT 公司内部管理及运营，权重地位略次于客户关系方面。其中，安全环保权重占比最高，与该公司承担的社会责任形成很强烈的契合，CT 公司自身也是环保公司，环境保护、生态治理也是该公司追求的目标，管理规范化在进行项目活动时也需要着重注意。

最后是学习与成长方面，由于 CT 公司是一家致力于水环境治理的民营企业，技术上进步与革新满足治理要求即可，对新知识的要求略低。但公司文化认同却在学习与成长方面占比最高，这反映了该公司上下全体的认同感较强，较易形成良好的整体绩效评价体系。

9.3 公众参与环境治理 PPP 项目案例分析

从受害程度、环境专业知识和环保使命三个核心诱导因素出发，构建公众参与环境保护从受害者到一般公众、从个体化到组织化、从沉默到抗争的发展逻辑框架，并通过过程分解法对公众参与环境治理的行为规律进行总结归纳，如图 9 - 2 所示。

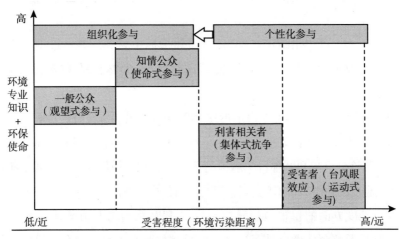

图 9 - 2　公众参与环境治理的实践主体及类型基本框架

9.3.1　原子化阶段：沉默 vs 运动式参与——"退城入园"模式

9.3.1.1　受害者：理性沉默 vs 英雄式独立行动

随着环境保护力度的加大和城市化进程的加快，国家出台了一系列促进化工企业"退城入园"的法律法规，用以支持传统化工企业创新改革。对于位于城市人口聚集区域的企业而言，"退城入园"意味着企业发展方向从城镇向乡村转移。

就"退城入园"项目而言，一是鉴于主要利益受损公众沉默后，公众参与自然而然变得"空洞化"。越来越多距离核心污染源区域较近的受害者选择迁徙行为，企业污染行为失去了一线监督者，导致公众参与凸显"空洞化"现象。二是留守村民环保意识薄弱，环保行为几乎无效。在城市化进程加速背景下，大量青年进城，与生活环境的联系日益疏远，留守村民思想封闭，无法对企业环境污染行为做出有效反应，面对污染物大量排放对身体健康造成的威胁，多数人选择保持沉默。此外，部分留守村民为谋求生存机会，产生"与污染共生"的消极心理，在受到污染物侵害后并没有极力抗议反而加以纵容。公众可以在同一时间成为环境污染的受害者和肇事者，以沉默方式进行理性选择，获得补偿性收益。最终，在"沉默的多数"中，也有少数派要求污染企业为自身利益承担责任，作为环境的"守护者"，通过信访举报、媒体曝光等途径行使环境相关权利。

9.3.1.2　自身利益的碎片化表达："台风眼现象"vs"各扫门前雪"

化学企业"退城入园"背景下公众环境行为出现两种极端现象：一种是"沉默多数"导致的"台风眼现象"，即原居民离开污染区后的"空洞化"参与，少数留守村民参与无效，以及环境污染制造行业同流合污的负外部性行为等原因，造成污染直接受害者不参与的状况；另一种是个体化英雄式独立行动呈现"各扫门前雪"的景象，由于受害公众生活水平各不相同，环境需求也呈现分化现象，个体层次的个人环境行为针对性强且产生的效果具有一次性特点，不可循环往复产生链条式影响，对其他事件很难发挥同样作用。公众的响应程度与其受害程度成正比，越接近核心污染区的居民往往会越强烈地抗争，同时呼吁其他受害者进行集体行为活动，但大多数参与者在面对企业利益补偿和自身环境利益时选择放弃环保责任，这就导致集体抗争很难持久，个体抗争失败率高。

9.3.2　集体化阶段：集体式抗争参与——MY 垃圾场抗争事件

9.3.2.1　利害相关者："不谋而合"的集体呼吁

大量环境群体性事件表明，距离污染核心区越近，越容易对污染物的排放产生即时反应行为，从独立抗争到集体抗争的转化更容易出现。MY垃圾填埋场附近的受害关系方由于长期面临污染风险，动员各方力量关注共同问题，发起了集体行动，但很快被中断。中断的原因在于：第一，利益相关者对污染源具体危害情况难以判断，环境专业知识不足，且容易受到污染企业方的错误引导而遭到社会质疑。第二，专家和公众的间歇指导和兴趣参与对环境治理没有产生效果，为了增加调查数据的可信度，公众邀请具备环境专业知识的专家参与调查研究，但由于不能持续关注污染事件，导致问题反复循环出现。第三，非正式的交流渠道和差异化的话语体系难以实现平等协商，是一种无效沟通。同时，民众缺乏先进的话语体系，很难保证双方在同一层次进行沟通。

失败案例表明集体抗争缺乏理论指导和理性分析，难以准确表达环保诉求，同时，由于治理主体的信息不对称、关系不对等原因，放弃了为实现公共利益发声。

9.3.2.2 社区为本的集体行动："知天命，尽人事"

大多数环境群体性事件都无法成功达到预期目标，陷入"道德两难"和"经验无法复制"的困境，这种困境产生的原因是公众行为具有地区差异、环境污染问题复杂多样、公众行动方向不统一和缺少法律保障等，这就导致了公众组织化行为结果的不确定性。对参与环境治理群体事件的公众关系进行剖析，发现碎片式的参与行动体现了关系主体间的利益多元化；以社区为单位开展的团体行动本质上还是未能实现公共价值的创造；除此之外，受害公众环保专业知识匮乏，即使调动多方社会力量参与到行动中来也无法针对多样化的环境污染问题制定恰当的治理计划。由此可知，若环境集体行为无法具备正式组织的专业性和针对性，那其只能被看作是英雄式独立行动的另一种表现形式，前者在组织规模、利益诉求和表现路径上都是后者的线性扩充态势。要想实现集体行动的跨越式发展，必须要遵守法律规范要求，追求社会长远发展，掌握专业的环保知识，制订阶段性的发展计划。

9.3.3　组织化阶段：观望式参与——"滇池关爱日"环境教育行动

9.3.3.1　一般公众：观望式参与

某环保组织在 2009 年 7 月开展了为期三年的环境教育行动实验，名为"滇池关爱日"，市民自愿参加了各种保护水环境的活动。就活动全过程而言，志愿者能在环保组织的专业化指导下了解环保知识，这种知识属于专业环保知识的范畴，公众通过技能培训独立和协作开展环保任务，并对自己的工作成果进行总结。调查发现，这些志愿者大多对现有成果的取得保持乐观态度，但并不倾向于开展长期的环保志愿活动，公众仍然将环保事务看作政府的职责，认为社会公众力量的贡献效果微乎其微，不愿把其当作社会责任主动承担，这表明为期三年的"滇池关爱日"环境教育行动实验并未改变公众的环保态度。

环保团体 LK 的教育行动实验充分展现了公众是否能积极地选择环境治理行为取决于其受到环境污染的威胁程度，当环境污染问题涉及公众私人利益，才会引发广泛的公众环境抗议行为。

9.3.3.2　自我愉悦与能力提升的观望："环保不是我的事"

大众的"观望式"沉默与受害人因生活的环境补偿而表现的不作为态度不同，其主要区别在于：一方面，公众选择远离污染区域去往更加安全的生活环境，致力于实现个人最大价值，这让公共利益难以成为公众愿意耗费时间和精力维护的内容；另一方面，在国家环境治理体系逐渐完善的今天，公众更愿意对政府的环境治理能力产生信任并形成依赖。从个体行动到集体行动再到组织计划行动，多层次深化推进的公众实践多阶段演化将逐渐形成稳定模式，有助于公共利益的实现，对公众参与环境治理产生影响。

9.3.4　再组织化阶段：使命式参与——"河流守望者"模式

9.3.4.1　知情者："环保湘军"走向"使命共同体"

由"绿色汉江""淮河护卫"等所代表的早期"英雄式"环保志愿组织，最大特色就是对本土的感性情结和信任感导致的治理方向保守，难以跟进全球化思想的引领迈向现代化。"河流守望者"的成功之处在于充分利用了流域居民的这种情结，发动尽可能多的公众监督者参与到对河道环境的保护和治理中来，突破了空间的限制，建立了广泛的河流守护组织，适合我国当前的国情。2011 年，由 X 环保志愿组织发起的"湘江守望者"项目在河流沿线形成了空间治理共同体，充分体现了流域公众的强烈环保使命。

9.3.4.2　环保正义的使命行动："有河流的地方就有守望者"

鉴于我国河流治理问题的历史特征，在运行过程中体现的环境公共性，沿线地区禀赋不同，利益冲突与关系异化程度随之不同，其他利益相关者为了实现个人和群体利益不受损害而自发开展的群体性活动表现出抗争性质，而"河流守望者"的实质是为了保护全局利益和可持续发展的环境治理目标，放弃以私人利益为主的行动，协调各方利益，建立具有公益性质的环境共同体组织，对接"河长制"的治理模式，为每一流域都配备"守望者"，形成全范围监管。"河流守望者"模式表明，通过有组织的行动，知情公众从区域环境保护的私利使命转变为国家河流保护公益使命，促进了可持续发展中的公众参与。

根据以上分析，公众参与环境治理的实践类型如表 9 – 15 所示。

表 9 – 15　　　　　　　　　公众参与环境治理实践类型

案例	公众主体	参与形式	受害强度	环保知识	环保使命	参与成效		参与类型
						行动	可持续	
退城入园	受害者 A	个性化	√	×	—	×	×	沉默多数
	受害者 B	个性化	√	×	×	√	×	运动式参与
MY 垃圾场	利害相关者	松散组织化	√	×	×	√	×	集体式抗争
滇池关爱日	一般公众	组织化实验	×	√	×	√	×	观望式参与
河流守望者	知情公众	组织化	×	√	√	√	√	使命式参与

9.4　基于 SNA 的环境治理 PPP 项目共生网络实证分析

9.4.1　相关研究方法概述

9.4.1.1　社会网络分析

社会网络的相关分析一般有两类观点：首先，这是一个技术，可以进行实践研究，通过该技术能够整合主体与主体、主体和社会的相互联系；其次，主体沟通联系而形成的一种组织就是网络，这个组织就是要分析的重点。然而在实践中，这两个方面往往很难分开。前者包括后者，后者离不开前者，这种情况经常使网络研究变得整体而混乱。

社会网络分析是一种源自社会理论的方法，它将逻辑、工程和社会学相结合，可以直接反映各个主体沟通交流运行情况并探究社会结构。社会网络分析是一个高级而有力的工具，主要用于个人社会关系、社会学或心理学等，从而探究不同领域的情况。最开始莫雷诺和雷文（Moreno and Levin，1934）分析探究公众的心理以及社会群体身份的非正式模式就运用了社会网络分析。之后其主要在国民账户体系等领域中慢慢发展起来。社会网络分析方法能够利用主体的关联及其相互关系来探究主体与主体的社会关系，帮助研究 PPP 项目的具体框架，并确定框架的关键特点，寻找出可能引起负面情况的物质。

在分析共生网络时，可以把这个网络视作各个参与者之间的关系或相互关联，参与者慢慢形成组织与结构，就意味着需要先探究利益相关者与相互联系，才能进一步探究社会网络下的共生情况。利益相关者是有自己的思想的，却不得不被限制，相互联系就是利益相关者的信息、物质和资源等的交流沟通合作。网络结构是一种基于主体和主体因特定关系而产生的相互作用而积累起来的联系。

9.4.1.2 系统动力学

这个方法一开始是弗瑞思特（Forrest，1956）探究出来的，应用于多个行业，在学习、工业管理及企业战略等方面有所涉及。系统动力学是一个将系统理论作为前提，结合多领域的行业而创造的学科。它大多用于分析网络系统的回转情况，最后形成的体系也应该是运动的，所以各种物质才能伴随时间发展。反馈代表了通过一系列反馈环影响系统的情况。在分析系统行为时，不应单独探究不同原因的关联，需要对整个系统进行全面了解并进行反馈，根据一定规则逐步建立系统动力学的结构模型。

环境治理 PPP 项目共生网络同样具有动态性，在这个网络中，最初的成员能够离开，新的成员也能够加入进去，所以成员在不断地流动中，组织也在改变中。平衡不代表暂停，在无序因素的影响下，会影响结构的发展。因此，成员、信息和资金等不断流通与发展，形成了新的网络。但是和先前的网络对应，主体或许一直存在，只是关系变化。不同成员之间的关系先是复杂混乱的，后来才会慢慢稳定下来。周围的因素可能会影响最终形成的结构，促进不同的主体再次选择合作主体，形成的新结构再次被各种因素影响，不断进行调整。根据对环境治理 PPP 项目影响因素的探究，可以借助系统动力学建立反馈回路，如图 9-3 所示。

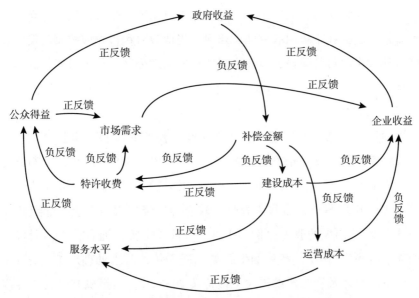

图 9 – 3　环境治理 PPP 项目三方合作共生机制模型

　　结合以往的研究，环境治理 PPP 项目三方合作共生机制成功的情况会对共生网络可持续发展造成影响。政府是项目创立者，联系企业一起建立项目公司，保证项目建设和平常的运行；特许权期间，政府在公众能够承受支付压力的前提下，对企业和公众进行补偿，并且尽量减少公众的花费，及时选择相应的项目。互利的三方合作意味着三方最大限度地发挥各自的效益：第一，政府不仅要改变要求，还可以收到一定的社会效益；第二，企业可以从政府补偿中获得经济利益；第三，公民可以享受优质服务和温馨的生活环境，并且花费比较低。所以，各种的外界情况均有可能改变共生情况。

9.4.2　基于 SNA 的环境治理 PPP 项目共生网络

9.4.2.1　案例分析

（1）城市概况

　　A 市地域辽阔，面积约 1906 平方公里，常住人口 93 万人，包括 51 个乡镇和 456 个行政村，是我国著名的文化城市和旅游城市。城市地质结构简单，褶皱柔软，从地理角度来看，是一个季风型亚热带气候区，春夏秋冬气候都非常合适，在市境内有一江、四河。当地政府积极响应国家政策，鼓励发展公私合作项目的建设，以此为当地环境治理公私合作项目提供成熟的政策环境。

（2）项目摘要

该项目是 A 市污水处理厂及生态建设工程 PPP 项目，主要是工程建设或者改扩建工程。项目相关运作方式为采取 BOT + ROT，在项目中刚建设的一部分采取 BOT 模式，原有的污水处理厂继续扩大、地下海绵体及管廊建设扩大实行 ROT 模式。合作内容是由政府的出资代表与企业一起组建项目公司（SPV），预先的股本比例为 1∶9，项目公司暂时拥有特许经营权。整体的项目时间为 23 年，新建的生态类工程 3 年，污水处理厂扩大化工程 3 年，地下海绵体及管廊建设扩大工程持续 20 个月。回报机制是可用性服务费及运维绩效服务费，项目于 2018 年签约。

（3）投融资结构

图 9 - 4 阐述并解释了 PPP 项目的资产生成和转移路径，以及工程财产的性质、来源和作用。A 市建设局和企业签署运营服务协议，设立项目公司，依据合约政府占 11%，企业占 89%。自有资本金占总体的 25%，项目的参与者根据比例提供财产，剩余的部分可通过融资获得。

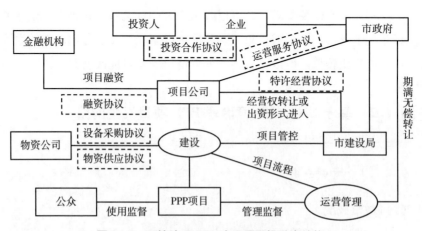

图 9 - 4 环境治理 PPP 建设项目投融资结构

（4）回报机制

项目分为不同的建设，依据经营涉及的方面，决定 PPP 主要的回报机制是可行性缺口补助。在工程中，地下海绵体及管廊建设的回报情况是政府付费，而污水处理项目定做可行性缺口补贴。在项目建设二十余年的时间里都要满足公众的相关要求，进而扩大政府的管理强度并促进企业的相关行为。所以，将 PPP 项目的回报分为可用性服务费和绩效运维服务费。

可用性服务费是指 PPP 项目公司在建设项目的过程中，根据两家公司之间的相关契约和各项规范要求的可使用验收条款，项目公司付出的财产总额中需要得到的相应的报酬，主要包括与投资项目相关的支出和投资者应获得的合理且稳定的收入。

绩效运维服务费是指 PPP 项目公司依照相关各项契约要求规定的运营业绩条款，在确保 PPP 项目能够稳定发展的情况后，分享与项目相关的运维所得资金，如合并和稳定的收入、税金或者当年用户的支付等。

9.4.2.2　基于 SNA 的污水处理 PPP 项目共生网络测度指标

社会关系网络帮助各个主体进行沟通合作。环境治理 PPP 项目包括了许许多多的利益相关者，因此需要参与者们交流沟通合作，项目有可能实现共生。分析环境治理 PPP 项目的共生网络，需要探究网络的凝聚度和稳定性。

（1）整体网络测度指标

本书通过以下两项数据展开探究。一是密度。密度表示主体和主体存在的连接情况。比较网络上真实管理关系的数量和研究中可以出现的最大管理关系数量，可以得出，密度高则点和点的沟通更频繁，网络聚集情况更好。这是因为密度高，所有部门的通信可能性大，网络信息资源传输更迅速，稳定性就强。高密度代表了网络会改变主体行为和产生局限性。所有主体的自主决定程度比较差，从而趋向一致。二是中心势。中心势能够展现网络里全部点收敛到其中一点的能力。据此，中心势表示治理网络中权力的分配，也就是有多少信息和资源聚集在专门的主体里。中心势越大，则代表这个节点具有物质和材料、对其他主体控制力强、权利分配不平等的绝对优势，进而会影响网络的稳定性。

（2）网络个体测度指标

可以根据两个指标进行衡量和探究，以方便描述多个成员在网络中的作用。一是成员影响其他成员的情况，也就是成员手中的权限；二是成员在共生网络中被其他主体改变的情况。所以，采用"中心度"和"结构洞"进行分析。

中心度表示不同成员在网络里占据中心部分的情况，反映了不同成员手中掌控实力的情况。

结构洞表示不同成员中无效的关系。假设一个成员向其他成员分享，只有告知的意愿，没有有效的交流互动，说明成员产生结构洞。探究结构洞有很多方法，而且有相同的结论，所以本书仅选取明确的约束指标来衡量结构洞。

9.4.2.3 A市环境治理PPP项目整体网络测度分析

结合上述内容中对A市环境治理PPP项目的概述，加之先前各种文献与结论分析，对A市PPP项目的不同阶段不同主体间进行社会网络分析，从而设定多元主体的关系矩阵。通过对环境治理PPP项目各个成员对项目的资金花费、风险以及需要的效益三个层面的专家打分法进行分析，将各个成员的关系情况用0、1、2、3进行评判，假如各个成员有资金、效益和危害这三个关系中的一个，那么数据取值则为1。由此得到两个阶段矩阵，如表9-16、表9-17所示。

表9-16　　　　　A市环境治理PPP项目执行阶段关系矩阵

参与主体	A市政府	企业	用户	总承包商	分包	项目公司	建设单位	金融机构	周边居民
A市政府		0	0	0	0	3	0	0	2
企业	0		0	0	0	3	0	0	0
用户	0	0		2	0	0	0	0	0
总承包商	0	0	2		3	3	3	0	0
分包	0	0	0	0		0	0	0	0
项目公司	3	3	0	3	0		0	3	0
建设单位	0	0	0	3	0	0		0	1
金融机构	0	0	0	0	0	3	0		0
周边居民	2	0	0	0	0	0	1	0	

表 9 - 17　　　　　　　A 市环境治理 PPP 项目运营阶段关系矩阵

参与主体	A 市政府	企业	用户	项目公司	运营商	监理单位
A 市政府		1	0	2	2	1
企业	1		0	2	0	0
用户	0	0		0	2	0
项目公司	2	2	0		3	1
运营商	2	0	2	3		1
监理单位	1	0	0	1	1	

将上述关系矩阵输入 NETDRAW 矩阵，可以得到执行和运营阶段不同主体的社会网络关系，如图 9 - 5 和图 9 - 6 所示。

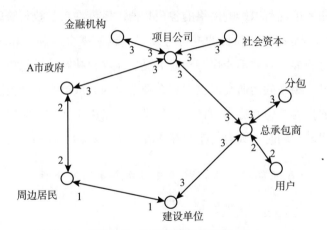

图 9 - 5　执行阶段社会网络

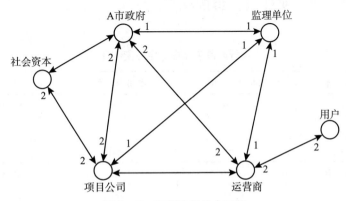

图 9 - 6　运营阶段社会网络

利用 UCINET 软件分析网络的密度及中心势，结果如表 9 - 18 所示。

表 9 - 18　　　　　　　　各操作阶段网络密度及中心势值

阶段	密度（%）	中心势（%）
执行阶段	33.33	54.09
运营阶段	46.43	59.65

根据前述分析可知，A 市 PPP 项目关系网络的密度和中心势在项目执行阶段都是非常小的，在运营阶段表现情况正常。造成以上这种情况的关键因素是时间与项目的发展，各种利益相关者参加或者离开，成员数目以及主体之间的联系情况可以影响网络的各项数值。密度在项目执行阶段小，是由于这一阶段，随着 PPP 项目的进行与发展，越来越多的利益相关者进入网络，并且有的参与者并不会保持沟通情况。在项目执行阶段的成员没有太大的关联情况，相互的沟通交流也不那么频繁，因此成员不太会被阻碍，可以选择自己的行为。中心势在项目运营阶段大，是由于在这一阶段，PPP 主要目标已经明确，同时，政府与企业存在着信息不对称、权利不对等等障碍。

9.4.2.4　A 市环境治理 PPP 项目网络个体测度分析

（1）个体中心度测度及分析

根据相关矩阵，利用 UCINET 软件计算得到执行阶段和运营阶段中成员中心度，如表 9 - 19 和表 9 - 20 所示。

表 9 - 19　　　　　　　　执行阶段多元主体中心度测度

参与主体	度数中心度	中间中心度	接近中心度
A 市政府	9.56	3.81	65.46
企业	7.93	0.00	54.02
用户	7.65	0.62	52.91
总承包商	22.16	3.52	66.37
分包	9.73	0.00	49.53

续表

参与主体	度数中心度	中间中心度	接近中心度
项目公司	51.89	74.10	100.00
建设单位	8.74	10.02	60.00
金融机构	12.89	0.00	57.63
周边居民	10.75	1.36	60.00
均值	15.70	10.46	62.88

表 9-20　　　　　　　　运营阶段多元主体中心度测度

参与主体	度数中心度	中间中心度	接近中心度
A 市政府	33.86	29.12	89.71
企业	15.63	9.62	64.59
用户	9.64	0.00	51.59
项目公司	64.78	42.02	81.70
运营商	19.29	7.43	70.00
监理单位	12.10	0.00	62.36
均值	25.88	14.70	69.99

在项目执行阶段，项目公司要参与到 PPP 项目中，因此需要加强与各种利益相关者的沟通联系，所以中心度是最高的，并且还有很大的差距；施工承包方由于在一直参与项目建设，因此会影响各利益相关者，所以度数和接近中心度都位列次席，不过它的中心度却异常小，是因为在参与 PPP 项目中不能控制相关的信息等；金融机构、企业和分包方都没有太大的作用，只能作为更次要的参与方，中心度为 0，度数和接近中心度都很小；A 市政府、居民和监理单位度数和接近中心度值都非常差，意味着不能控制相关的信息等而且自己的物质准备也不充足，会被其他的各项因素改变，它的中心度也不高，在治理关系网络中对信息及资源的传递有一定的作用。

项目公司在项目运营阶段，需要与执行阶段一样保持与各利益相关者的沟通联系从而占据首席位置；A 市政府的中心度位居次席，表示了它也是非常关键的主体；运营商在运营阶段起协调整合的作用，在环境治理 PPP 中需要保持与各利益相关者的沟通联系并分享各类资源，所以它的接近中心度也是很高的；用户和监理单位的各项指标都不太理想，说明这些利益相关者在环境治理 PPP 项目中没有太大的核心力。

（2）个体结构洞测度及分析

从前文对 A 市环境治理 PPP 项目网络个体中心度的各项研究，能看出各个利益相关者的情况。接下来开始对利益相关者结构洞测度展开研究，利用 UCINET 软件分析得到执行阶段与运营阶段的结构洞限制度，如表 9 – 21和表 9 – 22 所示。

表 9 – 21　　　　　　　执行阶段多元主体结构洞限制度测度

参与主体	限制度	排序
A 市政府	1	1
企业	0.76	6
用户	0.21	9
总承包商	0.71	7
分包商	0.86	5
项目公司	0.23	8
建设单位	0.91	2
金融机构	0.89	3
周边居民	0.88	4

表 9 – 22　　　　　　　运营阶段多元主体结构洞限制度测度

参与主体	限制度	排序
A 市政府	0.85	2
企业	0.73	5
用户	0.75	4
项目公司	0.33	6
运营商	0.83	3
监理单位	0.91	1

在项目执行阶段，A 市政府由于要统筹全局，会被其他主体影响，排名第一；建设单位和金融机构因为会更多地参与 PPP 项目而被干扰，所以限制度也是比较高的；周边居民、分包商和企业限制度居于中间位置，说明虽然偶尔会被制约，但是自主选择情况还是理想的；项目公司、用户及总承包商全程参与 PPP 项目，可以独自进行运营和发展，所以限制度比较低，不太容易被其他利益相关者影响。

在项目运营阶段，监理单位、A 市政府和运营商，由于要统筹兼顾各个主体，所以容易受到各种情况的影响，因此限制度居于前三；用户和企业还算比较稳定，虽然会被部分影响，但是自己的各项运行发展都可以自主选择；项目公司的限制度排最后一位，说明自己的相对选择权更大。

9.4.3　基于利益相关者的共生网络稳定性模型

9.4.3.1　案例分析

B 市总面积 28000 平方公里，政府建立湿地工程的项目建设来维系 B 市河流的相关能力，从而促进河流发展。

（1）资产权属

项目在建设最开始到建设结束后产生的所有资产的各项所有权利给予政府，项目公司只有经营权，也就是占有权、使用权和收益权，并不包括任何物权和处置权。

（2）运作方式

根据我国相关 PPP 项目的建设情况，加之 B 市生态 PPP 项目的运行案例，B 市 PPP 项目实行建设—运营—移交的运作流程，图 9 - 7 展示了项目的实施方式。

（3）投融资结构

项目总投资 16578.74 万元，包括建设投资 15763.24 万元以及相关利息800.42 万元，铺底流动资金 15.08 万元。该项目出资额是项目总投资的27%，也就是 4476.26 万元。B 市政府和企业的比例为 40%∶60%。剩下的12102.48 万元为债权资金，占 73%，借助金融机构来满足。

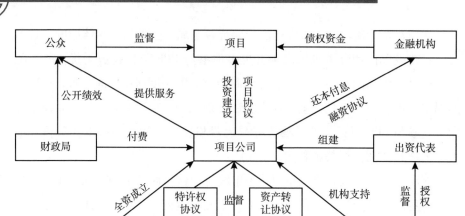

图 9-7 B 市 PPP 项目运作实施方式

（4）PPP 项目合同体系

PPP 项目合同体系是影响共生稳定性的主要指标，合同体系包括政府和企业的协议、项目公司股东协议以及其他各项契约。图 9-8 为 PPP 项目合同关系示意。

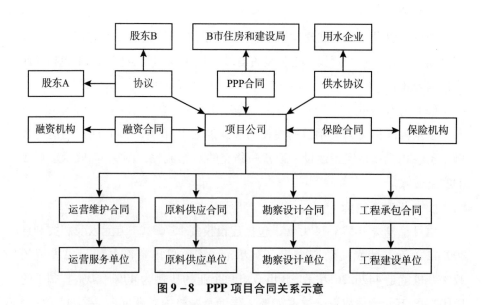

图 9-8 PPP 项目合同关系示意

（5）回报机制

B 市项目实行可行性缺口补贴，来满足企业的回报，也就是当用户的支付难以达到投资者的目标要求时，B 市财政将填补这一缺口。政府把自身的支出记到政府预算中，报上级审核。

9.4.3.2　利益相关者梳理及稳定性关键因素判定

利益相关者是指能够对组织的最终要求产生改变或被其改变的相关群体或成员。由于现代基础设施项目的难度逐渐增加，项目中有较多的参与者，因此对管理的应用越来越重要。基于已有的关于 B 市水生态综合利用工程项目及生态建设工程 PPP 项目利益相关者的研究和前文研究，本书提出该 PPP 项目利益相关者的分类，如表 9 - 23 所示。

表 9 - 23　　　　　B 市水生态综合利用工程 PPP 项目的利益相关者

利益相关者	含义
地方政府	领导项目的地方政府部门，如建设局、环保局
企业	负责整个项目的投资、管理和运营的企业
公众	项目的间接利益相关者
SPV	为该项目专门成立的公司
建设公司	负责项目建设但不参与项目投资的企业部门
财政投资方	包括银行、政府拥有的城建投资公司、PPP 基金
用户	B 市水生态综合利用工程的使用者或参与者

关键因素分析是科学问题分析的基础部分，对于理解现实问题的机制和参与者的行为模式至关重要。分析实现可持续性的关键因素，不仅有利于构建切实可行的 PPP 项目可持续绩效评价概念框架，而且有助于参与者提高项目质量和效率。

大多数关于 PPP 项目可持续性的研究仍然基于三重底线。具体来说，经济可持续性意味着该项目在其生命周期中能够带来稳定的投资回报，并且能够对当地经济发展产生积极影响。社会可持续性是指为公众改善公共产品和服务，增加就业机会，以及项目所在地区的发展潜力。生态可持续性意味着在生态系统和自然系统之间实现了平衡，确保了环境的代际公平。

此外，基于三重底线，一些学者在可持续绩效评价中提出了更多的维度，如资源和项目可持续性。阿米勒（Amiril，2014）等探讨了可持续性影响因素与运输项目绩效之间的关系，确定了与环境、经济、社会、工程、资源利用和项目管理有关的几个因素。李惠明等（Huiming L. et al.，2019）分析了影响 PPP 项目可持续性的 27 个影响因素，并将其分为五个维度，即经济、社会、资源与环境、工程和项目管理。本书借鉴信息系统综合评价体系中的四重底线，在四重底线和 16 个具体因素的基础上提出了经济、社会、生态和管理四个维度，如表 9 - 24 所示。

表 9 - 24　　　　　　　　影响 PPP 项目可持续性的关键因素清单

方面	因素	解释
经济	生命周期中的资金价值	在整个项目生命周期中为满足 VFM 要求所做的努力
	政府财政压力	投资项目时当地政府面临的财政压力
	可持续现金流	项目在其生命周期内能够产生稳定合理的现金流
	周围土地增值效益	项目影响周围地区的生活或商业环境，可能增加（或减少）土地价值并增加（或减少）财政收入
社会	法律基础和体制安排	项目区域的治理结构、监管体系和市场安排
	公众满意度	人们对项目和地方政府满意度的指标
	企业社会责任	公司为社会进步做出贡献的责任感
	政府管理能力	政府管理该项目的能力
生态	生态和生物多样性	采取措施维护健康的生态环境和保护各种动物、植物
	对环境的影响	周边环境的变化，主要是大气、水和土地等
	绿色创新技术	在项目建设和运营过程中采用再生建筑材料和创新技术
	低碳环保	项目建设过程中的能耗降低

续表

方面	因素	解释
管理	组织间的信任和沟通	不同利益相关者之间的关系互动
	管理能力	包括合同管理能力、风险管理能力和运营管理能力
	施工质量	工程的施工质量
	环境设计	采用环保项目等设计

9.4.3.3　基于利益相关者的网络分析方法

网络是一种思考社会系统和实体之间关系的方式，这些实体被称为参与者或节点。采用国民账户体系方法，从参与 PPP 项目的利益相关者的角度，分析实现可持续性的关键因素以及这些因素之间的相关性。本书采用系统网络分析方法来研究共生网络的稳定运行及可持续，因为这种方法可以量化网络中不同因素之间的相互作用。PPP 项目的建设和实施过程中，利益相关者的行为和决策都会对项目的可持续发展产生影响。这些影响交织在一起，形成一个复杂的影响网络。

所有节点都以 SxLy 的形式编码，其中 Sx 代表利益相关者群体，Ly 代表实现可持续性的因素。例如，S_2L_9 代表一家私营公司在项目建设阶段改善环境的努力。同时，将国民账户体系方法中的几个指标用于分析网络，如密度、节点度、中介和中间中心性。此外，删除了实践中不存在的几个节点。为了确定哪些节点需要删除，这项研究进行了数据收集前的预调查。邀请了两名学术专家和两名工程建设专家来证明网络中节点的存在。这四位专家都在环境 PPP 项目方面拥有至少三年经验。通过总结专家意见和文献综述，分析了每个因素以及因素与利益相关者群体之间的关系，删除了 38 个不合逻辑的节点。表 9-25 列出了所有编码和删除的节点。

采用结构化访谈的方法收集相关数据。这种方法可以减少信息收集和传输过程中因语义不清而导致的歧义。因为这项研究是从利益相关者的角度进行的，所以访谈也遵循了利益相关者导向的抽样原则。根据前文分析，共有七个利益相关方团体参与，并从每个团体中选择了两名代表进行访谈。

表 9 – 25 　　　　　PPP 项目中利益相关者群体的编码及影响因素

编码	利益相关者	编码	因素	已删除的节点
S_1	地方政府	L_1	生命周期中的资金价值	S_6L_1
S_2	私人公司	L_2	可持续现金流	S_6L_2, S_7L_2
S_3	公众	L_3	法律基础和体制安排	S_2L_3, S_3L_3, S_4L_3, S_5L_3, S_6L_3, S_7L_3
S_4	SPV	L_4	政府财政压力	S_3L_4, S_7L_4
S_5	建筑公司	L_5	公众满意度	S_3L_5, S_6L_6
		L_6	企业社会责任	S_7L_6
S_6	金融投资者	L_7	项目周围土地的增值效益	S_6L_7, S_3L_7
S_7	用户	L_8	政府管理能力	S_2L_8, S_4L_8, S_6L_8, S_5L_8, S_3L_8, S_7L_8
		L_9	环境影响	S_6L_9
		L_{10}	降低能耗	S_6L_{10}, S_3L_{10}, S_7L_{10}
		L_{11}	再生材料的使用与绿色创新技术	S_4L_{11}, S_3L_{11}, S_7L_{11}
		L_{12}	生态与生物多样性	S_6L_{12}
		L_{13}	施工质量	S_6L_{13}, S_3L_{13}
		L_{14}	组织间的信任和沟通	S_3L_{14}, S_7L_{14}
		L_{15}	管理能力	S_6L_{15}, S_7L_{15}
		L_{16}	环境设计	S_6L_{16}, S_7L_{16}

S_1 的代表来自 B 市当地政府部门，S_2 的代表是一家私营公司的项目经理，S_3 的代表是生活在 PPP 项目范围内的当地公众，S_4 的代表是公私合作项目公司的项目经理，S_5 的代表是从一家大型建筑公司挑选出来的，S_6 的代表是一家大型商业银行的信贷经理，负责环境公私合作项目，S_7 的代表从生活在 PPP 项目范围内的居民中随机选择。相关项目的受访者必须有两年以上的 PPP 项目管理或实践经验。最终，14 名代表被确定为合格的受访者。样本量符合先前研究中确定的数据分析要求。使用结构化访谈方法对项目代表进行访谈，以确定影响因素之间的潜在联系。为了确保受访者理解的准确性，对研究背景和各因素进行了详细的解释，这有助于判断各因素之间的方向性影响关系。例如，SmLn 和 SxLy 代表两个不同的节点。如果有从

SmLn 到 SxLy 的链接，这说明 SmLn 可以影响 SxLy。因此，所有受访者都被要求回答以下两个问题：（1）在实现水生态 PPP 项目的可持续性（联系的存在和方向）的过程中，中小型企业网络是否影响中小型企业；（2）如果 SmLn 影响 SxLy，那么 SmLn 可以影响 SxLy 到什么程度（影响的程度）。在第一个问题中，如果两个因素之间的联系不存在，那么就用"0"来表示。第二个问题的回答用五级李克特量表来衡量（其中"1"代表最低级别，"5"代表最高级别）。

在访谈过程中，当同一个利益相关者群体中的两个受访者有不同意见时，采用讨论的方式获得共识。如果不能达成一致，受访者邀请同一利益相关方团体中的另一名代表做出判断并达成共识。

在收集数据后，本书采用国民账户体系方法，使用 Ucinet 6 和 Netdraw 进行分析。使用各项数据指标来呈现网络的关键特征，然后识别关键因素和利益相关者。

9.4.3.4　网络稳定运行分析

基于社会网络分析方法，构建了影响水生态 PPP 项目可持续性的关键因素网络。这个网络是由各种影响因素相互作用和关联而形成的关系网络模型。节点之间存在方向影响关系，这可以通过联系的强度来识别。本章确定了影响公私伙伴关系项目可持续性的 7 个利益相关群体和 16 个因素，并将其分为四类。使用 Ucinet 6 和 Netdraw 软件对水生态 PPP 项目关键因素网络进行分析，结果如表 9 - 26、表 9 - 27、表 9 - 28 所示。

（1）总体网络密度

总体网络密度是指如果所有网络参与者相互连接，网络中实际存在的链路与最大数量的潜在链路的比例。软件分析结果表明，网络密度为 0.720 > 0.5，节点间平均距离为 1.280。网络基于距离的凝聚力为 0.860。这些发现表明，网络是密集的，所有因素都密切相关。因素相互作用，产生连锁反应。此外，度外网络集中度为 27.09%，度内为 24.87%。网络节点分布相对对称，但网络集中化程度较低，表明在网络层面上没有显著的集中化趋势，节点相对分散。因此，这些影响因素的治理非常具有挑战性。从水生态 PPP 项目的利益相关方的角度来看，地方政府发挥着核心作用，其次是私营部门和建筑公司。金融投资者和公众影响不大。这主要是因为政府在社会治理和可持续发展过程中负责政策的制定、指导和实施。从因素类别来看，项目质量是实现可持续性的最重要因素，其次是环境因素；社会和经济因素相对来说是微不足道的。

（2）节点和链接级别结果

节点和链接用几个指标来分析，包括节点度中心性、中间中心性、接近中心性和中介性。这些指标从不同角度显示节点的重要性。

① 度中心性。度中心性反映了节点之间关系的聚集程度，表明节点衡量其资源和影响的能力。在加权有向图中，度中心性可以分为度内和度外。表 9 – 26 列出了前 10 个中心度节点。需要注意的是，5 个节点在不同指标中排名前 10，包括 S_1L_{13}、S_1L_4、S_2L_{13}、S_3L_5 和 S_7L_5，说明这些因素对整个网络有重大影响。

表 9 – 26　　　　　　　基于点、度中心性分析的顶层因素

因子 ID1	外向度	因子 ID2	内向度	因子 ID3	程度差异
S_2L_6	260	S_7L_5	252	S_1L_3	—
S_1L_{13}	255	S_3L_5	245	S_6L_{15}	—
S_1L_{15}	254	S_1L_{13}	234	S_6L_6	—
S_1L_4	251	S_1L_5	231	S_6L_4	—
S_1L_{16}	244	S_2L_1	217	S_1L_8	—
S_2L_{13}	240	S_7L_{13}	212	S_5L_{11}	—
S_5L_{13}	233	S_7L_9	211	S_6L_{14}	93
S_5L_{16}	230	S_4L_1	207	S_4L_5	89
S_4L_2	226	S_2L_5	206	S_7L_5	85
S_5L_9	223	S_2L_{13}	206	S_3L_5	79

表 9 – 26 结果表明，S_2L_6（私营部门的社会责任）的外向度最大，为 260，其次是 S_1L_{13}（地方政府的项目质量改进）、S_1L_{15}（地方政府的项目管理能力）、S_1L_4（地方政府的法律支持和制度安排）、S_1L_{16}（地方政府决定的环境设计）。这些因素对其他因素有直接影响，分别属于地方政府和私营

部门。这表明，这两个利益相关方群体在水生态 PPP 项目中占据着重要
地位。

节点 S_7L_5（居民对项目的公众满意度）的最大内向度为 252，其次是
S_3L_5（公众对项目的公众满意度）。排名第三至第五的是 S_1L_{13}（地方政府提
高项目质量）、S_1L_5（地方政府提高公众满意度）和 S_2L_1（私营部门提高资
金在生命周期中的价值）。这些因素最直接地受到网络中其他因素的影响，
从而很可能导致 PPP 项目的可持续性失败。值得注意的是，S_1L_{13} 和 S_2L_{13} 在
学位外和学位内中心性方面均排在前 10 名，这表明政府和私营部门在项目
质量方面的努力是实现水生态 PPP 项目可持续性的关键因素。不仅可以极
大地影响其他因素，而且还受到许多因素的影响。S_1L_3 有很高的外度中心
性，但有很低的内度中心性，说明它对其他因素的影响比其他因素对它的影
响更大。反之，S_7L_5 和 S_3L_5 的内度中心性高，外度中心性低，意味着这两
个因素更容易受到其他因素的影响。

② 中间中心性。介数中心性根据最短路径计算特定主体在其他主体的
关系中出现的情况。中间中心性越大，它控制其他因素的能力就越强。表
9 - 27 显示了基于中间中心性的前 10 个节点。

表 9 - 27　　　　　　　　基于介数中心性的关键影响因素

排序	因子标识	节点介数中心性
1	S_1L_{13}	0.757
2	S_1L_{15}	0.734
3	S_1L_{16}	0.706
4	S_1L_2	0.704
5	S_4L_2	0.675
6	S_4L_1	0.674
7	S_7L_5	0.595
8	S_7L_9	0.593
9	S_2L_{13}	0.572
10	S_2L_{15}	0.569

根据表 9 - 27，前 10 个关键节点中有 5 个集中在项目级。中间性中心度最高的是 S_1L_{13}（地方政府的项目质量改善），为 0.757，其次是 S_1L_{15}（地方政府的项目管理能力）、S_1L_{16}（地方政府决定的环境设计）、S_1L_2（地方政府维持可持续现金流）、S_4L_2（SPV 维持可持续现金流）、S_4L_1（SPV 改善生命周期中的货币价值）。这些节点在网络中起着中介作用，因此具有更强的传播影响力。与其他利益相关者相比，政府部门和 SPV 是水生态 PPP 项目中可持续影响因素的主要传递者。

③ 接近中心性。接近中心性表示某主体不被其他主体影响的程度。它计算表 9 - 27 中一对节点之间的最短距离之和，用于衡量一个参与者对另一个参与者的依赖程度。表 9 - 28 列出了前 10 个节点。

表 9 - 28　　　　　　　　　基于接近中心性的首要因素

排序	内贴近度	险恶	因子标识	外生性
1	S_6L_6	132	S_5L_4	108
2	S_6L_{15}	128	S_1L_3	108
3	S_6L_4	126	S_3L_1	106
4	S_6L_{14}	126	S_5L_{11}	106
5	S_4L_{14}	117	S_4L_7	102
6	S_3L_{16}	117	S_4L_{10}	102
7	S_5L_{14}	113	S_2L_{14}	102
8	S_4L_{12}	110	S_7L_1	102
9	S_4L_5	109	S_4L_{11}	102
10	S_4L_{15}	109	S_5L_7	102

表 9 - 28 中的计算结果表明，S_5L_4（建筑公司提高公众满意度）、S_1L_3（政府改善法律支撑和制度安排）、S_3L_1（公众提高项目生命周期的资金价值）具有最大的外生性中心性，表明这些节点具有高度的独立性，不易受到其他节点的影响。S_6L_6（金融投资者的社会责任）、S_6L_{15}（金融投资者的项目管理能力）、S_6L_4（金融投资者减少政府财政压力）的内贴近度中心性最大，这意味着这些节点与网络中心的贴近度较高，可能独立影响其他因素。

9.5　本 章 小 结

　　本章首先对 X 市地方政府投融资债务治理的发展规律和趋势进行了统计分析，根据我国投融资发展的形势和 A 区政府自身在投融资项目中各种不同的风险以及债务治理现状，并以 A 区 S 项目为实例进行了分析梳理，提出了地方政府投融资债务治理的共性问题，即投融资制度自身的缺陷、预算管理制度不健全和投融资债务监督管理等；其次从 A 市水环境治理 PPP 项目中的民营企业 CT 公司现状及绩效评价问题出发，依照 BSC + KPI 的思路从财务、客户维度、学习与成长、内部业务流程四个方面得出 16 个二级指标，利用 AHP 层次分析建立指标体系，再利用 SPSS 对问卷所得数据进行处理，得到 CT 公司绩效评价体系的指标权重，对该公司进行绩效评价改革具有参考意义，也进一步补充了上一章所讨论的民营企业绩效实施路径影响机制；再其次运用多案例分析法，从受害程度、环境专业知识、环保使命三个核心诱导因素出发，构建出公众参与环境保护从受害者到一般公众、从个体化到组织化、从沉默到抗争的发展逻辑框架，并通过过程分解法对公众参与环境治理的行为规律进行总结归纳；最后运用社会网络分析法和利益相关者角度对环境治理 PPP 项目共生网络及网络稳定性进行实证分析，基于 A 市污水处理厂及生态建设工程 PPP 项目实际案例，进行基于 SNA 的环境治理公私合作项目共生网络实证分析，借助专家打分，针对执行阶段和运营阶段进行整体网络测度分析和个体网络测度分析，基于 B 市水生态综合利用工程利益相关者的共生网络稳定性模型分析，梳理利益相关者、判定项目网络稳定性的关键因素并进行编码，基于度中心性、中间中心性和接近中心性分析网络的稳定运行情况。

10.1　环境治理 PPP 项目地方政府隐性债务管控对策

由前文可知，政府实施环境治理 PPP 项目时更多地考虑存在地方政府隐性债务。然而，目前国内债务管理主要目的就是对 PPP 项目执行过程中的风险和障碍进行了管理及控制，使项目能够按照规定的时间顺利进行。现有研究很少从地方政府角度研究和控制在推动 PPP 项目建设中可能出现的风险。因此，本章从地方政府角度分析 PPP 项目隐性债务，并提出系统的管控方案。

10.1.1　统筹环境治理 PPP 项目地方政府财政体制

10.1.1.1　健全预算管理体制，优化转移支付

地方财政预算不仅决定了地方财政管理的方向，而且也能推动我国财政改革的进程。对地方政府债务进行风险控制的基础是对政府债务进行严格管控，这就要求完善相应的预算管理体制。目前，对地方政府债务进行直接控制的方法是对债务采用限额管理的新模式，大多数地方政府积累的债务主要包括隐性债务、以担保为主要形式的债务等，为了避免债务的继续积累，一些学者提出了债务限额管理模式。但这一模式从长期来看无法控制地方政府

的债务风险，从测算风险方面来看，大部分都需要债务金额数据，所以让余额管理代替限额管理能在一定程度上推动地方政府的长期稳定发展。另外，要对地方政府债务进行统一筹划，预算相应的财务费用。财政部将负债分为以下两类：普通负债和专项负债，对两者进行统一的监督和管理。而且还针对两者的不同特点出台了不同的监督管理制度，为管理人员提供了相应的管理方法。虽然两者是完全不同的负债类型，但在某些地方还是有很多相似之处，如在实际偿付方面等。所以，兼顾普通负债与专项负债的协调发展，能够将地方政府的债务信息综合起来，从而形成完善的债务管理系统。

2015 年国务院发布了《关于改革和完善中央对地方转移支付制度的意见》，要求切实将该制度落实下去，并指出要将主体设为一般转移支付机构，在此基础上，将专项转移支付融合进来，以实现不同地区间财政投入的均衡。中央政府已经解决了中央和地方政府的收支问题，并针对这一问题提出了新的责任制度改革。但目前仍存在一些问题，例如，没有清晰地划分事权和支出责任之间的区别。地方政府为了解决中央与地方财政之间的收支问题采用了多种方法，最出名的举措是举债融资。但为了真正解决地方政府的隐性债务问题，还需要明确中央与地方政府之间的权利与责任的关系，并提高地方政府控制财政的能力。在优化转移支付制度方面，要统筹考虑地方政府的实际财务情况以及融资需求，在明确中央政府的重大项目的前提下，还要了解地方政府的融资需求，从而完善债务限额管理制度，促进转移支付制度的进一步发展。

10.1.1.2　深化财税体制改革，保障政府财力

地方政府的转移支付制度还存在一定的缺陷，在运行过程中也还存在着一些漏洞和问题，造成资金分配的不合理，使地方政府无法得到基本的资金需求。但是从实际情况来看，要想为地方政府提供基本的资金支持，必须要深化财税体制改革。营业税的取消在一定程度上给政府带来了税收问题。所以，为了保障政府财力，使政府能够正常运转，就要深化财税体制改革，扩大政府的征收范围。与此同时，还要向地方政府传递税收的重要性，并建立相应的法律体系，对税收实施法律保护。

10.1.1.3 建立政府激励机制，提高绩效效率

若要实现地方政府绩效考核的完善性，必须全面了解我国当下的宏观经济状况，建立健全的政府激励机制，更要加强对于资金支配能力的测评。纵观地方政府考察现状，更应该趋利避害：首先，要目光长远，要有建设性地发展，而不是局限于当下；其次，中途暂停项目、停产合同等方面的问责机制不能占据考核的首位；最后，良好的经营环境和地方经济能力是考核的必要条件，有了必要条件的加持，政府公信力就自然得到了认证。由此观之，在一系列完善的政府考核政策下，通过完善且健全的考核机制，绩效考核的激励性和导向作用就能在地方政府资金使用中顺利显现。地方政府绩效考核优化方案可以先从影响系统入手。首先，要通过加入绩效考核和信息公开等考核指标来完善考核影响系统，在提升考核的品质和效率的同时加强对执行能力的监控。其次，可以从政府管理形式入手，对财政资金进行宏观把控，合理支配财政资金，避免不合理的支出和流失；更应该正确看待 GDP 的意义，建立健全资金配置政策，适当调整影响因素。最后，为了防止政府过度借债投资的发生，同时发挥绩效的双向激励性，要设立合理的问责机制以降低风险。

10.1.2 规范环境治理 PPP 地方政府融资模式

10.1.2.1 推动环境治理 PPP 地方政府融资转型

由于融资公司从事领域广泛，重点在市政工程、道路交通等基础设施建设，现已成为地方政府管理国有资产的重要平台。再加上地方政府债券地位直线上升，作为中央和地方各级政府的唯一融资通道，中央和地方债券融资服务平台在多方压力下不得不进行转型以求得生存。中央和地方债券融资服务平台的市场化转变不能由地方政府进行担保，必须由政府与该平台进行直接的投资分割，实行市场化融资。融资平台的转型具有双面性：一方面，基于其从事领域的专一性，保证了改革成本的稳定，同时也促进了基础设施建设改革市场化的实现；另一方面，要想实现长期可持续的发展，融资平台还

是要发行城投债券，实现市场化合作，最后与政府实行融资分割，这就使得平台要自行承担融资带来的利弊。

10.1.2.2　规范环境治理 PPP 地方政府运营环境

PPP 项目建设必须要以高质量的公共服务水平、能够解决地方政府的债务问题和高效的项目融资为目标，要想实现这些目标，需要提前为吸收企业提供应有的回报，严格遵循引入 PPP 模式以降低政府成本的准则。在环境治理 PPP 项目中，明确项目定位的侧重点十分关键，政府与企业进行合作，社会资源成功在企业的参与下进入公共基础设施融资。由此可见，项目定位应该以提高公共服务水平为中心，从而以更高的效率进行 PPP 项目治理。实行修整 PPP 项目已是势在必行，就近期融资现状来看，一些侧重点在于为地方债务降低风险的项目存在很大的弊端，这类项目往往忽视了公共服务的水平，而是以地方政府融资为中心，由此导致了项目利润急剧下滑和运营环境的恶劣性，所以要想修整 PPP 项目，第一要务就是严格把关项目的审批。项目审批的关键是要关注项目的实况进展，可以分为两个方面：一是对地方政府的考察，如盈利条件是否合格、是否对收益严格把关等。二是明确投资应承担的责任。为了使 PPP 模式顺利实现，必须做到严格把控各个环节：明确 PPP 合同关系、遵守会计准则等，有了各层面的加持，才能降低隐性债务的风险，实现 PPP 模式的顺利发展。

10.1.2.3　加强环境治理 PPP 地方政府融资管理

过去的债券发放主要是通过市场和银行之间进行交易，而现今银行和证券公司成为了投资者，尤其是商业银行。为了提高资金运营效率，同时又能在一定程度上防止隐性债务出现，要积极完善地方政府券发行机制，结合发行方案严格审批并加快证券的发放速度和使用速度；为了提高资金的利用效率，扩增债权发行范围得到很多债券投资者的支持，中央政府应根据当前经济发展的状况，尤其是根据宏观经济的发展，提前通知地方政府债务的指令限度，并要求在第一时间将这些债券资金投入相关的建设项目中。结合我国综合财力分析，要调整发行利率和债券的发行年限，这样发行方式和融资者会出现多样化的趋势，有利于更好、更快地实现我国各级地方性债券的发行目标。同时，为了确保债券来源更加真实，应增加二级债券市场，进而既能发挥债券的融资作用，又能提高市场的流动性。

10.1.3　建立地方政府隐性债务风险预警机制

10.1.3.1　明确隐性债务风险预警功能和原则

风险管控工作的重要组成部分是地方政府隐性债务预警机制的构建，在建立地方政府隐性债务风险预警机制前，需要对其整体功能和原则进行界定。地方政府的债务风险预警系统功能主要包括检测、预知、防范风险和促进政府财政健康发展。因此，政府又对这四个功能进行了详细的阐述：一是风险检测。政府债务风险预警系统通过搜集信息和分析总结等流程能够把握中央和地方政府债务整体的经济发展趋势，如财政的收支、债务是否有增长的现象等，能一定程度上检测出是否存在风险。二是风险的危机预知。地方政府通过参考国际债务预警系统所设立的警戒值并结合一些债务风险度量因素，如负债率、偿债率等因素来判断自身的隐性债务是否存在风险的状态。三是风险的防范。地方政府针对度量因素预知的风险，在一些已高出国际债务预警系统给予的警戒值的领域，科学地对其采取防范措施。四是有利于促进政府财政健康发展。风险的预警和防范能起到规范政府活动的作用，从而也能达到财政健康发展的目的。此外，政府债务预警系统还有相关的原则，如要遵循预警系统的适用性和灵活性的原则，它能发挥关注风险状况和风险变换状态的辅助作用。因此，政府可以根据债务风险预警系统所具有的功能和原则，再结合调整反思和评价的思路构建相对完善的地方政府债务风险预警机制。

10.1.3.2　合理构建隐性债务风险预警机制

在合理构建风险预警机制的前提下，要先了解导致风险发生的因素有哪些，根据相关资料可知，地方政府隐形风险和资金流动性风险是债务风险的度量因素，经济发展和财务结构也是影响债务风险发生的客观因素。流动性风险由偿债率、逾期债务率和债务的增长率组成。因此，在构建风险预警系统的过程中将会由多个部门参与，同时对地方政府其他相关环节也是有多个部门一起配合，构建过程将会从搜集资料、筛选资料、整合资料、测算风险发生率和制定解决方案等程序开展。首先，去各个部门搜集有关地方政府的债务资料，并对各个部门的债务加以区分，做到有针对性地建立和完善预警机制；其次，要将搜集的资料合理筛选出具有很强针对性的内容和足够数据的因素，注意要从动静态角度建构具有系统性的机制；最后，要根据国际债务预警机制的警戒值来设立符合我国国情的警戒线，再根据测算出的结果分析风险程度与来源，制定出相应的措施并及时向相关部门报告。通过这些过程，既能不断完善监管体制，也能避免债务风险向财政、金融领域蔓延。

10.1.4　健全地方政府隐性债务风险管理制度

10.1.4.1　健全政府隐性债务风险应急机制

为有效防控地方政府隐性债务风险，应建立地方政府债务风险管控应急机制。将不同的风险事件进行区分，根据分类，针对不同类型的事件制订具体的计划，并且在将来要扩大绩效考核范围，即要把地方政府隐性债务风险的管控纳入进去。目前相关政策并不完善，需要继续改进。一般来说，在一个地方政府的隐性债务风险出现以后才能对风险事件类型进行定义，但是此时政府的信誉已经遭到侵犯，这就体现出风险管理的滞后性。所以，针对这个特性，要采取相应的措施进行应对，要充分利用已有数据资料，应用隐性债务风险测量，制订紧急计划，并进行偿债安排，例如，设置地方政府偿债基金制度，从而减少隐性债务风险带来的误导。另外，一些相关的追责程序基本都是在出现债务风险之后才进行安排的，这就表现出明显的事后管控特征，在风险刚出现时采用的问责办法仍然存在着一些不足，需要进一步进行完善。同时，在进行风险应急机制建设时要进一步对各级政府的救助责任进行明确，这样才能更合理地安排应急结构。

10.1.4.2 加强地方政府隐性债务监管力度

近几年，有关地方政府债务管理制度相比之前减少了很多漏洞，渐趋完善，但是一些地方政府进行违规举债的方式更加隐蔽，这就意味着要重视地方政府债务监管制度，不断地进行完善，填补存在的漏洞，使融资渠道更加规范化、制度化，应禁止地方政府违规担保的行为。要建立起一套完整的监管机制，要保证机制的覆盖面积广、系统性强。另外，还要重点关注一些方面，如隐性债务资金筹集、使用、偿还以及地方政府投资项目的规范性等，对其进行常态化监督。对于地方政府隐性债务的控制和管理主要以内部风险控制机构为重点，地方政府隐性债务近几年一直呈现增加趋势，应借助市场的力量，增大对于地方政府举债活动约束管理的力度。通过金融市场来强化对于地方政府进行项目举债的制度性约束，使项目融资的要求更上一个台阶，而地方政府要达到所要求的标准才可以通过金融市场进行项目融资。要保证地方政府债务信息公开透明，让民众都参与监督，充分发挥每个人的监督力量，促使各个部门进行合作，增强管理控制的力度。此外，还要增强地方政府举债等违法行为的司法约束。

10.2 环境治理 PPP 项目民营企业绩效保障策略

环境治理 PPP 项目共生网络的网络关系、网络环境及网络规模对民营绩效实施路径都起到了不同程度的正向影响，而基于政府—民营企业—公众形成的多元共治在其影响路径中起到中介调节作用。从绩效评价方面发现民营企业内部更加要注重财务、客户及流程管理。因此，在建立民营企业绩效保障策略时需充分考虑所处环境、利益相关者及政企关系，从民营企业外部的营商环境、合作机制及"亲""清"型政企关系三个角度分析外部保障策略，从民营企业内部的激励全员参与、企业文化导向及优化绩效管理资源三个角度分析内部激励策略，通过外部、内部保障策略的实施，才能针对绩效管理做出改善，进一步加强民营企业绩效管理。

10.2.1　民营企业外部绩效保障策略

10.2.1.1　优化营商环境，激活民营企业市场动力

民营企业想要在环境治理 PPP 项目共生网络中更加长远地发展，必须要有一个合适的营商环境。营商环境是一个复杂的社会问题，民营企业营商环境的影响因素不只体现在意识形态，特定的政治和文化体系也是重要影响因素。优化营商环境的目标是给民营企业提供一个可靠稳定的市场环境，全面实施市场准入负面清单制度，清理、废除妨碍统一市场和公平竞争的各种规定和做法，支持民营企业发展，大幅度放宽市场准入条件，扩大服务业对外开放，激发各类市场主体活力，打造公平、开放、有序的市场竞争体系，在企业竞争环境中大力为竞争主体创造合适的营商环境。

市场经济中法治的重要性不言而喻，主要体现在：明确政府的权力、规范经济主体的活动、维护市场运行秩序、惩戒不正之风。法律意识往往意味着对法律主体的绝对服从，政府及其他机构在进行活动时都应以遵循法律为基础展开，遵纪守法加上契约精神的约束方能限制政府权力的不滥用、不乱用。在尊重民营企业权利的前提下，政府应主动在法律限制约束的背景下为民营企业高质量发展保驾护航。同时，民营企业欲借助法律漏洞在法律边缘进行灰色活动而获利的行为在契约精神下也无法施展。公平正义是法治社会的基石，民营企业只有在市场经济中遵循该规则方能获得长久高质量发展的环境，给社会与国家带来良性反应，形成以法律为首要约束的优质营商环境。政府颁布的经济政策同样要坚守公平与正义，若在政策上出现公平失衡势必会带来市场、政府及社会的种种失灵现象。民营企业只有在拥有公平与正义的营商环境中才能获得相对应的资源进而进行最优配置，快速成长形成良好的发展机制。

10.2.1.2　完善合作型监管机制，保障民营企业稳定发展

随着整体性治理理论的发展，合作性监管机制逐渐被提出，行之有效的监管机制对环境治理 PPP 项目共生网络的顺利进行起着保障作用，有利于

项目共生网络中民营企业绩效管理。环境治理 PPP 项目共生网络是多元主体进行环境共治的产物，政府、民营企业及公众等处于不同的角色位置，彼此形成的契约合同需在道德和监管机制下共同执行，完善合作型监管机制，可以保障民营企业稳定发展，同时也为民营企业在进行绩效管理时提供了一个强有力且稳定的外部环境。

政府职能的转变会带来政府监管机制理念的转变，以此搭建以政府为主导者的合作型监管机制。政府既是环境治理 PPP 项目的主导者、监管者，也是参与者。对环境治理 PPP 项目的大力监管对政府自身来说也是对民营企业以及社会公众负责，由于参与者身份加持，更加有利于政府获知项目的实际情况进而做出准确的判断，以达到监管的目的。同时，政府也应公平公正、实事求是地对其他成员进行监管，不能偏袒企业或社会公众任何一方，更加不能徇私舞弊、滥用权力来获得不当利益，在完善合作型监管机制的同时亦不可违背公平与正义。

应充分发挥社会公众反馈机制的优势，规范监管机制。在环境治理 PPP 项目中民营企业是项目的建设者和运营者，在合作型监管中占有绝对优势，一方面可以弥补政府监管的盲区，另一方面可以提高企业参与 PPP 项目的积极性。同时，公众与社会组织是环境治理 PPP 项目关系密切的外部参与主体，既是消费主体也是监督者，这是社会反馈机制带来的结果。规范多主体参与的合作监管体制，是民营企业绩效活动能良好展开的前提，也是民营企业对 PPP 项目共生网络的要求。

10.2.1.3 构建"亲""清"政企关系，加强政企沟通路径构建

良好的政企关系可以为环境治理 PPP 项目中的民营企业发展提供强力保障，进一步优化了民营企业绩效管理实施路径。"亲"表示政企关系亲密无间，相互合作程度较深。"清"表示政企关系清廉公正、信息透明，更好地服务社会大众。政企关系的核心是政府与市场的关系，首要任务就是协调好政府与市场的关系。一是要政府统筹规划，为市场正常运行提供制度保障；二是要在中国共产党领导和社会主义制度的大前提下发展市场经济；三是政府在市场中的权力不能过于集中，政府这只"无形的手"不能越过红线，简政放权，最大限度调节与民营企业的关系，既不放纵野蛮生长，也不

严苛监管。在环境治理 PPP 项目中，政府和民营企业从来就不是对立面，而是合作双赢的关系，政企既是合作者，也是管理者和被管理者。国家鼓励和支持民营企业在 PPP 项目中发挥经济及技术效益，使其最大限度地为公共项目服务，但也应加强监管，避免出现为争利而违规的现象。

营造一个公平公正的竞争环境，唯有法治才能为"亲""清"的政企关系保驾护航。政府行政行为应从"关系治理"转变为"法治治理"，在法律规制的范围内与民营企业沟通对话。同时，政府也需定期向社会公布相关信息，尽力做到政府行为公开透明，为市场中的民营企业提供一个信息开放的平台，彰显政府的威严和公正。民营企业作为被管理者表现出积极、诚信等品德有益于增进市场诚信体系的构建，为进一步促进政企"亲""清"关系搭建桥梁。

政府和民营企业之间的沟通平台是建构"亲""清"型政企关系的前提。应建立民营企业与政府间的制度化沟通渠道，确保双方在法律约束下沟通交流畅通无阻。可采取专家座谈会、人大政协平台、网络传媒和工商联合会等形式搭建各类政企对话沟通平台，平台的建立对民营企业无疑是利好的，其可以借助平台及时进行信息资源的交互，获得政府最新通告。频繁沟通也会促进民营企业和政府间的"亲""清"型政企关系的建立。有了政府大力扶持的风向标，民营企业绩效管理在计划与实施当中相当于获得了一份强有力的保障。环境治理 PPP 项目中，共生网络化治理有利于政企关系的建立，对于民营企业绩效起到了积极作用。

10.2.2　民营企业内部绩效保障策略

10.2.2.1　激励全员参与绩效管理，实现全员管理模式

民营企业内部，在环境治理 PPP 项目绩效管理方案确立后，明确了各项绩效计划以及绩效指标，获得企业管理者认可后，须逐级传达计划及指标，合理安排绩效任务，做好宣传动员，使得企业全体员工对企业绩效有清晰的认识，以便于其参与其中完成相关工作。

应在民营企业内部充分利用各种宣传手段，宣传公司制定的新的管理方

案，在员工参与项目活动时，就地传达绩效实施方案及绩效理念，企业团结一致为绩效目标奋斗。通过前文所述，企业绩效的实施离不开项目绩效的设置，所以在环境治理 PPP 项目共生网络内，绩效实施者应考虑项目和民营企业双重绩效。为了保证绩效活动的顺利实施，PPP 项目主持者、民营企业管理者和企业员工应及时进行沟通，随时掌握项目与企业绩效情况。

民营企业管理者的素质影响着企业绩效活动的开展，由于企业主要的决策工作由管理者掌握，从某种意义上讲，民营企业绩效管理方法是管理者绩效意识的体现。单向性绩效目标纯粹简单，上级传达到下级不易失真，易于整个绩效管理方案的实施，但同时带来的弊端是过于专制，个人主义在绩效活动中被过分强调，这就需要民营企业在选拔高层时注重综合素质的考察，以及员工作为监督者进行及时反馈并监督整个方案实施过程。此时，全员参与的优势被发挥出来，尤其在环境治理 PPP 项目形成的共生网络中，有众多利益相关者，民营企业绩效绝不可能是单个管理者独裁的表现，因此激励全员参与绩效管理有利于绩效目标的达成，无论对项目来说还是在民营企业中。

10.2.2.2　打造以绩效为导向的企业文化，形成良好的绩效管理氛围

在民营企业绩效驱动因素中，企业文化是一个重要因素。企业文化有着能感染企业上下所有员工的力量，能从员工个体出发激励其参与绩效管理的积极性。环境治理 PPP 项目共生网络环境下，企业文化导向更能笼络整个网络形成一个更加整体的网络。从民营企业制度层面设置以绩效为导向的企业文化将改变整个民营企业绩效管理氛围，可以从以下三个方面考虑。

（1）引入先进的科学绩效管理理念

民营企业与外部资讯管理公司合作，请相关专家到企业内部进行实地考察，诊断相关问题，对症下药，从对方提出的绩效改进建议中吸取有效经验和信息，形成适合本企业发展的绩效管理体系。虽无法从根本上完成内容的革新，但也为民营企业提供了另一种思路，在原有方案的基础上结合新引进的理念形成新的管理模式不失为一种选择。在与政府、社会公众和其他机构共事的过程中，同样也是民营企业对外学习新的绩效管理理念的机会，借鉴不同行业、不同机构的绩效理念相当于进行了多次绩效学习，长此以往，绩效管理体系会不断进化完善。

（2）推动企业学习型文化建设

员工与民营企业在同一个环境中，学习和发展相互影响，所以员工发展能带动企业发展，企业发展同样能带动员工发展。民营企业和员工只有在发展过程中不断学习，不断获得行业最新科技和信息，才能在动荡的市场经济中立于不败之地。民营企业应加强员工技能学习及培训，老师傅带新员工，手把手授予经验和行业知识，在企业内部形成一个知识回流共享系统，让每一个员工都享有学习其他知识的权利。民营企业带领员工进行外地考察、参加专家座谈会和经验分享会是一种向外的学习模式，给整个民营企业注入了新的知识，员工获得即是企业获得。

（3）强化与员工的沟通和指导

通过加快建立绩效沟通机制，可以实现绩效管理的内部优化。绩效沟通不能仅仅流于形式，更应该强调沟通能促成企业与员工在绩效目标上的高度契合，且沟通也不能只停留在言语的交互上，需反映在知识和经验的传递，甚至是关心和鼓励。表现不佳的及时沟通反馈查找原因，表现良好的进行嘉奖表扬，形成一种积极向上的文化氛围。长期良好的相互沟通将推动民营企业绩效文化的建立。

10.2.2.3　配备绩效管理相应资源，活络绩效管理体系

无论是时间还是空间跨度，民营企业绩效管理与环境治理 PPP 项目都显现出周期过长的特性，绩效管理对于资源的要求是不可中断的，且不同资源的缺失对绩效管理的影响也是不尽相同的。在考虑资源优化配置时，需从多方位多角度考虑。在进行绩效保障策略的探讨时，需从人员、物资及信息三方面进行资源优化配置。

人员保障即在绩效管理过程中负主要责任的管理者及员工，负责绩效管理整个过程，从绩效计划开始至最后的绩效保障反馈。人员是一切活动的动力源头，没有高质量人才，民营企业很难在竞争激烈的市场中胜出。民营企业的主要决策者，时刻掌握企业绩效实施情况，在环境治理 PPP 项目的进展中做出利于多方参与成员的决策，是进行绩效管理必要的素质。

物资保障即在绩效管理过程中所需材料、器械和软件等设施，作为绩效活动实施的物质基础，需一直保持数量充足的状态。如果配备充足的人员而

缺少物质资源,这将打击企业管理者和参与者的积极性,巧妇难为无米之炊,一切企业活动都将开展不了,且不同的物资有不同的影响,在配备物质资源时也需多方面考虑,故管理者需配合企业发展现状合理配置物质资源。

信息资源即绩效管理过程中的无形资源,可以是技术、方案和经验,也可以是企业内部交互的信息。信息资源能够提高绩效管理效率,为民营企业绩效管理提供切实可靠的数据。在信息发展如此之快的今天,信息快人一步也许会成为成功的关键,绩效管理活动是动态的,需要一直借鉴国内外优秀的绩效管理经验和方法,才能形成优良的绩效管理系统。

10.3 环境治理 PPP 项目公众参与共生保障策略

公众参与通过多种形式实现对环境治理 PPP 项目共生关系的中介影响作用。环境治理现代化的优势表现为政府主导环境治理,以突发公共事件等社会问题为契机,以人民为中心和价值主体,回应社会需求、提升法治理念,才能彰显现代环境治理的制度优势。通过参与环境治理实践,行使参与权、知情权和监督权,公众可以直观地了解环境污染的危害以及治理过程对生态环境的改善,促进环境治理主体的多元化、专业化和全面化,推进国家生态环境治理现代化。

10.3.1 加强公众参与环境治理政策法制保障

10.3.1.1 建立和完善环境参与体系,全方位保障公众参与环境治理

环境污染对公众的社会生活产生直接的负面影响。公众是环境治理的直接受益者,公众对环境的态度间接促进了我国环境治理工作活动的深入开展,在环境治理体系形成的共生关系中发挥监督中介作用。但公众个体法律意识有限,对自身所能行使的权利不明晰,应充分明确公众在环保领域的权利适用范围及其具体内容,利用先进的现代信息技术,对环保方面的具体信息进行公开和披露,建立信息平台,拓宽公众信息渠道,对意见反馈机制进

行完善，确保传递信息的方式常态、内容规范，要形成完善的制度机制和治理关系网络。针对环保问题的调查采集工作存在着一定的难度，单纯依靠一个人的权威力量很难实现全方位的监管。此外，构建环保公益性民事诉讼体系，不仅可以激发和促进公众充分运用司法方式维护其自身环境权益，还可以向污染企业施加压力，避免政府的执法困境。

10.3.1.2　建立和完善环境信息公开制度，保障公众环境知情权

公众环境治理活动是在对环境污染问题和环境治理项目情况有一定了解的基础上开展的。公众了解的信息范围越广，内容越具体，越能给出可行且有建设性的建议，相反，如果政府不对公众公开相关治理进展情况，则可能会引起群体事件，出现环境负效应。由此可见，环境信息公开制度要完善主体、形式和内容三个方面。首先，广泛触发需要公开环境信息的主体范围，既包含政府部门对环境污染问题的统计数据，还包括污染处理的第三方的成果情况。其次，要丰富信息传播的载体形式，摆脱数据扁平化，不仅要在报纸、广播和电视等传统信息平台发布环境信息，还要充分利用当前互联互通的大数据网络平台的优势，实现信息电子化。最后，公开的环境内容要更加全面广泛，要使公众熟知国家相关政策文件与未来规划的要求，对政府、企业及环境监测机构的工作信息有清楚认知，满足公众了解环境信息的需求。

10.3.1.3　建立和完善公众听证制度，健全公众意见反馈机制

环境保护许可听证制度是公众参与环保立法和行政决策的直接路径。目前的听证制度还不足以满足公众参与环境治理的强烈愿望。为完善这一制度，首先，所有公民都具有成为听证代表的法律权利，但要制定严格又富有灵活性的听证代表选取条件，合理选择代表人物，使其具有广泛的行业领域象征性和差异化的生活阶层民众典型性；其次，为了最大限度地实现听证会的公开透明，要丰富听证方式与途径，人性化考虑公众代表参与听证会的局限性，必要时采取线上与线下相结合的方式，同时，可鼓励一般公众参与旁听履行听证权利与义务，切实明晰相关环境治理问题的具体进展。为公众合法参与选举听证代表参加环境保护相关听证会提供司法保障，确保公众的权利实现。

10.3.1.4 建立和完善参与环保奖惩制度，切实调动并规范公众参与行为

给予公众物质奖励是激发公众参与环境治理热情、促进全民环保最有效的方法。各级政府应因地制宜，改变以往单一低效的倡议号召，改以实际的经济补贴调动社会环保气氛。政府可以联合企业投资，在环境治理领域开展相关志愿活动吸引公众以日常的方式改善环境问题，以社区为单位开展垃圾分类及处理活动，并设立奖项，对表现良好的个人或团体给予现金奖励，既能提高政府治理绩效，提高企业声誉，又能加大公众参与力度，最重要的是对环境污染问题有一定改善效果。但在扩大公众行为范围的同时也要健全相应的行为约束机制，使参与公众在进行环境保护活动的同时不妨碍第三方公众或组织的正常生活。规定环保工作的基本流程，规范履责方式，只有让法律屏障全面覆盖公众行使自主参与权的每一阶段，才能有效调动和激发广大民众自主参与的积极性。

10.3.2 营造良好实践环境

10.3.2.1 充分发挥环保组织职责和功能，营造公众参与治理的良好氛围

应政策性地鼓励和支持环境保护组织发展，推动它们成为社会公众广泛参与的一种有效途径和渠道。通过制定法律法规来充分保障环境卫生组织对于促进公众更多地参与环境治理的积极性。社会各界都可以利用公益性捐款和技术志愿援助等方式，为环境卫生组织提供在建设与发展过程中所需的资金与科学技术支持。拓宽公众自愿参与环境整治的行政途径和渠道，政府部门应定时召开发布会、座谈会等，认真听取公众的建议，改进信访服务工作，及时解决和处理公众反映的环境污染问题。

10.3.2.2 创新公众参与方式，完善公众参与渠道

政府要与时俱进，紧跟时代变迁的脚步，企业要打破传统的刻板印象，

以公众的视角看问题,以发展的视角解决问题,同时利用自身优势,定向满足公众需求,在各大公众活跃度高的社交平台发布环境监测信息、国家相关政策要求及环保项目取得成效,营造亲民、便利的社会交流氛围,让公众能随时随地以便捷的方式获得环境保护相关信息。传递全民参与环境治理的思想观念,改善公众投诉建议的繁琐环节,确保公众话语能顺利传达到政府或其他环保机构的决策层。将公众诉求按照事前预防、事中治理和事后监督的不同阶段进行分类,构建全过程管理体系,对严重损害社会利益的环境污染问题建立专项组织,对治理项目的计划、建设和应用进行专业审核评估,真正将项目放在公开透明的社会环境中。

10.3.2.3 实现良好的生态环境公共利益,需要外界监督和内部自省共同作用

在传统的环境治理过程中,各职能主体独自履行职责义务,无法进行部门间的协调配合,仅在为实现自身利益的驱动下进行活动,忽视了共容利益的存在。需针对环境治理共生关系中的共容利益开展合作治理,摆脱混沌状态,制定相关刚性合同与隐性契约条款,对治理行为进行约束,避免某些共生单元为实现自己的效益发生机会主义行为,导致环境治理无法实现预期效果。因此,要尊重公众群体表达的利益诉求,完善环境补偿制度,对环境污染对其造成的损失给予一定补偿,促进公众对环境治理的积极主动参与,培养环保参与意愿。

10.3.3 培养公众参与环境治理的意识与能力

10.3.3.1 提升公众参与环境治理的素养与能力,强化责任感与参与感

公众的社会行为反映其是否具有一定的综合素质,需要培养良好的环境素养,提高专业能力。公众应加强对日常环保知识的运用和专业环保知识的学习,提高自身环保素养,建立完善的环保知识体系,使其不仅能解决日常生活中的环境污染问题,在面临重大环境污染损害个人利益和公共利益时,也拥有维权的知识技能;加强对环境治理主体地位和工作内容的认同感,时

刻将保护环境看作自身应承担的社会责任。

10.3.3.2 推行环境教育大众化，普及环境治理理念，精化环境宣传教育

积极进行校园环境保护与教育工作，提高爱护环境的国民素质，从小做起，在各阶段的校园教育中引入环保宣传。通过系统化课程培养公众的环境意识，引导青年群体参与环境治理，使其成为环境治理现代化队伍中的中坚力量。传统的环保宣传大多以重要性和方式方法为中心，向公众传递"环保很重要"的思想，公众并没有"我应该这样做"的意识，导致相关工作低效化甚至无效化，浪费资源。因此，政府应以问题为导向展开行动，为公众在日常生活中应达到的环境治理目标制订明确计划，提高公众环保认同感，培养公众的环保责任意识，在全社会范围内开展全民参与的环保活动。

10.3.3.3 充分履行社区的公共教育职能，有效利用媒体力量

社区是城市中公众生活娱乐的主要区域。政府部门要联合居委会、街道办和环保组织按时开展环保活动，动员居民以志愿者身份参加，组织环保知识和环境政策宣传讲座，提高居民环保能力，对社区环境进行污染物调查和监测，时刻预防重大环境问题的发生。以中华民族传统文化为铺垫向公众传递履行社会责任的历史意义，在实践活动中提升环保使命感。充分利用媒体这一传播媒介的广泛性，在环境治理领域发挥其正向引导力和社会号召力，保证信息扩散的真实性和公平性。加大绿色生活和绿色发展理念的宣传力度，积极带动广大市民主动学习环境保护知识，创建公众建议交流专栏，宣传生活垃圾循环利用和资源回收的必要性，有效增强广大居民参与环保的责任意识。

10.4 环境治理 PPP 项目共生发展前景

贯彻党的十九大报告提出的构建政府为主导、企业为主体、社会组织和公众共同参与的环境治理体系，环境治理 PPP 项目应用取得阶段性成果。

面对环境治理问题，以公私合作伙伴关系为研究起点，剖析治理主体存在行为异质、合作与矛盾关系，将实现异质利益诉求的内在合作动机与共生组织协同发展的外在合作动机相结合，在内外合作机制的共同作用下实现共生关系的稳定运行，有效维持环境治理 PPP 项目的可持续发展。明确了中央与地方政府的管理职能、府际关系的法制化和规范化；明晰了民营企业参与环境治理 PPP 项目竞争与合作、协同、开放、动态与自组织多样化共生关系；结合公众参与环境治理 PPP 项目，形成合作、互补和控制等内部协调的共生关系。

环境治理 PPP 项目主体共生机制贯穿于项目的全生命周期，项目主体形成共生关系是项目稳定的基石。基于环境治理 PPP 项目共生网络结构，在政府、企业和公众共同作用下形成环境治理 PPP 项目多元主体共生超网络结构，形成微观—中观—宏观层面的共生网络稳定运行机制。在环境治理 PPP 项目实施和运营阶段形成合作治理，在多元主体共同作用下形成 PPP 项目合作治理机制，有利于提高公共产品和服务的供给效率。

环境治理 PPP 项目的可持续发展与项目主体共生关系密不可分。为解决我国当前环境治理 PPP 项目政府隐性债务、企业自利性行为和公众沉默式等机会主义行为，应当合理配置环境治理 PPP 项目层级间的多层次利益关系、核心利益关系和外围利益关系，界定统一的共生关系结构促成项目环境经济可持续的良性循环发展。此外，强化地方政府隐性债务管控对策、民营企业绩效保障策略和公众参与共生保障策略等方面增加环境治理 PPP 项目网络保障，提升项目公共价值。我国环境治理 PPP 项目仍处于发展阶段，为保障项目的可持续发展，需要项目各参与方不忘初心，相互合作，在保证 PPP 项目质量的前提下，增加项目体量，提升项目落地率。

参 考 文 献

[1] 安秀梅,李丽珍,王东红.财政分权、官员晋升激励与区域共享发展 [J].经济与管理评论,2018,34 (04):27-39.

[2] 白德全.规范 PPP 发展防范化解地方政府债务风险 [J].理论探讨,2018 (03):88-94.

[3] 白立敏,修春亮.中国城市韧性综合评估及其时空分异特征 [J].世界地理研究,2019,28 (06):77-87.

[4] 薄姗,寇光涛.基于共生理论的企业环境成本管控研究 [J].中国注册会计师,2021 (01):70-73.

[5] 蔡建明,郭华,汪德根.国外弹性城市研究述评 [J].地理科学进展,2012 (10):1245-1255.

[6] 常亮,刘凤朝,杨春薇.基于市场机制的流域管理 PPP 模式项目契约研究 [J].管理评论,2017,29 (03):197-206.

[7] 陈宝东,邓晓兰.财政分权、金融分权与地方政府债务增长 [J].财政研究,2017 (05):38-53.

[8] 陈嘉文,姚小涛,李鹏飞.中国情景下政治关联、创新过程与创新绩效的关系研究 [J].软科学,2016,30 (09):1-4.

[9] 陈婉玲,曹书.政府与社会资本合作(PPP)模式利益协调机制研究 [J].上海财经大学学报,2017,19 (02):100-112.

[10] 陈先红.中国组织:公众对话情境下的积极公共关系理论建构 [J].新闻界,2020 (06):71-80.

[11] 陈园.国外工作分享制理念在我国企业绩效管理中的运用 [J].企业经济,2010 (03):49-51.

[12] 谌杨.论中国环境多元共治体系中的制衡逻辑 [J].中国人口·

资源与环境，2020，30（06）：116 – 125.

[13] 程恩富. 重建中国经济学：超越马克思与西方经济学 [J]. 学术月刊，2000（02）：75 – 82 + 89.

[14] 程进，周冯琦. 基于制度变迁的我国生态系统绩效管理研究 [J]. 江汉论坛，2018（12）：48 – 52.

[15] 初钊鹏，卞晨，刘昌新，等. 雾霾污染、规制治理与公众参与的演化仿真研究 [J]. 中国人口·资源与环境，2019，29（07）：101 – 111.

[16] 崔志娟，朱佳信. 基于 PPP 项目的政府隐性负债形成与确认 [J]. 财会月刊，2019（15）：71 – 77.

[17] 戴胜利，段新，杨喜. 传导阻滞：府际关系视角下地方政府环境治理低效的原因分析 [J]. 领导科学，2018（23）：13 – 16.

[18] 邓春，王成，王钟书. 村落生产生活生态空间重构的共生路径研究：基于农户间共生界面的分析 [J]. 中国农业资源与区划，2018，39（03）：96 – 103.

[19] 丁友刚，姚姿. Robert S. Kaplan 学术成果述略 [J]. 会计之友，2009（8）：7 – 9.

[20] 董秘刚，周慧君，贾明德. 陕西省主要城市投资环境研究：基于因子模型分析 [J]. 技术经济与管理研究，2008（06）：124 – 127.

[21] 董明. 环境治理中的企业社会责任履行：现实逻辑与推进路径：一个新制度主义的解析 [J]. 浙江社会科学，2019（03）：60 – 73 + 49 + 157.

[22] 董再平. 地方政府"土地财政"的现状、成因和治理 [J]. 理论导刊，2008（12）：13 – 15.

[23] 董战峰，周佳，毕粉粉，等. 应对气候变化与生态环境保护协同政策研究 [J]. 中国环境管理，2021，13（01）：25 – 34.

[24] 杜巍，蔡萌，杜海峰. 网络结构鲁棒性指标及应用研究 [J]. 西安交通大学学报，2010，44（4）：93 – 97.

[25] 杜焱强，刘瀚斌，陈利根. 农村人居环境整治中 PPP 模式与传统模式孰优孰劣？：基于农村生活垃圾处理案例的分析 [J]. 南京工业大学学报（社会科学版），2020，19（01）：59 – 68 + 112.

［26］杜焱强，刘平养，吴娜伟．政府和社会资本合作会成为中国农村环境治理的新模式吗?：基于全国若干案例的现实检验［J］．中国农村经济，2018（12）：67-82.

［27］段文杰，盛君榕，慕文龙，等．环境知识异质性与环保行为［J］．科学决策，2017（10）：49-74.

［28］樊轶侠．运用PPP治理地方政府债务需注意的问题［J］．中国发展观察，2016（05）：20-21.

［29］方东平，李全旺．社区地震安全韧性评估系统及应用示范［J］．工程力学，2020，37（10）：28-44.

［30］方桦，徐庆阳．政府审计视角下的PPP项目政府债务风险管理研究［J］．财会月刊，2019（11）：110-117.

［31］方世南．区域生态合作治理是生态文明建设的重要途径［J］．学习论坛，2009（04）：40-43.

［32］费智涛，郭小东，刘朝峰．基于系统视角的城市医疗系统地震韧性评估方法研究［J］．地震研究，2020，43（03）：431-440.

［33］冯峰，王亮．产学研合作创新网络培育机制分析：基于小世界网络模型［J］．中国软科学，2008（11）：82-95.

［34］高少冲，丁荣贵，左剑．政企合作（PPP）项目治理风险评价与策略研究：基于社会网络（SNA）方法［J］．工程管理学报，2018，32（04）：126-131.

［35］高艳．风险不确定性与地方政府性债务的治理逻辑［J］．河南大学学报（社会科学版），2019，59（04）：15-20.

［36］郭龙军，徐艳梅，程昭力．R选择-K选择、生态位及企业协同进化［J］．管理现代化，2005（02）：21-24.

［37］郭敏，宋寒凝．地方政府债务构成规模及风险测算研究［J］．经济与管理评论，2020，36（01）：73-86.

［38］韩林，赵旭东．地震灾害下城市供水网络韧性评估及优化研究［J］．中国安全科学学报，2021，31（02）：135-142.

［39］韩维，梁洪瑜，刘洁，张勇．基于H∞鲁棒动态逆的无人机着舰纵向控制系统设计［J］．舰船科学技术，2020，42（13）：139-145.

[40] 何晓斌，柳建坤．政治联系对民营企业经济绩效的影响研究 [J]．管理学报，2020，17 (10)：1443 - 1452.

[41] 贺蕊莉．后"土地财政"时代地方财政收入行为风险研究：基于财政社会学的视角 [J]．农业经济问题，2011，32 (01)：95 - 99 + 112.

[42] 侯约翰，朱一青，朱占峰．农产品电商与物流共生关系演化及协同度评价研究 [J]．价格月刊，2021 (01)：71 - 79.

[43] 胡海，庄天慧．共生理论视域下农村产业融合发展：共生机制、现实困境与推进策略 [J]．农业经济问题，2020 (08)：68 - 76.

[44] 胡守钧．感悟"和谐共生" [J]．现代领导，2006，10：4 - 5.

[45] 胡书东．防范化解地方政府债务风险须标本兼治 [J]．理论视野，2019 (06)：52 - 56.

[46] 胡天蓉，刘之杰，曾红鹰．政府、企业、公众共治的环境治理体系构建探析 [J]．环境保护，2020，48 (08)：51 - 53.

[47] 胡雅萌，池国华．风险导向的平衡计分卡在绩效评价中的研究：基于 YC 公司的案例分析 [J]．财务与会计，2016 (17)：72 - 75.

[48] 黄国桥，徐永胜．地方政府性债务风险的传导机制与生成机理分析 [J]．财政研究，2011 (09)：2 - 5.

[49] 黄晓军，骆建华，范培培．环境治理市场化问题研究 [J]．环境保护，2017，45 (11)：48 - 52.

[50] 吉富星．隐性债务治理与政府融资规范 [J]．中国金融，2019 (03)：67 - 68.

[51] 贾鼎．基于计划行为理论的公众参与环境公共决策意愿分析 [J]．当代经济管理，2018，40 (01)：52 - 58.

[52] 贾文龙．国内环境治理领域的热点主题与演化趋势研究：基于 CSSCI 来源期刊论文的计量分析 [J]．干旱区资源与环境，2019，33 (06)：1 - 10.

[53] 习近平．决胜全面建成小康社会夺取新时代中国特色社会主义伟大胜利 [N]．人民日报，2017 (001).

[54] 康伟．突发事件舆情传播的社会网络结构测度与分析：基于 11. 16 校车事故的实证研究 [J]．中国软科学，2012 (7)：169 - 178.

[55] 劳可夫, 王露露. 中国传统文化价值观对环保行为的影响: 基于消费者绿色产品购买行为 [J]. 上海财经大学学报, 2015, 17 (02): 64 - 75.

[56] 乐国安, 赖凯声, 姚琦, 等. 理性行动: 社会认同整合性集体行动模型 [J]. 心理学探新, 2014 (2): 158 - 165.

[57] 李丹, 王郅强. PPP 隐性债务风险的生成: 理论、经验与启示 [J]. 行政论坛, 2019, 26 (04): 101 - 107.

[58] 李娟, 郝忠原, 陈彩华. 过度自信委托代理人间的薪酬合同研究 [J]. 系统工程理论与实践, 2014, 34 (06): 1379 - 1387.

[59] 李锴, 齐绍洲. 贸易开放、经济增长与中国二氧化碳排放 [J]. 经济研究, 2011, 46 (11): 60 - 72 + 102.

[60] 李丽珍. PPP 模式下地方政府隐性债务规避机制研究 [J]. 宏观经济管理, 2020 (01): 48 - 54 - 66.

[61] 李明, 侯甜甜. 基于共生理论的高校网络舆情导控研究: 模型构建及实证分析 [J]. 当代教育论坛, 2019 (04): 72 - 80.

[62] 李楠楠, 王儒靓. 论公私合作制 (PPP) 下公私利益冲突与协调 [J]. 现代管理科学, 2016, 7 (02): 81 - 83.

[63] 李宁, 王芳. 共生理论视角下农村环境治理: 挑战与创新 [J]. 现代经济探讨, 2019 (03): 86 - 92.

[64] 李守伟, 程发新. 基于企业进入与退出的产业网络演化研究 [J]. 科学与科学技术管理, 2009, 35 (6): 135 - 139.

[65] 李响. 区域公共治理合作网络实证分析: 以长三角城市群为例 [J]. 城市发展, 2013 (5): 77 - 83.

[66] 李亚, 翟国方, 顾福妹. 城市基础设施韧性的定量评估方法研究综述 [J]. 城市发展研究, 2016, 23 (06): 113 - 122.

[67] 李亚, 翟国方. 我国城市灾害韧性评估及其提升策略研究 [J]. 规划师, 2017, 33 (08): 5 - 11.

[68] 李哲, 马中东. 网络购物购买意愿的影响因素及其复杂关系研究: 基于 PLS - SEM 与贝叶斯网络 [J]. 统计与信息论坛, 2018, 33 (08): 110 - 117.

［69］李中，吴建树，等．基于贝叶斯网络的深水探井井筒完整性失效风险评估［J］．中国海上油气，2020，32（05）：120-128．

［70］李籽墨，余国新．我国粮油加工业上市公司融资效率研究［J］．农业经济，2018（12）：103-105．

［71］刘方．防范地方政府隐性债务背景下PPP健康发展研究［J］．当代经济管理，2019，41（09）：29-35．

［72］刘昊，杨平宇．地方政府债务风险识别与评估：一个指导框架［J］．地方财政研究，2019（05）：21-31．

［73］刘浩，原毅军．中国生产性服务业与制造业的共生行为模式检验［J］．财贸研究，2010，21（03）：54-59．

［74］刘骅，卢亚娟．金融环境视域下地方政府隐性债务风险影响因素分析［J］．现代经济探讨，2019（04）：48-53．

［75］刘军，关琳琳．营商环境优化、政府职能与企业TFP增长新动力："窗口亮化"抑或"亲上加清"［J］．软科学，2020，34（04）：51-57．

［76］刘茂山．中国保险发展之特色分析［J］．保险研究，2004（7）：45-51．

［77］刘梅．PPP模式与地方政府债务治理［J］．西南民族大学学报（人文社科版），2015，36（12）：142-146．

［78］刘尚希．财政风险：一个分析框架［J］．经济研究，2003（05）：23-31+91．

［79］刘尚希，郭鸿勋，郭煜晓．政府或有负债：隐匿性财政风险解析［J］．中央财经大学学报，2003（05）：7-12．

［80］刘尚希．中国财政风险的制度特征："风险大锅饭"［J］．管理世界，2004（05）：39-44+49．

［81］刘威，马恒运．包容性视域下农业产业化联合体共生关系的实证分析［J］．农村经济，2020（11）：95-103．

［82］刘薇．PPP模式理论阐释及其现实例证［J］．改革，2015（01）：78-89．

［83］刘卫红，张弛，赵良伟．高等职业教育产学研共生网络：概念模

型、进化逻辑与培育机制 [J]. 职业技术教育, 2020, 41 (16): 35 - 41.

[84] 刘新梅, 徐丰伟. 基于和谐的界面有效性研究 [J]. 技术与创新管理, 2005, 26 (3): 28.

[85] 陆静, 唐小我. 基于贝叶斯网络的操作风险预警机制研究 [J]. 管理工程学报, 2008, 22 (04): 56 - 61.

[86] 陆立军, 陈丹波. 地方政府间环境规制策略的污染治理效应: 机制与实证 [J]. 财经论丛, 2019 (12): 104 - 113.

[87] 陆如霞, 王卓甫, 丁继勇. 公众参与下环保PPP项目运营监管演化博弈分析 [J]. 科技管理研究, 2019, 39 (06): 184 - 191.

[88] 吕维霞, 宁晶, 刘文静. 基于调查实验法的治理主体与环境治理评价研究 [J]. 中国人口·资源与环境, 2020, 30 (09): 31 - 38.

[89] 马蔡琛, 赵青. 预算绩效评价方法与权重设计: 国际经验与中国现实 [J]. 中央财经大学学报, 2018 (08): 3 - 13.

[90] 马恩涛, 李鑫. PPP模式下项目参与方合作关系研究: 基于社会网络理论的分析框架 [J]. 财贸经济, 2017, 38 (07): 49 - 63.

[91] 马国强, 汪慧玲. 共生理论视角下兰西城市群旅游产业的协同发展 [J]. 城市问题, 2018 (04): 65 - 71.

[92] 马万里. 中国地方政府隐性债务扩张的行为逻辑: 兼论规范地方政府举债行为的路径转换与对策建议 [J]. 财政研究, 2019 (08): 60 - 71 + 128.

[93] 马艳艳. 中国大学专利被企业引用网络分析: 以清华大学为例 [J]. 科研管理, 2012 (06): 92 - 99.

[94] 孟华, 朱其忠. 价值网络共生对企业绩效的影响研究: 一个有调节的中介模型 [J]. 科技管理研究, 2020, 40 (03): 213 - 224.

[95] 米莉, 陶娅, 樊婷. 环境规制与企业行为动态博弈对经营绩效的影响机理: 基于北方稀土的纵向案例研究 [J]. 管理案例研究与评论, 2020, 13 (05): 602 - 616.

[96] 苗长虹, 王海江. 城市经济区位度与沿黄三城市群空间经济联系研究 [J]. 黄河文明与城市发展, 2009 (04): 21 - 31.

[97] 缪小林, 程李娜. PPP防范我国地方政府债务风险的逻辑与思考:

从"行为牺牲效率"到"机制找回效率"[J]. 财政研究, 2015 (08): 68 – 75.

[98] 那国毅. 管理与企业管理: 彼得·德鲁克的贡献 (上) [J]. IT 经理世界, 2001, 9 (5): 88 – 89.

[99] 欧纯智, 贾康. 以 PPP 创新破解基本公共服务筹资融资掣肘 [J]. 经济与管理研究, 2017, 38 (4): 85 – 94.

[100] 欧阳虹彬, 叶强. 弹性城市理论演化述评: 概念、脉络与趋势 [J]. 城市规划, 2016 (3): 34 – 42.

[101] 欧阳胜银, 蔡美玲. 地方隐性债务规模的统计测度研究 [J]. 财经理论与实践, 2020, 41 (02): 77 – 83.

[102] 庞德良, 刘琨. 中国 PPP 模式财管制度下隐性债务问题与对策研究 [J]. 宏观经济研究, 2020 (05): 41 – 51 + 165.

[103] 彭元. 基于 BSC 与 KPI 的企业绩效管理体系优化研究 [J]. 金融与经济, 2011 (07): 86 – 88.

[104] 齐昕, 张景帅, 徐维祥. 浙江省县域经济韧性发展评价研究 [J]. 浙江社会科学, 2019 (05): 40 – 46.

[105] 祁玉清. PPP 项目"风险分担"与"隐性收益保证"的异同分析与政策建议 [J]. 宏观经济研究, 2019 (11): 97 – 101 + 157.

[106] 邱梦华. 中国农民公私观念的变迁: 基于农民合作的视角 [J]. 内蒙古社会科学 (汉文版), 2008, 29 (06): 137 – 141.

[107] 曲亮, 郝云宏. 基于共生理论的城乡统筹机理研究 [J]. 农业现代化研究, 2004 (05): 371 – 374.

[108] 屈文波, 李淑玲. 中国环境污染治理中的公众参与问题: 基于动态空间面板模型的实证研究 [J]. 北京理工大学学报 (社会科学版), 2020, 22 (06): 1 – 10.

[109] 任祥. 生态文明视域下公众参与环境保护的制度理性分析 [J]. 生态经济, 2020, 36 (12): 218 – 222.

[110] 任志涛, 高素侠. PPP 项目价格上限定价规制研究: 基于服务质量因子的考量 [J]. 价格理论与实践, 2015 (05): 51 – 53.

[111] 任志涛, 郝文静, 于昕. 基于 SNA 的 PPP 项目中信任影响因素

研究 [J]. 科技进步与对策, 2016, 33 (16): 67-72.

[112] 任志涛, 雷瑞波, 高素侠. PPP项目公私部门双边匹配决策模型研究: 基于满意度最大化 [J]. 地方财政研究, 2017 (06): 106-112.

[113] 任志涛, 雷瑞波, 胡欣, 邹小伟. 不完全契约下PPP项目运营期触发补偿机制研究 [J]. 地方财政研究, 2019 (05): 51-57.

[114] 任志涛, 李海平. 基于三方满意的垃圾焚烧处理价格机制研究 [J]. 地方财政研究, 2018 (07): 99-106+112.

[115] 任志涛, 李海平, 武继科. 外部性视域下环境治理PPP项目中多元协同治理机制构建 [J]. 环境保护, 2018, 46 (12): 43-46.

[116] 任志涛, 李海平, 张赛, 郭林林. 环保PPP项目异质行动者网络构建研究 [J]. 科技进步与对策, 2017, 34 (09): 38-42.

[117] 任志涛, 李夏冰. 基于共生理论的公私伙伴关系主体行为特征差异性研究 [J]. 天津城建大学学报, 2014, 20 (01): 47-51.

[118] 任志涛, 张赛, 郭林林, 李海平. 基于私营部门违约的PPP项目强互惠行为分析: 以环境治理为例 [J]. 土木工程与管理学报, 2018, 35 (03): 22-27.

[119] 任志涛, 张赛, 王滢菡, 谷金雨. PPP项目非正常退出的缘由、行为表现及内部化路径 [J]. 经济与管理评论, 2018, 34 (06): 36-46.

[120] E.S. 萨瓦斯, 周志忍. 民营化与公私部门的伙伴关系 [M]. 中国人民大学出版社, 2002.

[121] 尚华. 生态工业园稳定性评价实证研究 [J]. 科研管理, 2012, 33 (12): 142-148.

[122] 邵明华, 张兆友. 特色文化产业发展的模式差异和共生逻辑 [J]. 山东大学学报 (哲学社会科学版), 2020 (04): 82-92.

[123] 沈雨婷, 金洪飞. 中国地方政府债务风险预警体系研究: 基于层次分析法与熵值法分析 [J]. 当代财经, 2019 (06): 34-46.

[124] 盛光华, 龚思羽, 解芳. 中国消费者绿色购买意愿形成的理论依据与实证检验: 基于生态价值观、个人感知相关性的TPB拓展模型 [J]. 吉林大学社会科学学报, 2019, 59 (01): 140-151+222.

[125] 施生旭, 姚翠岚. 闽台大学生创业意愿影响因素比较研究 [J].

高教探索，2018（04）：65-70.

[126] 苏淑仪，周玉玺，蔡威熙．农村生活污水与小流域水环境协同治理的规则型构：基于临沂兰山模式的实践样本［J］．中国环境管理，2021，13（01）：80-87.

[127] 孙博，王会，吕素洁，等．京津冀一体化下的居民湿地保护：认知和行为［J］．农林经济管理学报，2016，15（02）：218-224.

[128] 孙久文，孙翔宇．区域经济韧性研究进展和在中国应用的探索［J］．经济地理，2017，37（10）：1-9.

[129] 孙晓华，秦川．基于共生理论的产业链纵向关系治理模式：美国、欧洲、日本汽车产业的比较和借鉴［J］．经济学家，2012（3）：95-102.

[130] 孙一，牟莉莉．生态文明背景下民营环保企业绩效管理：基于模糊综合评价法的应用分析［J］．技术经济与管理研究，2020（02）：3-7.

[131] 谭艳艳，邹梦琪，张悦悦．PPP项目中的政府债务风险识别研究［J］．财政研究，2019（10）：47-57.

[132] 汤睿，张军涛．城市环境治理与经济发展水平的协调性研究［J］．价格理论与实践，2019（02）：133-136.

[133] 唐献玲．基于共生理论的乡村旅游利益冲突与治理机制［J］．社会科学家，2020（10）：41-47.

[134] 陶国根．协同治理：推进生态文明建设的路径选择［J］．中国发展观察，2014（02）：30-32.

[135] 田刚，贡文伟，梅强，罗建强，朱佳翔．制造业与物流业共生关系演化规律及动力模型研究［J］．工业工程与管理，2013，18（02）：39-46.

[136] 田虹，王宇菲．企业环境战略对企业三重绩效的影响研究［J］．西安交通大学学报（社会科学版），2019，39（04）：19-26.

[137] 万杰．流域水环境综合治理PPP模式分析［J］．低碳世界，2018（08）：36-37.

[138] 汪峰，熊伟，张牧扬，钟宁桦．严控地方政府债务背景下的PPP融资异化：基于官员晋升压力的分析［J］．经济学（季刊），2020，19

（03）：1103－1122.

［139］汪德华，刘立品．地方隐性债务估算与风险化解［J］．中国金融，2019（22）：53－54.

［140］王国猛，黎建新，廖水香，等．环境价值观与消费者绿色购买行为：环境态度的中介作用研究［J］．大连理工大学学报（社会科学版），2010，31（04）：37－42.

［141］王立国．论我国地方政府债务风险防控机制的完善［J］．天津社会科学，2013（06）：99－103.

［142］王瑞华．合作治理网络理论的困境和启示［J］．西南政法大学学报，2005（4）：112－116.

［143］王世进，周慧颖．环境价值观影响生态消费行为：基于中介变量的实证检验［J］．软科学，2019，33（10）：50－57.

［144］王帅．法治、善治与规制：亲清政商关系的三个面向［J］．中国行政管理，2019（08）：99－104＋150.

［145］王双成，冷翠平，李小琳．小数据集的贝叶斯网络结构学习［J］．自动化学报，2009，35（08）：1063－1070.

［146］王涛，高珂．我国地方政府隐性债务风险与化解对策研究［J］．西南金融，2019（11）：3－12.

［147］王韬．PPP融资模式在地方政府债务风险化解中的作用及风险分析［J］．佳木斯职业学院学报，2015（03）：335－336＋339.

［148］王盈盈，甘甜，王守清．基于韧性目标的PPP项目交易结构优化［J］．清华大学学报（自然科学版），2021（02）：1－9.

［149］王永贵，刘菲．网络中心性对企业绩效的影响研究：创新关联、政治关联和技术不确定性的调节效应［J］．经济与管理研究，2019，40（05）：113－127.

［150］王志刚．多中心治理理论的起源、发展与演变［J］．东南大学学报（哲学社会科学版），2009，11（S2）：35－37.

［151］王治莹，李春发．超网络视角下生态工业共生网络稳定性研究［J］．大连理工大学学报（社会科学版），2013，34（01）：14－18.

［152］尾关周二．共生的理念与现代［J］．哲学动态，2003，06：32－

36.

[153] 尾关周二 . 共生的理想：现代交往与共生共同的理想 ［M］. 卞崇道，刘荣，周秀静，译 . 北京：中央编译出版社，1996：76 – 80.

[154] 温晓敏，郭丽芳 . 网络治理机制对网络治理绩效的影响：基于共生理论视角 ［J］. 技术经济与管理研究，2020（03）：109 – 113.

[155] 温忠麟，张雷，侯杰泰，等 . 中介效应检验程序及其应用 ［J］. 心理学报，2004，36（5）：614 – 620.

[156] 文艳艳，柴国荣，宗胜亮，周彦宏 . 大型复杂项目的空间网络结构及其特征研究 ［J］. 科研管理，2018，39（01）：153 – 160.

[157] 吴飞驰 . 关于共生理念的思考 ［J］. 哲学动态，2000（06）：21 – 24.

[158] 吴洁，彭晓芳，盛永祥，等 . 专利创新生态系统中三主体共生关系的建模与实证分析 ［J］. 软科学，2019，33（07）：27 – 33.

[159] 武小龙 . 共生理论的内涵意蕴及其在城乡关系中的应用 ［J］. 领导科学，2015（29）：7 – 10.

[160] 肖光年，隽志才，张春勤 . 基于贝叶斯网络和 GPS 轨迹数据的出行方式识别 ［J］. 统计与决策，2017（06）：75 – 79.

[161] 肖万，孔潇 . 政府补贴、绩效激励与 PPP 模式的收益分配 ［J］. 工业技术经济，2020，39（12）：3 – 12.

[162] 肖希明，戴艳清 . 基于不同模型的信息资源共享系统绩效管理策略 ［J］. 中国图书馆学报，2010，36（06）：40 – 47.

[163] 解学梅，朱琪玮 . 企业绿色创新实践如何破解"和谐共生"难题？［J］. 管理世界，2021，37（01）：128 – 149 + 9.

[164] 徐兆林 . 基于目标管理 SMART 原则的课堂教学有效观测 ［J］. 中国职业技术教育，2019（35）：68 – 72 + 81.

[165] 许兆丰，田杰芳，张靖 . 防灾视角下城市韧性评价体系及优化策略 ［J］. 中国安全科学学报，2019，29（03）：1 – 7.

[166] 闫相斌，宋晓龙，宋晓红 . 我国管理科学领域机构学术合作网络分析 ［J］. 科研管理，2011（12）：104 – 111.

[167] 晏传英 . 论企业组织能力对企业可持续发展的影响 ［J］. 生产力

研究，2009（14）：143－144＋147.

[168] 阳春花，庞绍堂.民营企业嵌入式政治参与的模式与策略：基于亲清政商关系的视域[J].江海学刊，2020（06）：242－247.

[169] 杨丽花，佟连军.基于社会网络分析法的生态工业园典型案例研究[J].生态学报，2012，32（13）：4236－4245.

[170] 杨明珠，陈海涛.合作双方信任与PPP项目管理绩效[J].社会科学战线，2021（01）：256－260.

[171] 杨雅婷.我国宅基地有偿使用制度探索与构建[J].南开学报（哲学社会科学版），2016（04）：70－80.

[172] 杨志军，耿旭，王若雪.环境治理政策的工具偏好与路径优化：基于43个政策文本的内容分析[J].东北大学学报（社会科学版），2017，19（03）：276－283.

[173] 殷明.地方政府隐性债务风险防范探析：基于信息披露与全口径预算监督[J].财会通讯，2019（35）：106－109.

[174] 于晶晶.行政正当程序视角下环境公众参与制度的规范与完善[J].中国环境管理，2021，13（01）：149－155.

[175] 余维新，熊文明.知识生态系统稳定性及其关系治理机制研究：共生理论视角[J].技术经济与管理研究，2020（06）：31－35.

[176] 俞海山.从参与治理到合作治理：我国环境治理模式的转型[J].江汉论坛，2017（04）：58－62.

[177] 俞欣，郏宝云，陆玉梅.民营企业员工社会责任履践机制与行为效应研究[J].财会通讯，2018（29）：40－44.

[178] 袁纯清.共生理论及其对小型经济的应用研究（上）[J].改革，1998（02）：100－104，520－535.

[179] 袁纯清.共生理论及其对小型经济的应用研究（下）[J].改革，1998（03）：75－85.

[180] 袁纯清.共生理论：兼论小型经济[M].北京：经济科学出版社，1998：98－102.

[181] 袁德奎，姚鹏辉，徐晓甫，聂红涛.基于贝叶斯网络的渤海湾水体富营养化模型[J].天津大学学报（自然科学与工程技术版），2016，

49（03）：320－325.

[182] 曾粤兴，魏思婧．构建公众参与环境治理的"赋权－认同－合作"机制：基于计划行为理论的研究［J］．福建论坛（人文社会科学版），2017（10）：169－176.

[183] 詹国彬，陈健鹏．走向环境治理的多元共治模式：现实挑战与路径选择［J］．政治学研究，2020（02）：65－75＋127.

[184] 仉瑞，杨晓彤，权锡鉴．智能网联商业生态圈共生关系构建与演化研究［J］．山东大学学报（哲学社会科学版），2020（03）：110－119.

[185] 张诚．社会资本视域下乡村环境合作治理的挑战与应对［J］．管理学刊，2020，33（02）：36－42.

[186] 张航，邢敏慧．信任合作还是规范约束：谁更影响公众参与环境治理？［J］．农林经济管理学报，2020，19（02）：252－260.

[187] 张劼颖．从"生物公民"到"环保公益"：一个基于案例的环保运动轨迹分析［J］．开放时代，2016（02）：139－157.

[188] 张雷勇，冯锋，肖相泽，马雷，付苗．产学研共生网络：概念、体系与方法论指向［J］．研究与发展管理，2013，25（02）：37－44.

[189] 张萌，姜振寰，胡军．工业共生网络运作模式及稳定性分析［J］．中国工业经济，2008（06）：77－85.

[190] 张其春，郗永勤．城市废弃物资源化共生网络：概念、特征及体系解析［J］．生态学报，2017，37（11）：3607－3618.

[191] 张泉，彭筱雪，白冬梅．韧性理念下社区绿色基础设施功能提升策略研究［J］．建筑经济，2020，41（01）：262－265.

[192] 张日波．马歇尔论经济生物学［J］．经济学动态，2011（10）：154－159.

[193] 张司飞，王琦．同归殊途区域创新发展路径的探索性研究：基于创新系统共生体理论框架的组态分析［J］．科学学研究，2021，39（02）：233－243.

[194] 张伟．共生理论视角下我国农村社会保障和农村居民的基本消费研究［J］．农业经济，2019（04）：75－77.

[195] 张秀敏，高云霞，高洁．企业年报阅读难易程度的衡量与影响

因素研究：基于管理者操纵视角 ［J］. 审计与经济研究，2021，36（01）：79－89.

［196］张亚萍，胡学钢，方振国，姜恩华. 数据缺失条件下的贝叶斯优化算法 ［J］. 计算机工程与应用，2012，48（11）：111－114＋142.

［197］赵红娟，杨涛，羿翠霞. 基于共生理论体育赛事与城市的契合及层次开发研究 ［J］. 北京体育大学学报，2015，38（09）：28－33.

［198］赵金国，孙玮，朱晓红. 股东母国文化多元化对企业绩效影响的实证研究：基于中国合资保险公司 ［J］. 东岳论丛，2019，40（07）：164－170.

［199］赵全厚. 健全地方政府债务风险的识别和预警机制 ［J］. 改革，2017（12）：29－32.

［200］赵延东，周蝉. 我国科研人员的科研合作网络分析：基于个体中心网视角的研究 ［J］. 科学学研究，2011（7）：999－1006.

［201］郑洁，昝志涛. 地方政府隐性债务风险传导路径及对策研究 ［J］. 宏观经济研究，2019（09）：58－66.

［202］钟兴菊，罗世兴. 公众参与环境治理的类型学分析：基于多案例的比较研究 ［J］. 南京工业大学学报（社会科学版），2021，20（01）：54－76＋112.

［203］周小付，萨日娜，蒋海棠. PPP能推动公共治理转型吗？：基于社会网络理论的检验 ［J］. 浙江学刊，2018（05）：69－73.

［204］周漩，张凤鸣，周卫平. 利用节点效率评估复杂网络功能鲁棒性 ［J］. 物理学报，2012，61（19）：190－201.

［205］朱迪·弗里曼. 合作治理与新行政法 ［M］. 毕洪海，陈标冲，译. 北京：商务印书馆，2010：88－92.

［206］朱正威，李文君，赵欣欣. 社会稳定风险评估公众参与意愿影响因素研究 ［J］. 西安交通大学学报（社会科学版），2014（2）：49－55.

［207］庄国敏，邹雄. 论环境公众参与在PPP模式中的实现路径 ［J］. 人民论坛·学术前沿，2017（16）：110－113.

［208］邹瑾，崔传涛，顾辛迪. 救助预期与地方政府隐性债务风险：基于城投债利差的证据 ［J］. 财经科学，2020（09）：93－107.

[209] Abarcaguerrero L, Scheublin F, Lambert A F. Sustainable construction: towards a strategic approach to construction material management for waste reduction [J]. Sustainable Construction, 2008 (03): 75 – 97.

[210] Abreu M. How to define an environmental policy to improve corporate sustainability in developing countries [J]. Business Strategy and the Environment, 2009, 18 (8): 542 – 556.

[211] Ahmdajina V. Symbiosis: An Introduction to Biological Association [M]. Englana: University Press of New England, 1986: 121 – 124.

[212] Ajzen I. From intentions to actions: A theory of planned behavior. In J. Kuhl & Beckman (Eds.). Action Control [M]. Berlin, Heidelberg, Springer, 1985: 11 – 39.

[213] Ajzen I. The theory of planned behavior [J]. Organizational Behavior and Human Decision Processes, 1991, 50: 179 – 211.

[214] Akintoye A, Beck M, Hardcastle C. Public – Private Partnerships: Managing Risks and Opportunities [M]. UK: Blackwell Science, 2003: 33 – 38.

[215] Allouche J, Finger M. Private sector participation in the water and sanitation sector and the need for re-regulation [N]. Proceedings of the 3rd World Water Forum, Kyoto, Japan, 2003: 52 – 73.

[216] Amirhossein H, Vaughan C, Bambang T. Evaluating the level of stakeholder involvement during the project planning processes of building projects [J]. International Journal of Project Management, 2015, 33 (5): 42 – 63.

[217] Anderberg S. Industrial metabolism and the linkages between economics, ethics and the environment [J]. Ecological Economics, 1998. 12 (10): 25 – 32.

[218] Andersong T, Hugh W. Public opinion and environmental policy output: a cross-national analysis of energy policies in europe [N]. Environmental Research Letters, 2017: 209 – 215.

[219] Andrew H. Knoll. Concepts of symbiogenesis: A historical and critical study of the research of Russian botanists [J]. Geological Magazine, 1994, 131 (1): 28 – 36.

［220］ Antweiler W, Copeland B R, Taylor M S. Is free trade good for the environment? ［J］. American Economic Review, 2001 (91): 877 – 908.

［221］ Arentsen Maarten. Environmental governance in a multi-level institutional setting ［J］. Energy & Environment, 2008, 19 (6): 779 – 786.

［222］ Ash J, Newth D. Optimizing complex networks for resilience against cascading failure ［J］. Physica A Statistical Mechanics & Its Applications, 2007, 380 (1): 673 – 683.

［223］ Assa Amiril, Abdul N, Roshana T, et al. Transportation infrastructure project sustainability factors and performance ［J］. Procedia – Social and Behavioral Sciences, 2014 (153): 156 – 172.

［224］ Audsley R, René V V, Elich E. Paradox of the bermuda triangle applying systems engineering in a PPP – environment ［J］. Incose International Symposium, 2008, 18 (1): 2447 – 2462.

［225］ Bandura A. Self-efficacy: toward a unifying theory of behavioral change ［J］. Psychological Review, 1977, 84: 191 – 215.

［226］ Beh L. Development and distortion of Malaysian public-private partnerships-patronage, privatised profits and pitfalls ［J］. Australian Journal of Public Administration, 2010, 69: 113 – 134.

［227］ Bernard V, Edition S, Brown P, et al. What is EVA, and how can it help your company? ［J］. Management Accounting, 1997 (11): 55 – 67.

［228］ Besley T, Ghatak M. Retailing public goods: The economics of corporate social responsibility ［J］. Journal of Public Economics, 2007, 91 (9): 1645 – 1663.

［229］ Boons F, Baas L W. Types of industrial ecology: The problem of coordination ［J］. Journal of Cleaner Production, 1997, 5 (1 – 2): 79 – 86.

［230］ Boons F, Spekkink W, Mouzakitis Y. The dynamics of industrial symbiosis: a proposal for a conceptual framework based upon a comprehensive literature review ［J］. Journal of Cleaner Production, 2011, 19 (9): 905 – 911.

［231］ Brixi H. Avoiding fiscal crisis accounting for contingent liabilities to manage fiscal risk ［J］. World Economics, 2012, 13 (1): 27 – 53.

[232] Brown M, Sovacool B. Developing an "energy sustainability index" to evaluate energy policy [J]. Interdisciplinary Science Reviews, 2007, 32 (4): 89 – 102.

[233] Bruneau M, Reinhorn M. Exploring the concept of seismic resilience for acute care facilities [J]. Earthq Spectra, 2007 (01): 41 – 62.

[234] Caullery, M. Parastism and Symbiosis [M]. London: Sidwick and Jackson, 1952.

[235] Cascajo R, Monzon A. Assessment of innovative measures implemented in European bus systems using key performance indicators [J]. Public Transport, 2014 (3): 257 – 282.

[236] Chan A, Lam P, Chan D, et al. Potential obstacles to successful implementation of Public – Private Partnerships in Beijing and the Hong Kong special administrative region [J]. Journal of Management in Engineering, 2010, 26 (1): 30 – 40.

[237] Charnes A, Cooper W W, Rhodes E. Measuring the efficiency of decision making units [J]. European Journal of Operational Research, 1978, 2 (6): 429 – 444.

[238] Chen Z, Kahn M E, Liu Y, et al. The consequences of spatially differentiated water pollution regulation in China [J]. Journal of Environmental Economics & Management, 2018, 88 (5): 468 – 485.

[239] Cheung E, Chan A P, Kajewski S. Factors contributing to successful public private partnership projects: Comparing Hong Kong with Australia and the United Kingdom [J]. Journal of Facilities Management, 2012, 10 (1): 45 – 58.

[240] Chopra S, Kharma V. Understanding resilience in industrial symbiosis networks: insights from network analysis [J]. Journal of Environmental Management, 2014 (141): 86.

[241] Cohen S. Doing business in cameroon: An anatomy of economic governance [J]. African Studies Quarterly, 2019, 18: 23 – 42.

[242] Constant W. Why evolution is a theory about stability: constraint,

causation, and ecology in technological change [J]. Research Policy, 2002 (31): 1241 – 1256.

[243] Cooper W W, Seiford L M, Tone K. Data envelopment analysis (second edition) [M]. Boston: Kluwer Academic Publishers, 2006: 367 – 380.

[244] Cowan N. Network structure and the diffusion of knowledge [J]. Journal of Economic Dynamics & Control, 2004, 28 (8): 1557 – 1575.

[245] Croce M, Nguyen T, Raymond S. Persistent government debt and aggregate risk distribution [J]. Journal of Financial Economics, 2021: 25 – 33.

[246] Cruz R, Marqeus A, Marra C. Local mixed companies: The theory and practice in an international perspectiye [J]. Annals of Public and Cooperative Economics, 2014, 85 (1): 16 – 19.

[247] Dean J. M. Does trade liberalization harm the environment? A new test [J]. Canadian Journal of Economics, 2002 (4): 819 – 842.

[248] De Bary A. Die Erscheinung Der Symbiose [M]. De Gruyter, 1879: 53 – 56.

[249] Delgado L, Gurtner G, Cook A, et al. A multi-layer model for long-term KPI alignment forecasts for the air transportation system [J]. Journal of Air Transport Management, 2020, 89: 10 – 19.

[250] Desrochers P. Cities and industrial symbiosis: some historical perspectives and policy implications [J]. Journal of Industrial Ecology, 2002, 5 (4): 29 – 44.

[251] D Held, Mcgrew A. Authority and Global Governance [M]. London: Governing Globalization, 2009: 88 – 96.

[252] Disney S, Towill D. A discrete transfer function model to determine the dynamic stability of a vendor managed inventory supply chain [J]. International journal of production research, 2002, 40 (1): 179 – 204.

[253] Domenech T, Davies M. Structure and morphology of industrial symbiosis networks: the case of Kalundborg [J]. Procedia – Social and Behavioral Sciences, 2011 (10): 79 – 89.

[254] Eckerberg K, Joas M. Multi-level environmental governance: a concept under stress? [J]. Local environment, 2004, 9 (5): 405 –412.

[255] Ehrenfeld J. Industrial ecology: a new field or only a metaphor [J]. Journal of Cleaner Production, 2004, (12): 825 –831.

[256] Ehrenfeld J. Putting the spotlight on metaphors and analogies in industrial ecology [J]. Journal of Industrial Ecology, 2003 (7): 1 –4.

[257] Erich, J, Schwarz, et al. Implementing nature's lesson: The industrial recycling network enhancing regional development [J]. Journal of Cleaner Production, 1997, 5 (1): 47 –56.

[258] Fishbein M, Ajzen I. Belief, attitude, intention, and behavior: An introduction to theory and research [J]. Philosophy and Rhetoric, 1977, 10 (2).

[259] Folke C. Resilience: The emergence of a perspective for social-ecological systems analyses [J]. Global Environmental Change, 2006, 16 (03): 253 –267.

[260] Forsyth T. Cooperative environmental governance and waste-to-energy technologies in Asia [J]. International Journal of Technology Management & Sustainable Development, 2006, 5 (3): 209 –220.

[261] Fraccascia L, Giannoccaro L, Albino V. Rethinking resilience in industrial symbiosis: conceptualization and measurements [J]. Ecological Economics, 2017 (137): 148 –162.

[262] Fraccascia L, Giarmoccaro I, Albino V. Rethinking resilience in industrial symbiosis: conceptualization and measurements [J]. Ecological Economics, 2017 (137): 148 –162.

[263] Freeman R E. Strategic Management: A Stake-holder Approach [M]. Cambridge University Press, 1984.

[264] Fryxell G E, Lo C W. The influence of environmental knowledge and values on managerial behaviors on behalf of the environment: an empirical examination of managers in China [J]. Journal of Business Ethics, 2003, 46: 45 – 69.

[265] Fujiwara K, Long N V. Welfare effects of reducing home bias in gov-

ernment procurements: A dynamic contest model [J]. Review of Development Economics, 2012, 16 (1): 137 – 147.

[266] Giddens A. The Constitution of Society [J]. Berkeley, 1984.

[267] Gillespie J, Nguyen T V, Nguyen H V, et al. Exploring a public interest definition of corruption: Public Private Partnerships in Socialist Asia [J]. Journal of Business Ethics, 2019, 12 (3): 123 – 145.

[268] Gotschi E, Vogel S, Lindenthal T, et al. The role of knowledge social norms, and attitudes toward organic products and shopping behavior: survey results from high school students in vienna [J]. Journal of Environmental Education, 2010, 41 (2): 88 – 100.

[269] Grossman G M, Krueger A B. Environmental impacts of a North American free trade agreement [J]. CEPR Discussion Papers, 1992, 8 (2): 223 – 250.

[270] Grossman G M, Krueger A B. Environmental impacts of a north american free trade agreement [J]. NBER Working Paper, 1991 (3914): 1 – 57.

[271] Hannan M, Freeman J. The population ecology of organizations [J]. The American Journal of Sociology, 1977, 82: 929 – 964.

[272] Hardy C, Graedel E. Industrial ecosystems as food webs [J]. Journal of Industrial Ecol, 2002, 6 (1): 29.

[273] Herczeg G, Akkerman R, Hauschild M Z. Supply chain collaboration in industrial symbiosis networks [J]. Journal of Cleaner Production, 2018, (9): 71 – 83.

[274] Hoppe E I, Kusterer D J, Schmitz P W. Public-private partnerships versus traditional procurement: An experimental investigation [J]. Journal of Economic Behavior & Organization, 2013, 89: 145 – 166.

[275] Huggins T. Local entrepreneurial resilience and culture: the role of social values in fostering economic recovery [J]. Cambridge Journal of Regions, Economy and Society, 2015, 8 (02): 313 – 330.

[276] Huimin L, Qing X, Lunyan W. Sustainability assessment of urban

water environment treatment public-private partnership projects using fuzzy logic [J]. Journal of Engineering, Design and Technology, 2020, 18 (5): 223 – 254.

[277] Huimin L, Qing X, Shiping W. Identifying factors affecting the sustainability of water environment treatment public-private partnership projects [J]. Advances in Civil Engineering, 2019 (01): 59 – 83.

[278] Ingold, C. K. Mesomerism and tautomerism [J]. Nature, 1934, 133 (3373): 946 – 947.

[279] Jabareen Y. Planning the resilient city: Concepts and strategies for coping with climate change and environmental risk [J]. Cities, 2013 (31): 220 – 229.

[280] Jane Maley. Hybrid purposes of performance management inacrisis [J]. Journal of Management Development, 2013, 32 (10), 53 – 62.

[281] Jansen P, E. Performance measurement in governmental organizations: A contingent approach to measurement and management control [J]. Managerial Finance, 2004, 30 (8): 54 – 68.

[282] Jesse K, Miia M, Lauri V. Sustainable project management through project control in infrastructure projects [J]. International Journal of Project Management, 2017, 35 (6): 1167 – 1183.

[283] Jing D, Hong W, Yingbin F. Influencing factors on profit distribution of Public – Private Partnership projects: Private sector's perspective [J]. Advances in Civil Engineering, 2018 (4): 101 – 110.

[284] Juisheng C, Dinar P. Cross-country comparisons of key drivers, critical success factors and risk allocation for public-private partnership projects [J]. International Journal of Project Management, 2015, 33 (5): 136 – 157.

[285] Kaplan R S, Norton D P. Using the balanced scorecard as a strategic management system [J]. Harvard Business Review, 1996, 74 (2): 75 – 85.

[286] Katarina Eckerberg, Marko Joas. Multi-level environmental governance: A concept under stress [J]. Local Environment, 2004, 9 (5): 405 – 412.

［287］Ken B. Corporate DNA: Learning from life ［J］. Boston, Massachusetts: Butterworth Heinemann, 1998 (01): 215 –218.

［288］Keohane, Robert, O, et al. Power and interdependence in the information age. ［J］. Foreign Affairs, 1998, 77 (5): 81 –94.

［289］Kun F, Qiqi W and Kathryn K. Logan, protecting the public's environmental right-to know: developments and challenges in china's legislative system for EEID, 2007 –2015 ［J］. Environmental Law, 2017, 29, 285 –315.

［290］Kwonn K, Cho H. Analysis of feedback loops and robustness in network evolution based on boolean models ［J］. BMC Bioinformatics, 2007, 8 (1): 421 –430.

［291］Leach E, Melissa C, Scoones H, et al. Dynamic sustainabilities: Linking technology, environment and social justice ［J］. London: Earthscan, 2010 (1): 95 –99.

［292］Lewis, D. H. Concepts in fungal nutrition and the origin of biotrophy ［J］. Biological Rewiews, 1973 (48): 216 –278.

［293］Lifset R. Journal of industrial ecology ［J］. Journal of Industrial Ecology, 1997, 5 (6): 600 –601.

［294］Li X, Dora M, Xiu G. Resilience thinking: A renewed system approach for sustainability science ［J］. Sustainability Science, 2015, 10 (1): 123 –138.

［295］Liyin S, Jianli H, Vivian W. A checklist for assessing sustainability performance of construction projects ［J］. Journal of Civil Engineering and Management, 2007, 13 (4): 76 –81.

［296］Liyin S, Vivian T, Leona T. Project feasibility study: The key to successful implementation of sustainable and socially responsible construction management practice ［J］. Journal of Cleaner Production, 2009, 18 (3): 74 –91.

［297］Liyin S, Yuzhe W, Xiaoling Z. Key Assessment indicators for the sustainability of infrastructure projects ［J］. Journal of Construction Engineering and Management, 2013, 137 (6): 441 –451.

［298］Lombardi D R, Laybourn P. Redefining industrial symbiosis crossing academic: Practitioner boundaries [J]. Journal of Industrial Ecology, 2012, 16 (1): 28 –37.

[299] Lyapunov A M. The general problem of the stability of motion [J]. International Journal of Control, 1992, 55 (3): 531 –534.

[300] Mannino I, Ninka E, Turvani M, et al. The decline of eco-industrial development in Porto Marghera, Italy [J]. Journal of Cleaner Production, 2015 (100): 286 –296.

[301] Margot J, John W. An exploration of measures of social sustainability and their application to supply chain decisions [J]. Journal of Cleaner Production, 2008, 16 (15): 1688 –1698.

[302] Marshall A. Principles of Economics [M]. London: Macmillan, 1895: 231 –239.

[303] Marta Barbero, Inés M. Gómez – Chacón and Ferdinando Arzarello. Backward reasoning and epistemic actions in discovering processes of strategic games problems [J]. Mathematics, 2020, 8 (6); 45 –62.

[304] Martin M, Harris S. Prospecting the sustainability implications of an emerging industrial symbiosis network [J]. Resources, Conservation and Recycling, 2018, 138: 246 –256.

[305] May R M. Stability and complexity in model ecosystems [J]. IEEE Transactions on Systems Man and Cybernetics, 1978, 8 (10): 779 –780.

[306] Mcnally S F, Ahmadjian V, Paracer S, et al. Symbiosis: An introduction to biological associations [J]. Journal of Ecology, 1987, 75 (4): 1199.

[307] Mia Landauer, Nadejda Komendantova. Participatory environmental governance of infrastructure projects affecting reindeer husbandry in the Arctic [J]. Journal of Environmental Management, 2018, 223: 385 –395.

[308] Mirata M, Emtairah T. Industrial symbiosis networks and the contribution to environmental innovation: The case of the Landskrona industrial symbiosis programme [J]. 2005, 13 (10): 993 –1002.

[309] Mirata M, Emtairah T. Industrial symbiosis networks and the contri-

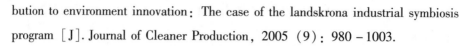

bution to environment innovation: The case of the landskrona industrial symbiosis program [J]. Journal of Cleaner Production, 2005 (9): 980 – 1003.

[310] Ménard C, Peeroo A, Kunneke R. Liberalization in the water sector: Three leading models [J]. International Handbook of Network Industries: the Liberalization of Infrastructure, 2011, 18: 136 – 157.

[311] Moreno J, Levin, Jennings H H. Who Shall Survive? [M]. Washington DC: Nervous and mental disease publishing company, 1934.

[312] Motuzyuk I, Sydorchuk O, Kovtun N, et al. Analysis of trends and factors in breast multiple primary malignant neoplasms [J]. Breast Cancer Basic & Clinical Research, 2018, 12 (01): 112.

[313] Mutaz M Debei. Why people keep coming back to facebook: Explaining and predicting continuance participation from an extended theory of planned behaviour perspective [J]. Decision Support Systems, 2013, 55: 46.

[314] Naito C, Ren R. An evaluation method for precast concrete diaphragm connectors based on structural testing [J]. Pci Journal, 2013, 58: 106 – 118.

[315] Nie T, Guo Z, Zhao K, et al. New attack strategies for complex networks [J]. Physica A Statistical Mechanics & Its Applications, 2015, 424: 248 – 253.

[316] Ogawa H, Wildasin D E. Think locally, act locally: Spillovers, spillbacks, and efficient decentralized policymaking [J]. CESifo Working Paper Series, 2007, 99 (4): 1206 – 1217.

[317] Oh Y, Bush C B. Exploring the role of dynamic social capital in collaborative governance [J]. Admi Administration & Society, 2016, 48 (2): 216 – 236.

[318] Ojelabi R A, Fagbenle O I, Afolabi A O, et al. Appraising the barriers to Public – Private Partnership as a tool for sustainable development of infrastructures in a developing economy [J]. IOP Conference Series: Earth and Environmental Science, 2018, 146 (16): 12 – 16.

[319] Paquin L, Howard J. The evolution of facilitated industrial symbiosis

[J]. Journal of Industrial Ecology, 2012, 16 (1): 83 – 93.

[320] Pattberg Philipp, Widerberg Oscar. Transnational multistakeholder partnerships for sustainable development: Conditions for success [J]. Ambio, 2016, 45 (1): 18 – 27.

[321] Patterson James, Beunen R. Institutional work in environmental governance [J]. Journal of Environmental Planning and Management, 2019, 12: 1 – 11.

[322] Perrez, Franz Xaver. How to get beyond the zero-sum game mentality between state and non-state actors in international environmental governance [J]. Consilience, 2019 (21): 211 – 228.

[323] Peterson George E, Kaganova Olga. Integrating land financing into subnational fiscal management [J]. Policy Research Working Paper, 2010 (8): 09 – 29.

[324] Postmes T, Brunsting S. Collective action in the age of the internet: Mass communication and online mobilization [J]. Social Science Computer Review, 2002, 20: 290 – 301.

[325] Prill J, Iglesias A, Levchenko A. Dynamic properties of network motifs contribute to biological network organization [J]. Plos Biology, 2005 (3): 1881 – 1892.

[326] Ramin Elham, Bestuzheva Ksenia, Gargalo Carina L, Ramin Danial, Schneider Carina, Ramin Pedram, Flores – Alsina Xavier, Andersen Maj M, Gernaey Krist V. Incremental design of water symbiosis networks with prior knowledge: The case of an industrial park in Kenya [J]. Science of the Total Environment, 2021, (6): 2 – 9.

[327] Rashed M, Faisal F, and Shikha H. Fiscal Risk Management for Private Infrastructure Project in Srilamka [R]. Washington DC: World Bank. 2016: 09 – 11.

[328] Rawshan B, Chamhuri S, Joy P. Implementation of waste management and minimisation in the construction industry of Malaysia [J]. Resources, Conservation & Recycling, 2007, 51 (1): 190 – 202.

[329] R Bénabou, Tirole J. Individual and corporate social responsibility [J]. TSE Working Papers, 2009, 77 (305): 1 – 19.

[330] Reza M, Craig S. Critical success factors of sustainable project management in construction: A fuzzy DEMATEL – ANP approach [J]. Journal of Cleaner Production, 2018, 194: 751 – 765.

[331] Reza M, Saeed B, Igor M. Sustainable delivery of megaprojects in Iran: Integrated model of contextual factors [J]. Journal of Management in Engineering, 2018, 34 (2): 63 – 87.

[332] Robert, Audsley, René, et al. Paradox of the Bermuda Triangle applying systems engineering in a PPP – environment [J]. Incose International Symposium, 2008, 18 (1): 2447 – 2462.

[333] Robert S. Kaplan, David P. Norton. Having trouble with your strategy? Then map it [J]. Harvard Business Review, 2000 (5): 167 – 176.

[334] Roefie H. Why environmental sustainability can most probably not be attained with growing production [J]. Journal of Cleaner Production, 2010, 18 (6): 525 – 530.

[335] Schiller F, Penn S, Basson L. Analyzing networks in industrial ecology: a review of social-material network analyses [J]. Journal of Cleaner Production, 2014 (76): 1 – 11.

[336] Schneier. A framework for auditing and enhancing performance measurement systems [J]. International Journal of Operations & Production Management, 2000, 20 (5): 520 – 533.

[337] Schuyler H. Responsive regulation for water PPP: Balancing commitment and adaptability in the face of uncertainty [J]. Policy and Society, 2016, 52: 179 – 191.

[338] Shafik N, Bandyopadhyay S. Economic growth and environmental quality: Time series and cross-country evidence [J]. Policy Research Working Paper Series, 1992.

[339] Sharpe R. Ownership and control: Rethinking corporate governance for the Twenty – First Century by Margaret M. Blair [J]. Challenge, 1996, 39

(1): 62 - 64.

[340] Shendy R, Martin H, and Mousley P. An Operational Framework for Managing Fiscal Commitments from Public – Private Partnerships: The Case of Ghana [R]. Washington DC: World Bank, 2013: 20 - 22.

[341] Shoss M K, Jundt D K, Kobler A, et al. Doing bad to feel better? An investigation of within-and between-person perceptions of counterproductive work behavior as a coping tactic [J]. Journal of Business Ethics, 2015, 137 (3): 571 - 587.

[342] Silvius J, Schipper J. Sustainability in project management: A literature review and impact analysis [J]. Social Business, 2014, 4 (1): 63 - 96.

[343] Smith E, Umans T. Stages of PPP and principal-agent conflicts: The Swedish water and sewerage sector [J]. Public Performance & Management Review, 2018, 41 (1): 100 - 129.

[344] Solomon Olusola Babatunde, Akintayo Opawole, Olusegun Emmanuel Akinsiku. Emerald article: Critical success factors in public-private partnership (PPP) on infrastructure delivery in Nigeria [J]. Journal of Facilities Management, 2012, 03: 212 - 225.

[345] Sotirchos A, Karmperis A, Aravossis K, et al. Financial sustainability of the waste treatment projects that follow PPP contracts in Greece: A formula for the calculation of the profit rate [J]. International Conference on Ecosystems and Sustainable Development, 2011, 7 (04): 213 - 230.

[346] Spackman Mihcael. Public – private partnerships: Lessons from the British approach [J]. Economic Systems, 2002 (26): 283 - 301.

[347] Stanley F Slater, Eric M Olson. Strategy type and performance: The influence of sales force management [J]. Strategic Management Journal, 2000, 21 (8): 813 - 829.

[348] Stewart, R B. Pyramids of sacrifice? Problems of Federalism in mandating state implementation of national environmental policy [J]. The Yale Law Journal, 1977, 86 (6): 85 - 92.

[349] Stoker G. Governance as theory: Five propositions [J]. International

Social Science Journal, 1998, 50 (155): 17 – 28.

[350] Stouffer B, Bascompte J. Understanding food-web persistence from local to global scales [J]. Ecology letters, 2010, 13 (2): 154 – 161.

[351] Stouffer B, Camacho J, Jiang W, et al. Evidence for the existence of a robust pattern of prey selection in food webs [J]. Proceedings of the Royal Society B – Biological Sciences, 2007, 274 (1621): 1931 – 1940.

[352] Sudeshna B, Jennifer M, Rupa R. Private provision of Infrastructure in emerging markets: Do institutions matter? [J]. Development Policy Review, 2010, 24 (2): 175 – 202.

[353] Sudi A, Sefer G, Hande, Gülnihal G, et al. Performance management and a field study [J]. Procedia – Social and Behavioral Sciences, 2016 (29), 44 – 51.

[354] Su Z, Zhou M, Ge Z. Procurement mechanism of public works based on symbiosis of public and private [J]. Journal of Engineering Management, 2010, 24 (2): 138 – 142.

[355] Talus K. Public – Private partnerships in energy: Termination of public service concessions and administrative acts in Europe [J]. The Journal of World Energy Law & Business, 2011, 2 (1): 43 – 67.

[356] Taylor F W. The Principles of Scientific Management [M]. Harper & Brothers, 1919.

[357] Tone K. A modified slacks-based measure of efficiency in data envelopment analysis [J]. European Journal of Operational Research, 2001, 130: 498 – 509.

[358] Tsang S, Burnett M, Hills P, et al. Trust, public participation and environmental governance in Hong Kong [J]. Environmental Policy and Governance, 2009, 19 (2): 99 – 114.

[359] Ugwu O, Haupt T. Key performance indicators and assessment methods for infrastructure sustainability: A South African construction industry perspective [J]. Building and Environment, 2005, 42 (2): 136 – 154.

[360] Ugwu O, Kumaraswamy M, Wong A, Ng S. Sustainability appraisal

in infrastructure projects (SUSAIP): Development of indicators and computational methods [J]. Automation in Construction, 2006 (15): 239 – 251.

[361] Uwe Cantner, G. The network of innovation in Jena: An application of social network analysis [J]. Research Policy, 2006 (35): 463 – 480.

[362] Velenturf P. Analysing the governance system for the promotion of industrial symbiosis in the Humber region [J]. People, Place & Policy Online, 2016, 10 (2): 146 – 173.

[363] Vogt K A, et al.. Ecosystem: balancing science with management [J]. Springer, NewYork, 1994, 3 (9): 10 – 15.

[364] Wang G, Feng X, Chu K. A novel ach for stability analysis of industrial symbiosis systems [J]. Journal of Cleaner Production, 2013, 39 (1): 9 – 16.

[365] Warsen R, Nederhand, José, Klijn E H, et al. What makes public-private partnerships work? Survey research into the outcomes and the quality of cooperation inPPPs [J]. Public Management Review, 2018, 9 (12): 15 – 21.

[366] Wei Z, Jasmine S L. An empirical analysis of maritime cluster evolution from the port development perspective cases of London and Hong Kong [J]. Transportation Research Part A, 2017 (105): 219 – 232.

[367] Xiong W, Zhu D. Theory and practice of sustainability-oriented public private partnership [J]. Journal of Tongji University, 2017 (28): 78 – 87.

[368] Yanase A. Global environment and dynamic games of environmental policy in an international duopoly [J]. Journal of Economics, 2009, 97 (2): 121 – 140.

[369] Yehoue M B, Hammami M, Ruhashyankiko J. Determinants of Public – Private Partnerships in Infrastructure [M]. International Monetary Fund, 2006: 34 – 31.

[370] Yilmaz M, Bakis A. Sustainability in construction sector [J]. Procedia – Social Behavioral Sciences, 2015, 195: 96 – 113.

[371] Yin W, Zhirong Z. Motivations, obstacles, and resources [J]. Public Performance & Management Review, 2014, 37 (4): 45 – 63.

［372］ Yoon Eansang. An exploratory analysis of interface management and innovation-market performance ［J］. u. ed. bua, 1996: 96 – 100.

［373］ Yu Qin. China's transport infrastructure investment: Past, present, and future ［J］. Asian Economic Policy Review, 2016, 11: 199 – 217.

［374］ Zairi Mikhail. Measuring Performance for Business Results ［M］. London: Springer Netherlands, 1994: 55 – 63.

［375］ Zhiyong L, Hiraku Y. Public – Private Partnerships (PPPs) in China: Present conditions, trends, and future challenges ［J］. Interdisciplinary Information Sciences, 2009, 15 (2): 223 – 230.

［376］ Zobel W. Representing perceived trade-offs in defining disaster resilience ［J］. Decis Support Syst, 2010, 11 (50): 394 – 403.